产教融合背景下的机电一体化技术专业建设

唐方红　唐先军◎著

线装书局

图书在版编目（CIP）数据

产教融合背景下的机电一体化技术专业建设 / 唐方红，唐先军著. -- 北京 : 线装书局，2024.4
ISBN 978-7-5120-6070-8

I. ①产… II. ①唐… ②唐… III. ①高等职业教育－机电一体化－学科建设－中国 IV. ①TH-39

中国国家版本馆 CIP 数据核字(2024)第 077514 号

产教融合背景下的机电一体化技术专业建设
CHANJIAO RONGHE BEIJINGXIA DE JIDIAN YITIHUA JISHU ZHUANYE JIANSHE

作　　者：唐方红　唐先军
责任编辑：白　晨
出版发行：线装书局
地　址：北京市丰台区方庄日月天地大厦 B 座 17 层（100078）
电　话：010-58077126（发行部）010-58076938（总编室）
网　址：www.zgxzsj.com
经　　销：新华书店
印　　制：三河市腾飞印务有限公司
开　　本：787mm×1092mm　1/16
印　　张：17
字　　数：395 千字
印　　次：2025 年 1 月第 1 版第 1 次印刷

线装书局官方微信

定　　价：78.00 元

前　言

《中华人民共和国职业教育法（2022）》在第一章第三条明确，“职业教育是与普通教育具有同等重要地位的教育类型，是国民教育体系和人力资源开发的重要组成部分。”“国家大力发展职业教育，推进职业教育改革，提高职业教育质量，增强职业教育适应性，建立健全适应社会主义市场经济和社会发展需要、符合技术技能人才成长规律的职业教育制度体系，为全面建设社会主义现代化国家提供有力人才和技能支撑。

本书主要分三大板块对全书进行了详细讲解，包括高等职业教育专业建设综述、高职机电一体化技术专业建设综述、东莞职业技术学院机电专业建设。第二板块主要介绍了机电一体化技术专业国家教学标准综述、机电一体化技术专业执业证书对接及发展专业对接简述、机电一体化技术专业毕业就业综述、机电一体化技术专业建设综述等方面。第三板块主要讲述了东莞职业技术学院人培指导意见及模版、机电一体化技术专业制订与修订以及机电一体化专业教材建设案例。

本书适合从事机电一体化技术专业的人员参考使用，也希望能给对机电一体化技术方面感兴趣的读者朋友提供帮助。

本书由唐方红、唐先军撰写，孟祥敏、王锐、安彦桦、陈战对整理本书书稿亦有贡献。

前言

目　录

一、高等职业教育专业建设综述

《中华人民共和国职业教育法（2022）》在第一章第三条明确，“职业教育是与普通教育具有同等重要地位的教育类型，是国民教育体系和人力资源开发的重要组成部分。”“国家大力发展职业教育，推进职业教育改革，提高职业教育质量，增强职业教育适应性，建立健全适应社会主义市场经济和社会发展需要、符合技术技能人才成长规律的职业教育制度体系，为全面建设社会主义现代化国家提供有力人才和技能支撑。”

这表明：一是职业教育的地位，与普通高等教育“同等重要地位”。老百姓和高职教育工作者要清楚认识到这一点，并在实际活动中实践到位；二是当前高等职业教育还存在较多的问题，大家要“推进改革”，以适应社会对高职教育的要求和需要，“增强高职教育的适应性”。

综之，搞专业建设就高职改革的突破口和落脚点。

与中国社会主义经济建设发展相似，我国职业教育专业建设经过了“四阶段”历史演变[1]：雏形期、成长期、发展期、转型期。各阶段标志事件如图1所介绍。

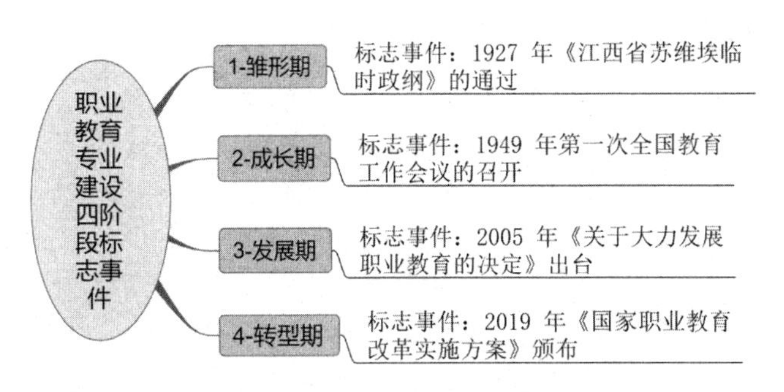

图1　中国职业教育专业建设四阶段标志事件

我国职业教育专业建设历经多年的探索与实践，借鉴国外先进经验，然后进行本土化。职业教育先辈们研究德国的“双元制”、新加坡的“教学工厂”、英国的“职业资格认证体系（BETC）”、瑞士的“双轨运行制”、澳大利亚的“新学徒制”等等，经过探索与实践，专业建设已积累了丰富的实践经验，形成了具有中国特色的专业建设模式。“四个典型”的模式分别为：协同式发展模式、多元化发展模式、校企合作式模式、集团化发展模式，为新时代中国特色、世界一流职业教育专业建设的持续探索奠定了坚实基础[2]。

近年来，国家十分注重职业教育高水平骨干专业的建设，以点带动面的发展，“到 2022年，建设 150个骨干专业（群）。[3]”这是国家层面对专业建设需要扎实推进的举措，也是对部分专业建设推进有力获阶段成果的肯定。

国际工程教育认证是目前专业建设的重要手段，《悉尼协议》作为国际工程教育认证协议之一，已成为我国高职院校创新发展和内涵提升的重要手段[4]。我国很多高职院校研究《悉尼协议》，以其范式开展了专业建设研究与实践。江海职业技术学院机电一体化技术专业是江苏省高水平骨干专业，建设过程借鉴《悉尼协议》专业建设范式“以学生为中心、以成果为导向、倡导持续改进”，明确了专业建设方向，取得良好的效果。

专业群建设是新时代我国职业教育发展的重大改革工程[5]。以专业群为背景，促进专业建设协调发展。2019年 1 月，国务院发布了《国家职业教育改革实施方案》（简称“双高”计划），提出要“建设一批引领改革、支撑发展、中国特色、世界水平的高等职业学校和骨干专业（群）”，以适应产业推动教育的发展。

“双高计划”作为现今高职院校发展的顶层设计，推动职业教育现代化进程的高层政策，将“专业群”建设置于前所未有的重要位置。高职专业建设者们应从人才定位、协同定位、管理定位、现实定位等不同方面分析专业群建设的具体价值内核[6]。

二、高职机电一体化技术专业建设综述

1、机电一体化技术专业综述

(1) 机电一体化技术专业国家教学标准综述

教育部发布的“高等职业教育机电一体化技术专业教学标准”明确了高职机电一体化技术专业培养目标，即培养掌握机械加工技术、电工电子技术、检测技术、液压与气动、电气控制技术、自动生产线技术及机电设备维修等基本知识，具备机电一体化设备操作、安装、调试、维护和维修能力，从事自动生产线等机电一体化设备的安装调试、维护维修、生产技术管理、服务与营销以及机电产品辅助设计与技术改造等工作的高素质技术技能人才[7]。这是全国高职院校进行机电一体化技术专业学生培养的基本的要求和目标。

按职业教育专业目录（2021年版），机电一体化技术专业是属装备制造大类下的自动化类专业，其主要内容一般指机电一体化技术，是一门普通高等学校专科专业。在行业和产业的刺激下，教育部调整了专业范畴，目前的机电一体化技术专业是专业调整合并了的专业。2015年10月，教育部发布《普通高等学校高等职业教育（专科）专业目录（2015年）》，将机电一体化技术、包装自动化技术2个专业合并为机电一体化技术（560301）。2021年3月，教育部印发《职业教育专业目录（2021年）》，机电一体化技术（560301）专业保留，专业代码更改为460301。

按照国家发布的专业标准来看，专业简介可以以“是什么，学什么，干什么”来说明。机电一体化技术专业专业简介如图示2。

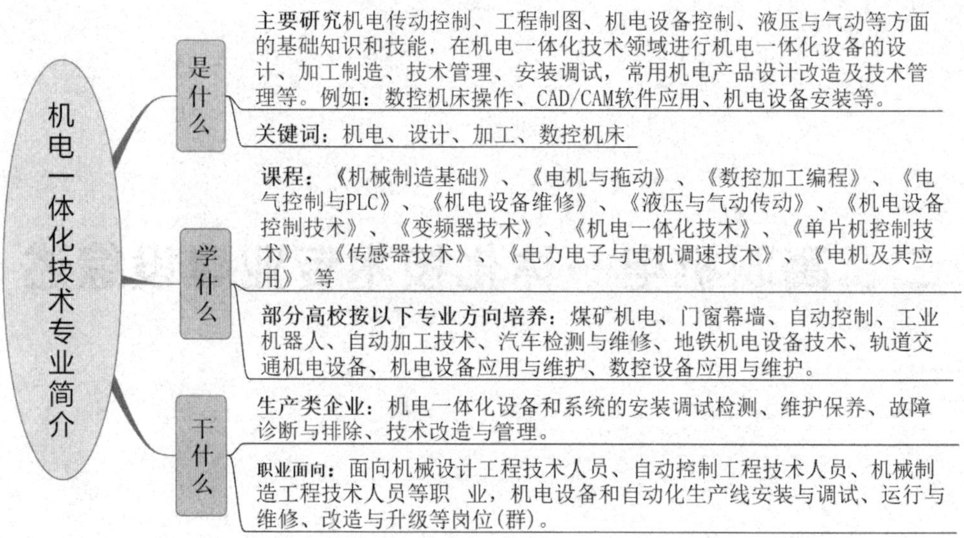

机电一体化技术专业简介

是什么

主要研究机电传动控制、工程制图、机电设备控制、液压与气动等方面的基础知识和技能，在机电一体化技术领域进行机电一体化设备的设计、加工制造、技术管理、安装调试，常用机电产品设计改造及技术管理等。例如：数控机床操作、CAD/CAM软件应用、机电设备安装等。

关键词：机电、设计、加工、数控机床

学什么

课程：《机械制造基础》、《电机与拖动》、《数控加工编程》、《电气控制与PLC》、《机电设备维修》、《液压与气动传动》、《机电设备控制技术》、《变频器技术》、《机电一体化技术》、《单片机控制技术》、《传感器技术》、《电力电子与电机调速技术》、《电机及其应用》 等

部分高校按以下专业方向培养：煤矿机电、门窗幕墙、自动控制、工业机器人、自动加工技术、汽车检测与维修、地铁机电设备技术、轨道交通机电设备、机电设备应用与维护、数控设备应用与维护。

干什么

生产类企业：机电一体化设备和系统的安装调试检测、维护保养、故障诊断与排除、技术改造与管理。

职业面向：面向机械设计工程技术人员、自动控制工程技术人员、机械制造工程技术人员等职 业，机电设备和自动化生产线安装与调试、运行与维修、改造与升级等岗位(群)。

图2 机电一体化技术专业三个角度简介

国家颁布了“高等职业学校机电一体化技术专业教学标准”主要专业能力要求（如图3）、培养规格（如图4）及课程设置（如图5）等，对专业建设内容做了规范。

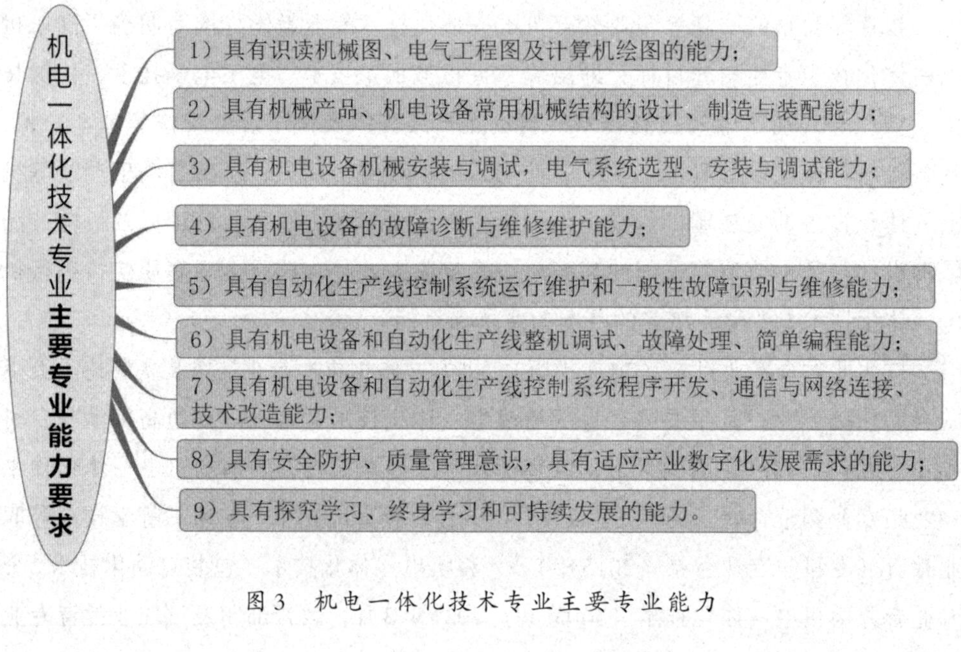

机电一体化技术专业**主要专业能力要求**

1）具有识读机械图、电气工程图及计算机绘图的能力；

2）具有机械产品、机电设备常用机械结构的设计、制造与装配能力；

3）具有机电设备机械安装与调试，电气系统选型、安装与调试能力；

4）具有机电设备的故障诊断与维修维护能力；

5）具有自动化生产线控制系统运行维护和一般性故障识别与维修能力；

6）具有机电设备和自动化生产线整机调试、故障处理、简单编程能力；

7）具有机电设备和自动化生产线控制系统程序开发、通信与网络连接、技术改造能力；

8）具有安全防护、质量管理意识，具有适应产业数字化发展需求的能力；

9）具有探究学习、终身学习和可持续发展的能力。

图3 机电一体化技术专业主要专业能力

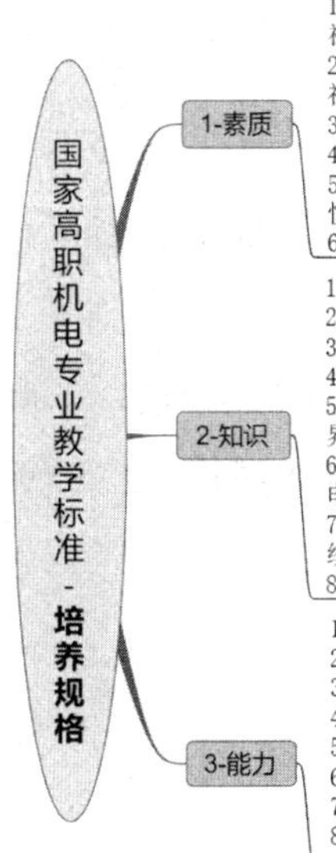

1）坚定拥护中国共产党的领导和我国社会主义制度，在习近平新时代中国特色社会主义思想指引下，践行社会主义核心价值观，具有深厚的爱国情感和中华民族自豪感。
2）崇尚宪法、遵法守纪、崇德向善、诚实守信、热爱劳动，履行道德准则和行为规范，具有社会责任感和社会参与意识。
3）具有质量意识、环保意识、安全意识、信息素养、工匠精神、创新思维。
4）勇于奋斗、乐观向上，具有自我管理能力、职业生涯规划的意识，有较强的集体意识和团队合作精神。
5）具有健康的体魄、心理和健全的人格，掌握基本运动知识和1-2项运动技能，养成良好的健身与卫生习惯，以及良好的行为习惯。
6）具有一定的审美和人文素养，能够形成1-2项艺术特长或爱好。

1）掌握必备的思想政治理论、科学文化基础知识和中华优秀传统文化知识。
2）熟悉与本专业相关的法律法规以及环境保护、安全消防等知识。
3）掌握绘制机械图、电气图等工程图的基础知识。
4）掌握工程力学、机械原理、机械零件、工程材料、公关配合、机械加工等技术的专业知识。
5）掌握电工与电子、液压与气动、传感器与检测、电机与拖动、运动控制、PLC控制、工业机器人、人机界面及工业控制网络等技术的专业知识。
6）掌握典型机电一体化设备的安装调试、维护与维修，自动化生产线和智能制造单元的运行与维护等机电综合知识。
7）了解各种先进制造模式，掌握智能制造系统的基本概念、系统构成以及制造自动化系统、制造信息系统的基本知识。
8）了解机电设备安装调试、维护维修相关国家标准与安全规范。

1）具有探究学习、终身学习、分析问题和解决问题的能力。
2）具有良好的语言、文字表达能力和沟通能力。
3）具有本专业必需的信息技术应用和维护能力。
4）能识读各类机械图、电气图，能运用计算机绘图。
5）能选择和使用常用仪器仪表和工具，能进行常用机械、电气元器件的选型。
6）能根据设备图纸及技术要求进行装配和调试。
7）能进行机电一体化设备控制系统的设计、编程和调试。
8）能进行机电一体化设备故障诊断和维修。
9）能对自动化生产线、智能制造单元进行运行管理、维护和调试。

图4　机电一体化技术专业培养规格

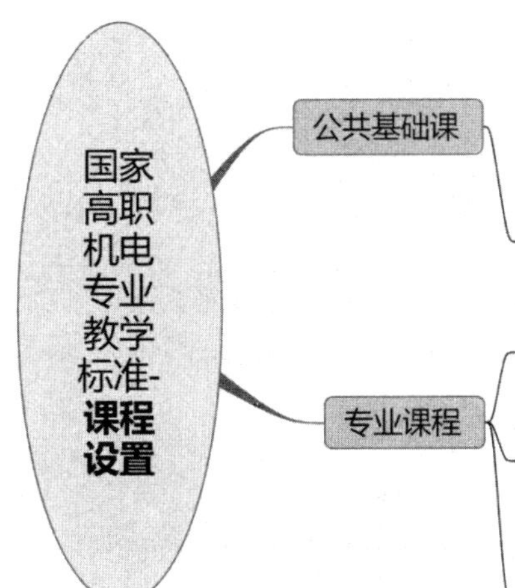

根据党和国家有关文件规定，将思想政治、中华优秀传统文化、体育、军事理论与军训、大学生职业发展与就业指导、心理健康教育等列入公共基础必修课；并将党史国史、劳动教育、创新创业教育、大学语文、信息技术、高等数学、公共外语、健康教育、美育课程、职业素养等列入必修课或选修课。
学校根据实际情况可开设具有本校特色的校本课程。

专业基础课程一般设置6-8门，包括：机械识图与绘制、电工电子技术、机械设计基础、机械制造技术基础、传感器与检测技术、电机与拖动、液压与气压传动等

专业核心课程一般设置6-8门，包括：电气与PLC控制技术、运动控制技术、工业机器人编程与调试、机电设备故障诊断与维修、自动生产线安装与调试、智能制造系统等。

专业拓展课程包括：机电一化系统设计、机电产品三维设计、创新设计、数控技术及应用、制造执行系统应用、单片机应用技术、高级语言程序设计、现代企业车间管理、市场营销等。专业拓展课程可以依据区域产业结构进行适当调整。

图5　机电一体化技术专业课程设置

（2）机电一体化技术专业职业证书对接及发展专业对接简述

职业类证书举例

职业技能等级证书：数控车铣加工、工业机器人集成应用、工业机器人操作与运维、 机器产品三维模型设计、工业机器人应用编程、智能线运行与维护。

接续专业举例

接续高职本科专业举例：机械电子工程技术、电气工程及自动化、智能控制技术、 自动化技术与应用、机械设计制造及自动化

接续普通本科专业举例：机械电子工程、自动化、电气工程及其自动化、智

能制造 工程、机械设计制造及其自动化

(3) 机电一体化技术专业毕业就业综述

根据中国育在线统计的数据显示，机电专业毕业五年月薪达7900元，销售业务最多就业岗位，最多就业行业机械重工，最多就业地区华中地区。

如图6，机电专业与其它专业薪酬对比数据看，机电专业毕业5年以内，未形成良好的工作基础，薪酬都比其它专业要低，大部分以5年时间为转拆点。10年以后就会远远超过其它专业，发展潜力很大。

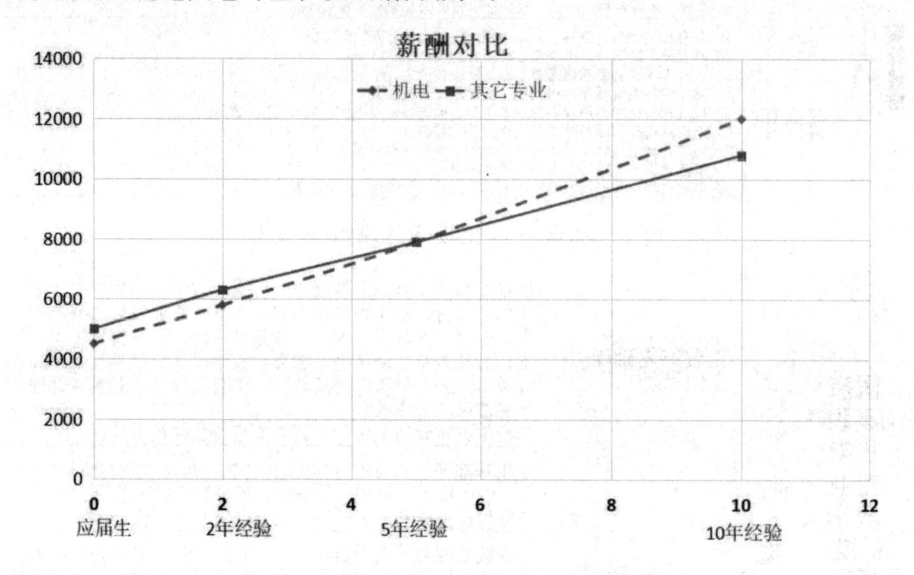

图6　机电专业与其它专业薪酬对比

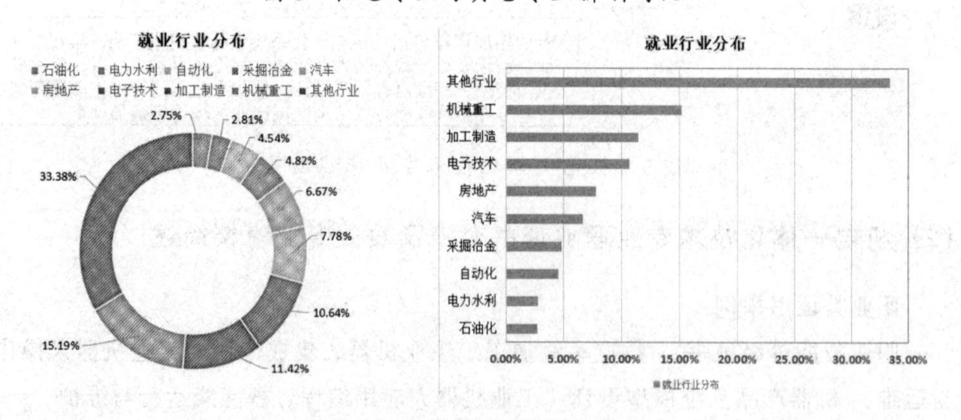

图7　机电专业就业行业分布

再看机电专业就业行业分布，如图7所示，机械重工占比15.19%，销售业务占比也较大。如图8所介绍为专业就业具体职位和所在行业情况，图9为机电专业岗位情况。

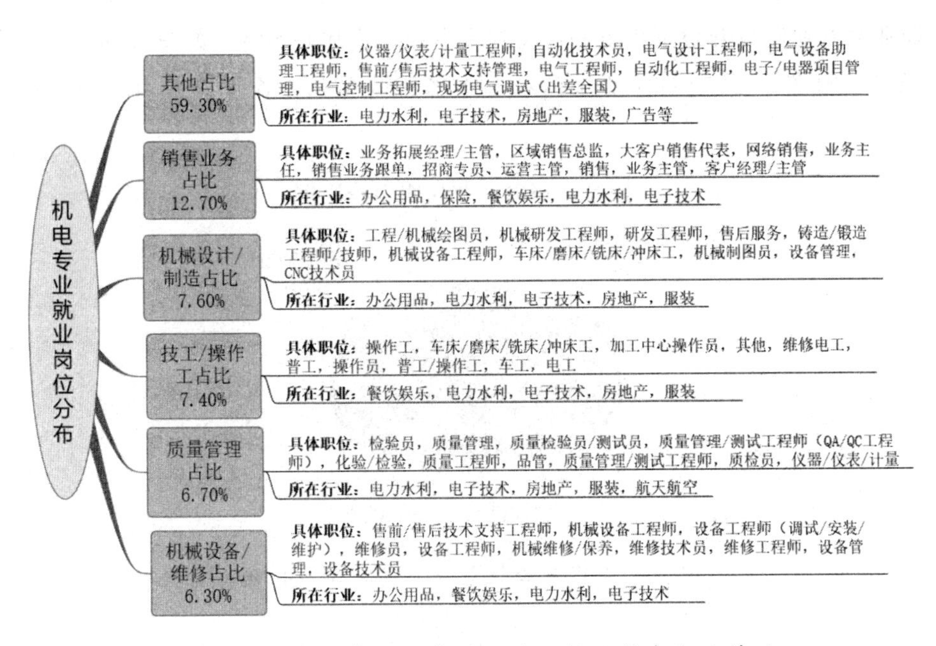

图8　机电专业岗位分布的具体职位及所在行业情况

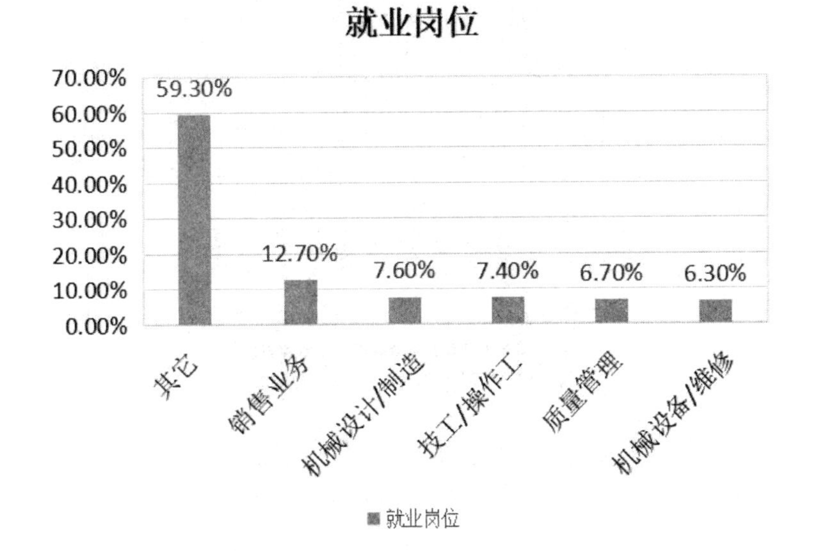

图9　机电专业就业岗位分布

2、高职机电一体化技术专业建设综述

(1) 全国职业院校开设机电专业情况

根据“阳光高考”（2021年4月25日）的数据，全国1518所高职学校中有871

所职业大专业院校开设了机电一体化技术专业，占比超50%，如图10所示，山东省最多，有73所高职学校开设机电一体化技术专业，各省数据如图11、12所示。

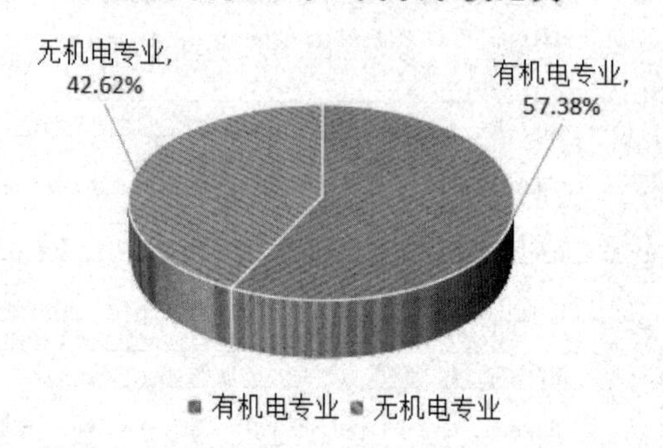

图10　全国开设机电专业高职学校比例

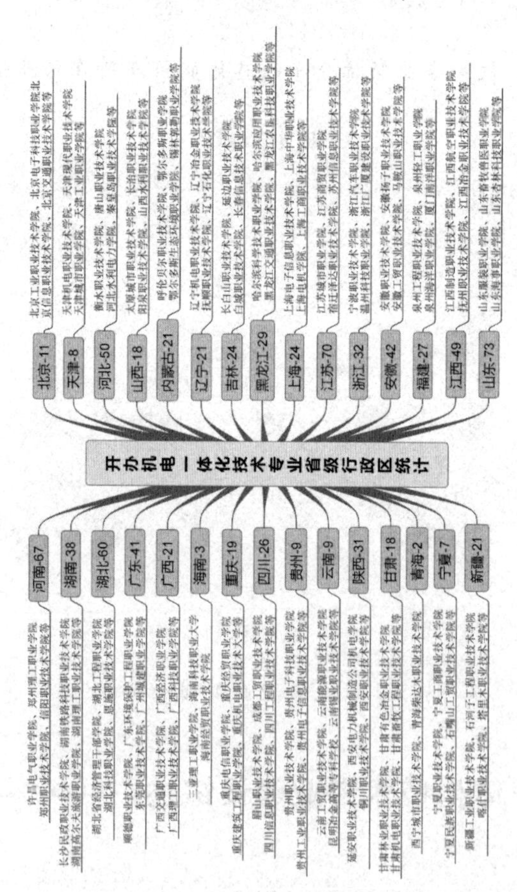

图11　全国各省级行政单位开设机电专业高职学校情况（部分学校名称）

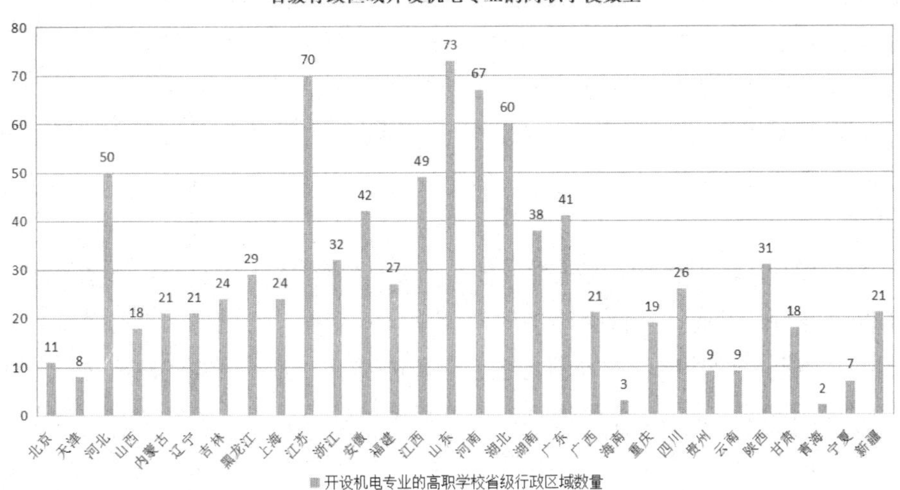

图 12　开设机电专业高级学校省级行政区域数量

(2) 机电专业建设专家观点综述

广州铁路职业学院李哲等，针对“课程体系中培养目标不明确、理念滞后、工科教学理科化、时代特征不明显、教学评价标准等问题则是改革的重点所在”，面对“产教融合”人才培养要求，基于“新工科”的教学改革方面开展了积极的探索。紧密结合“产教融合”教育改革要求，以新工科研究与实践指南为基础，探索机电一体化技术专业课程教学模式改革与创新模式，构建具有机电一体化技术专业特色的，以培养综合素质高、知识结构完善、实践能力及创新思维能力强的综合性人才为培养目标的设计教学模式，建立以思政考核和专业考核并举的考核机制。制定科学合理的课程体系、教学大纲和教学目标服务于机电一体化技术专业教学，教学内容、教学方式及课程考核机制，突出新中国制造2025为目标导向，构建了“工科+艺术”、“学校教育+社会教育”的机电一体化技术教学与人才培养新模式。推行 PBL+CDIO 教学模式，打破以教师为中心的传统教学模式，将课堂理论知识与实践、实验紧密结合，旨在培养学生的创新能力、协同能力、分析问题能力、实践能力。结合学分制选课，鼓励学生加强人文、艺术、经济、管理、工程等课程的学习，促进课程间的相互渗透，实现优势互补。依托多媒体技术，开设翻转课堂，实现线上线下教学互动，构建开放灵活的交叉式课程体系。以教书育人为核心，实行思政课程+专业课程考试改革模式，紧抓教学过程控制，实现课程环环相扣，有序推进[8]。

湖南生物机电职业技术学院赵冬梅等，从“高职机电一体化技术专业教学标准研究”视角出发，针对湖南省高职院校机电一体化技术专业开设情况、行业人才需求情况、毕业生就业情况 进行充分调研，紧扣教育部发布的《机电一体化技术专业教学标准》，结合调研结果和教学需求，开发了一套满足湖南省办学需求的机电一体化技术专业教学标准。该标准能完全对接职业技能考核要求，对学生的专业技能水 平可评可测，包含了教学标准、课程标准、技能考核标准、技能考核题库四大部分，可全方位指导机电一体化技 术专业办学，具有很强的实用性和指导性[9]。

长江工程职业技术学院的杨哲，基于“双高计划”，力求机电一体化技术专业群建设需要与时俱进，与社会经济的发展方向相契合。实现高水平的现代化综合管 理，打造坚实的基础，准确锁定各个阶段的重要方面，最终实现机电一体化技术专业群的全面建设。在课程体系建设过程中，以企业在技术以及人才方面的需求为核心依据，由此形成具体的任务，将任务应用于教学实践；在课程以及教材中融入专业群独特的教学方式，不断提升课程教学质量，反向提升教师的教学能力；坚持构建丰富全面的共享性资料库，利用教学网站全面共享各种优质资源。从学生的角度来说，在夯实本专业基础知识后，以兴趣为依据，不断拓展专 业面，优化自身的 专业技能水平[10]。

广州铁路职业技术学院的邹伟全，对广东省品牌专业建设政策及品牌专业建设指标进行了分析，以机电一体化技术专业为例，从教育教学改革、教师发展、专业特色、教学条件、社会服务、对外交流与合作等六个方面进行了探索，对建设计划的制订、品牌专业团队建设、品牌专业建设成果的培育等经验进行了总结分析。机电一体化技术品牌专业建设总体目标，围绕“特色鲜明、全省一流”的总体目标，紧扣“具备全省一流的师资、一流的教学条件、一流的教学管理、一流的教学科研水平、一流的社会服务能力。在全省高职院校同类专业中名列前茅，在全国具有一定影响力和竞争力”基本要求，确定机电一体化技术专业品牌专业建设的总目标为：将机电一体化技术专业建设成为对接轨道装备制造及维保行业，面向珠三角地区“订单式”培养轨道交通车站机电设备制造、维保等岗位高素质技术技能人才的广东省品牌专业。将现代信息技术与专业教育教学深度融合，实现专业综合实力显著增强，专业师资、教学条件、教科研水平以及社会服务能力均达到国内一流水平、人才培养质量名列前茅，专业的社会认可度和影响力大幅提升的目标[11]。

柳州职业技术学院的范然然等，基于德国 AHK 机电一体化技术专业教学体系，结合国家颁布的机电一体化技术专业培养标准，针对当前该专业设置的情况和基于本地产业特色市场需求，进行本地企业调研、往届就业回访调研、在校生学习调研和在校教师调研。探索出一条特色鲜明的“柳职模式”高职机电一体化技术专业毕业生职业能力评价体系，对学生职业能力和职业素养的提升起到较大的作用，对学校教学实施创新和改革起到较大的促进作用。当前智能制造技术的发展对机电一体化技术专业技能提出了更高的要求，学生不仅要提高自身职业技能素养以适应当前快速发展的产业，还要紧跟学校教学策略的创新“学会学习”。德国AHK职业教育评价体系的引入对高职院校职业能力测评体系建设起到了重要的启发作用。依据该评价体系，建立了本土实际化“柳职模式”的职业能力评价体系，该评价体系紧密结合过程性评价和终结性评价，符合能力渐进培养原则。其次，评价标准均来自于企业对员工的要求，容易得到企业的认同。在模拟的工作环境中创设真实完整的项目开发任务过程，将各能力评价单元融入真实的工作任务单元中进行，以完整实际工作任务来评价学生专业知识、专业技能的学习情况，同时还可以评价学生获取信息、处理信息、分析与解决问题、技术创新等方面的能力[12]。

武汉工程职业技术学院秦利萍，分析全国43所双高校专业群中有机电一体化技术专业，分析结论表明：双高校建设中，机电一体化专业的建设成果非常丰富；双高校的机电一体化技术专业（群）建设立足服务于区域经济，其专业定位已经从传统的机电设备故障与维修，向自动化生产线的安装与调试、工业机器人系统集成与维护等方面发展，为满足企业对高技能人才的需求，更趋向培养复合且有创新能力的高素质技术技能型人才。机电一体化技术专业（群），有校内先进的实训基地或虚拟仿真基地作为校内的实践教学基础；有校外生产型实训基地作为顶岗实习实践基地；有专业集群的领军人物掌控其专业群发展方向；有产教融合下的现代学徒制的有力推进，发展前景将会更加广阔。机电一体化技术专业（群），服务于区域经济需求，其专业定位正从传统的机电设备（数控机床等）故障与维修、向自动化生产线安装与调试、工业机器人系统集成与维护等方面发展，为满足企业对高技能人才需求，更趋向于培养复合且有创新能力的高素质技术技能型人才[13]。

三、东莞职业技术学院机电专业建设（人培制订及案例）

东莞职业技术学院自2009年成立，机械制造及自动化专业是最初建设的专业之一。机电一体化技术是机械制造及自动化专业的一个方面开展教学。自2012年经广东省教育批准发展为独立的专业，2013年经过了省厅组织专家进行新专业验收。

自成立来，对于专业的人才培养方案的制订和修改，学校教务处都会出台相应的指导文件，指导各专业主任制订、修改专业人才培养方案。下面将学校十几年来具有转折意义的指导方案呈现出来，尽供兴趣者讨论。

1、东莞职业技术学院人培指导意见及模板

1）2016年人才培养方案原则性意见

东莞职业技术学院

关于制订2016级专业人才培养方案的原则性意见

学院决定全面修订2016级专业人才培养方案，现就有关问题提出如下原则性意见。

一、指导思想

全面贯彻党的教育方针，坚持以立德树人为根本，以服务发展为宗旨，以促进高质量就业和创业为导向，以创新创业教育改革为突破口，适应东莞率先建成小康社会等“十三五”发展目标和技术技能人才成长成才需要，推进产教融合，校企合作，构建“政校行企协同，学产服用一体”的育人机制，创新和推行工学结合人才培养模式，构建充分体现专业特征的课程体系和课程教学标准，培养具

有“崇德笃行”道德精神和“精技创新”专业品质的高素质技术技能和管理服务人才。

二、基本要求

（一）坚持立德树人，促进学生德、智、体、美全面发展

切实加强思想政治教育，把社会主义核心价值体系和具有东莞特色的中华优秀传统文化融入到人才培养的全过程，学院党委书记、校长走上讲台讲授新学期第一堂思想政治理论课，抓好思政课堂主渠道、专业课堂主阵地作用。强化敬业守信、精益求精、勤勉尽责等职业精神培养，使学生在具备符合职业岗位任职所要求的较强业务工作能力的同时，又具有与人沟通、团结协作等基本职业素养，还具备良好的思想道德素质、健全的心理素质、健康的体魄以及良好的文化艺术素养。

（二）以东莞现代产业新体系对技术技能人才需求为导向，确定专业人才培养目标和规格

各专业要以东莞“十三五”建设规划为依据，以新专业目录调整为契机，主动适应产业行业变革新需求，研究行业企业技术等级、产业价值链特点和技术技能人才培养规律，进一步明确专业对接的产业及职业岗位群，调整专业人才培养目标与规格，使之与东莞构建现代产业新体系的要求相适应。针对人才培养目标与规格，升级专业内涵，设计培养方案和培养途径，使人才培养方案具有更鲜明的学校特色，同时具有一定的前瞻性。

（三）以增强学生就业创业能力为核心，构建“工学结合、知行合一”的专业课程体系

各专业要通过就业岗位群分析以及典型工作任务解构，以就业创业能力培养为核心，构建基于工作过程（项目导向、成果导向、能力本位）的“一个核心两条主线三大模块”的课程体系。并在教学运行中对教学方法、教学基本条件、考核评价体系等方面进行系统的安排，促进学以致用、用以促学、学用相长。

专业课程体系要强化实践性和职业性，实现校企协同育人。一是要重点打造专业群平台课程，建立高标准的课程教学标准，夯实专业发展基础；二是要深化校企协同育人，将“东莞元素”注入专业及专业方向性课程、企业订单性课程，每个专业至少有2门以上校企合作开发课程；三是继续推行“双证书”制度，对接最新职业标准、行业标准和岗位规范，结合学生就业岗位（群）的需要，将与本专业紧密相关的“职业资格证书”、“职业技能证”或“行业上岗证”认证考证等内容融入专业课程教学中，设置1～2门课证融合课程；四是改革专业课程教学内容与模式，要以企业真实工作任务和过程为引领，打破“三段式”课程传统模式，从岗位需求出发，构建任务引领型、项目化专业（实训）课程，以典型产品

（服务）为载体设计综合性训练项目，增强学生适应企业实际工作环境和完成工作任务的能力。五是系统设计螺旋上升的实践性教学体系。将综合实践项目与假期社会实践活动统筹安排，着力提高实践性教学的有效性。在第一学期安排1周专业认知实习，第二学期安排1周专业基础综合实训（培养基本技能），第三学期安排2周左右的专业实训或跟岗实习（培养专业核心技能），第四学期安排2周左右的专业综合实训（培养解决实际问题能力），第五或六学期安排20周左右的顶岗实习（培养综合职业能力）。

（四）以深化创新创业教育改革为突破口，搭建学生多样选择多元成才路径。

深化创新创业教育改革，是全面提升人才培养质量的重要突破口。各专业要以培养学生的创新精神、创业意识和创新创业能力为目标，将创新创业教育与专业人才培养全方位融合，将创新创业思维融入教学各环节过程，充分关注学生职业生涯和可持续发展的需要，因材施教，为学生多样化选择、多路径成才搭建"立交桥"，尽可能地给予学生在选择职业岗位方向、课程以及学习进程的自主权。

借鉴和应用STEAM和STS教育理念，科学设置公共基础学习模块（参见附件1中表1）。在2015年公共基础课程教学改革的基础上，实行选课制，由学生自主选修。公共（通识）课程旨在帮助学生拓展知识视野，培养适应社会发展，以及处理人与自然、人与社会等新问题的方法和能力，对中华优秀文化有更深入的了解和传承，培养表达、沟通、自主学习及团队合作所需的态度与技能。

在拓展学习模块中设置创新创业教育课程，厚植"东莞制造2025"、"互联网+"等元素，做好"专业+"的拓展课程设计，即加大跨专业群交叉课程与复合课程的比例。根据创新型人才培养需要，工科类专业要设置财税金融、企业经营管理、知识产权保护、市场营销、创意设计、技术创新等课程；经管类专业体现为"东莞制造"服务的特点，开设行业综述性课程、制造企业体验课程、IT新技术、"东莞制2025"、创意设计等课程或实践项目；设计类专业要设置操作（制作）类课程、企业体验课程、经管类课程、IT新技术类、先进制造技术课程等。拓展学习模块中本专业群创新创业教育课程不低于4个学分，跨专业选修课程不低于4个学分，讲座不低于1学分（5次）。

（五）科学合理安排教学进程，改革教学组织方式、教学方法和课程考核方式

各专业可根据专业课程的特点，在保证教学质量并不与其他课程发生冲突的前提下，在教学进程设计上可集中或分阶段安排专业课，选用串行式、并行式教学模式来组织教学。创造条件，采用"理实一体，做学教结合"的教学模式，避免教学环节相对集中、理论与实践相脱节问题。充分利用"乐学"、"乐习"、"乐创"在线平台，开展慕课、微课及翻转课堂等应用，积极探索和构建信息化环境下的教育教学新模式，改革教学方法，提高教学效果、效率。

各专业根据不同课程、不同课程模块、不同教学模式的特点，采用作品设计、方案设计、工艺流程编制、技能测试、产品制作、作品展示、调研报告、社会调查等不同考核方式，考核内容包括知识、技能和素养，评价方式包括师生互评、学生互评、学生自评、专家点评等，构建“评价方式与评价主体多元、过程性考核与终结性考核并重”的课程评价方式，促进师生之间、学生之间的交流，激发学生自主学习。

三、具体安排

（一）专业人才培养方案内容

1.专业名称及代码

统一使用招生备案专业名单中的名称和代码。

2.招生对象及学制

普通高中毕业生和同等学力者（若中高职衔接专业则注明是中职毕业生）。

学分制。三年制学生基本学制为三年，最长六年；二年制学生基本学制为二年，最长五年。

3.就业岗位群

说明专业培养指向的职业岗位群，分析岗位的工作任务、任职要求等。

4.人才培养目标

要根据本专业人才培养模式改革方案进行描述，参考格式为：……专业培养拥护党的基本路线，德、智、体、美全面发展，掌握……等必备知识，具备……等专业能力，具有较强的学习能力、沟通能力和协作能力，以及“崇德笃行、精技创新”的道德精神和专业品质，服务于……产业（行业）的生产和管理第一线需要的创新型、……型（发展型、复合型，二选一）的高素质技术技能人才。

5.人才培养规格

针对就业岗位群，对本专业毕业生的基本素质与通用能力、专业能力、创新创业能力进行描述。

6.毕业标准

修满相应学分（三年制为125—140学分；二年制为80—95学分）；要求获得与本专业紧密相关的“职业资格证书”、“职业技能证”或“行业上岗证”；参加半年以上顶岗实习并成绩合格；《国家学生体质健康标准》测试合格；综合素质测评合格。

7.专业课程体系

专业课程与典型工作任务、职业能力分析、专业核心课程说明等。

8.专业教学进程安排及学分统计表

9.专业基本条件

专业师资的配置与要求、实践教学条件的配置与要求、课程教学场地、设备等教学资源配置与要求。

10.课程考核评价方式

核心课程的考核评价方式说明。

11.人才培养方案特色说明

包括专业课程体系调整一览表，中职、本科衔接课程介绍，以及本专业培养方案的主要特色等。

（二）学期安排

三年按6个学期安排教学，第一学期按16周安排，其余学期按18周安排，不包括放假及机动。课程考核除公共基础学习课程（由教务处统一安排考试考核时间）外，均安排在教学学时中完成。周学时第一学期规定在26左右，第二至四学期规定在24左右，第五或第六学期规定为20左右。

1. 第一至二学期安排素质与通用能力课程，为保证素质与通用能力课程总学时，特做以下规定：

第一学期：安排2周入学教育与军训，独立实践教学周建议为1周。

第二学期：独立实践教学周建议为5周。（第一、二学期教学周一致，保证公共基础课学时数相同）。

2. 技能鉴定根据各专业具体情况，安排在第三～五学期完成。工科专业一般安排4周综合训练与职业技能鉴定，课程名称规定为《××职业技能鉴定》。在考完中级工后，部分专业可组织进行高级工鉴定，可列入专业人才培养方案；

3. 毕业设计与毕业答辩原则上安排在第五或第六学期，共8周，学时为140，学分为8，课外时间完成。

4. 校外实习。校外实习包括校外认知实习（见习）、生产实习、社会实践和顶岗（跟岗）实习等，校外实习必须纳入学校人才培养方案，制定相应的实习实训标准。社会实践（选修）安排在在寒、暑假进行，时间为2周，并纳入选修课学分，按每个假期1学分计算。毕业顶岗实习或预就业顶岗实习，可根据专业人才培养需要，安排在第五或第六学期进行，时间为不超过20周，计18个学分。原则上校外实习在人才培养方案中的总教学时数不超过30周。

（三）学时要求

根据人才培养目标的要求设置足够的学时量。原则上，三年制专业总学时为2400—2600，二年制总学时为1500—1800；其中入学教育与军训、顶岗实习和集中开设的实训等按每周26学时计算，不足一周的一天按6学时计算，实践教学学时不低于总教学数的60%（面向现代服务业类专业不低于50%）。

（四）学分计算

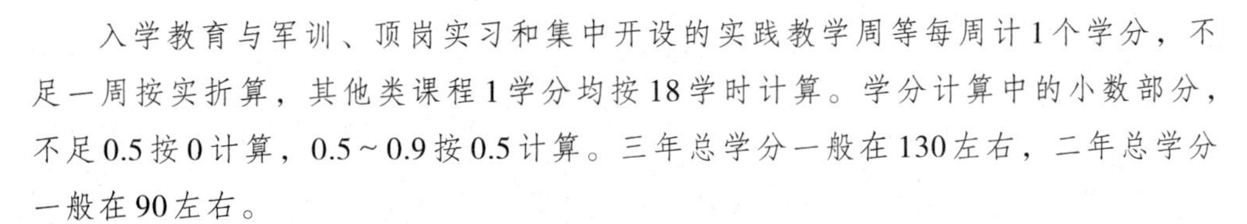

入学教育与军训、顶岗实习和集中开设的实践教学周等每周计1个学分，不足一周按实折算，其他类课程1学分均按18学时计算。学分计算中的小数部分，不足0.5按0计算，0.5～0.9按0.5计算。三年总学分一般在130左右，二年总学分一般在90左右。

（五）课程安排

1.课程分类

课程分为必修课、选修课两类；课程体系由三个模块构成：素质与通用能力课程模块、专业能力课程模块、专业拓展课程模块。

素质与通用能力模块。包括：思想政治理论、外语、体育、入学教育与军训（含军事理论）等必修课程，以及通用能力必修包A/B/C/D/E。其中通用能力选修包分别对应沟通与表达、信息素养与能力、艺术与中华文化传承、自我发展与规划、数学与思维训练，每位学生需至少在每个通用能力选修包修毕2个学分。

专业能力模块。包括：专业群平台课程、专业核心课程、专业综合实践课程等。

专业拓展模块，包括：跨专业交叉课程、复合课程、创新创业课程、第二课堂（社团、兴趣小组等）、假期社会实践、竞赛类项目、技能训练项目、社会服务项目、讲座等。

各课程模块学分、学时比例分配参照下表：

课程模块	课程属性	学分	课程门数规划	实践教学比例	备注
素质与通用能力课程模块	基本素质课程	22	8	≥40%	时序
	通用能力选修包A、B、C、D、E	14–20	7–12	≥40%	时序
专业能力课程模块	专业群平台课程	10–15	3–5	≥50%	时序
	专业核心课程/企业订单课程	12–25	4–5	≥60%	时序+周序
	专业综合实践课程	32–40	8–14	≥90%	周序
专业拓展课程模块	拓展A/B/C/D	17–25	9–15	≥50%	时序
	第二课堂	6	3	≥80%	时序+周序
合计		125–140		60% ± 10%	

2.素质与通用能力课程模块

素质与通用能力课程模块开设学期及周学时建议如下表。

（1）基本素质课程

课程名称	学分	总学时	开设学期	周学时	开课单位	备注
思政“基础”课	3	36（12）	1或2	3	思政部	1学期：计算机、财经、艺术、物流、体育 2学期：机电、电子、管理、媒传、外语
	2	18（12）	1或2	2		两年制
思政“概论”课	4	48（16）	1或2	4		1学期：机电、电子、管理、媒传、外语 2学期：计算机、财经、艺术、物流、体育
	2	24（16）	1或2	2		两年制
形势与政策	1	16	1-4	讲座		
	0.5	8	1-2			两年制
英语　高职公共英语	3	52	1	4	外语系	必修，各系（或专业）分层授课
英语　行业英语	3	56	2	4		分专业订制（可选）
英语　通用职场英语	3	56	2	4		（可选）
体育（1）（2）（3）（4）	5	80	1、2	2	体育系	按专业群实行选项制
			3、4	1	体育系	俱乐部制（含体测时间）
入学及军训（军事理论）	3	52（26）	1	1-2周	保卫处 学生处	军事理论为慕课，计26学时
大学生安全教育	1	26	1		保卫处	慕课

（2）通用能力选修包

课程名称		学分	总学时	开设学期	周学时	开课单位	备注
沟通与表达（A）	应用写作与口才训练	2	28+（4）	1或2	2	公教部	必修
	演讲与口才 ……	2	36	1或2	3		
信息素养与能力（B）	计算机应用基础	2	36	1-2	4	计算机工程系	必修
	程序设计基础	2	36	2-3	4		
	数据库技术及应用	2	36	2-3	4		
	互联网应用基础	2	36	2-3	4		

续表

课程名称		学分	总学时	开设学期	周学时	开课单位	备注
艺术与文化传承（C）	莞香文化	1	28	1或2	2	公教部	
	音乐知识与欣赏	1	28	1或2	2		
	中国传统文化	1	28	1或2	2		
	中国现当代文学名著导读	1	28	1或2	2		
	古典文学经典导读	1	28	1或2	2		
	中西方文化比较	1	28	1或2	2		
	……						
自我发展与规划（D）	心理健康教育	2	32	1-4		心理教研室	必修
	应用心理学	1	26	3-5		学生处（结合慕课）	
	幸福的密码	1	26	3-5		学生处（结合慕课）	
数学与思维训练（E）	高等数学	2	36	1	4	公教部	工科专业必修
	经济数学	2	36	2	4		文科专业必修
	数学思想与文化	1	26	1-5	2		全院各专业
	Matlab软件及其应用	1	26	3-5	2		全院各专业
	运筹与优化	1	26	3-5	2		经管类专业
	线性代数	1	26	1-5	2		全院各专业
	数理统计	1	26	1-5	2		工科各专业
	数学模型	1	26	3-5	2		全院各专业
	算法导论	1	26	1-2	2		工科各专业
合计		12-18					

注：（1）学生每个课程包需完成至少2学分；（2）部分专业可根据学习需求指定必修课程。

3.专业能力课程模块

专业能力课程主要包括：专业群平台课程、专业核心课程、专业综合实践课程等。其中专业综合实践课程需包含一门课证融合的职业技能鉴定课程，以及毕业设计与答辩、毕业顶岗实习等必修课。

4.专业拓展课程模块

专业拓展课程主要包括：跨专业交叉课程与复合课程、创新创业教育课程、

第二课堂（社团、兴趣小组等）、假期社会实践、竞赛类项目、技能训练项目、社会服务项目、讲座等。每个专业都应贯彻“服务发展”的理念，根据专业发展、技术与生产方式升级、就业创业能力培养的需要安排拓展模块课程，引导学生分别在对应的拓展选修包A/B/C/D中选修相应课程。具体要求见下表。

课程名称		学分	总学时	开设学期	起止周	开课单位	备注
跨专业选修课程（拓展A）	智能安防技术	2	36	4或5		电子	跨专业大类选修4学分，（详细课程清单见附表）
	实用图像处理技术	2	36	4或5		计算机	
	剑桥商务英语	2	36	4或5		外语	
	汽车使用与维护	2	36	4或5		机电	
	金融学基础	2	36	4或5		财经	
	创意包装设计	2	36	4或5		媒传	
	航运经济地理	2	36	4或5		物流	
	市场营销事务	2	36	4或5		管理	
	广告摄影	2	36	4或5		艺术	
	团队游戏拓展	2	36	4或5		体育	
	……						
创新创业教育课程（拓展B）	就业与创业指导	2	40	2-5		就业指导中心	就业与创业指导为必修课，共需修满4学分
	就业与创业指导（两年制）	1.5	30	1-3			
	创业基础	2				乐学在线慕课	
	创业进阶与技能	2					
	创新创业讲座	1	5次				
	创新创业实践	2					
	SYB创业实务	2	40	3-5		就业指导中心	
职业技能训练（拓展C）	专业新技能（知识讲座）	1	5次				须修满3学分
	技能竞赛训练	1					
	工作室实践/专业兴趣小组	1					
综合素质拓展（拓展D）	……					乐学在线及公共选修课程	须修满3学分
第二课堂	假期社会实践	4	104	2—5	选4周	团委	暑假
	社团活动	1				团委	须修满2学分
	讲座	1	5次			团委	
合计		至少18					

四、修订程序与说明

（一）专业人才培养方案修订程序

1.教务处提出指导意见，经广泛征求意见、学术委员会研讨论证后下发执行，开展编制培训。

2.成立编制小组。各系部（专业群、专业）成立编制小组，确定负责人和执笔人。

3.前期准备。各编制小组组织学习政策文件，开展市场调研。确定就业岗位群、典型工作任务分析（解构工作过程）、设计课程体系（重构课程体系），形成初稿。

4.专业论证。以专业群为单位，组织专业（群）建设指导委员会对初稿进行论证，根据专家反馈意见进行修改，系主任审定。

5.学院审核。在教务处初审后，提交学术委员会审核。

6.修订执行。各系部（专业）根据评审意见，进行修订，由院长核准后执行。

（二）几点说明

1.专业人才培养方案修订，要充分体现校企协同育人的特点，须参照国家、省高职教育专业教学标准和职业资格标准，结合东莞产业实际，组织行业企业、高等职业教育专家共同参与，并做好过程性材料归档。

2.专业人才培养方案确定的课程、教学环节、学分、学时、授课学期、考核考试等均不得随意调整。执行过程中确需调整的，应严格按照审批程序执行。重大调整应提前半年以上征求学生和行业企业专家意见，并详细公布调整的内容与理由。

3.专业人才培养方案面向社会公布，在新生入学时，须向新生详细解读专业人才培养方案；根据方案，定期面向学生开展学业指导。

4.学生可通过第二课堂活动、竞赛活动、校企合作讲座等申请替代对应课程学分，具体程序及要求，参照《学生学分替代管理办法》（待修订）。

5.为减轻学生课业考核压力，每学期考试课程一般为3门，不得超过5门，其他课程为考证或考查。课程考评采用等级制，学生课程成绩以A+、A、A-、B+、B、B-、C、D形式记载，其中获得A+的人数不超过该课程修读总人数的5%，或以P（通过）、F（未通过）形式记载。

6.专业人才培养方案的文字、图表要求简明、扼要、准确。课程名称、课程代码、学分三者必须同时与教务管理系统课程库一致（内容相同率在80%以上的课程，使用同一课程名）。

7.专业人才培养方案和调研报告电子文档格式要求：页边距，上下均为2.8cm；大标题，二号宋体加粗；正文，5号宋体，行间距为固定值22磅；正文结构层次序号依次为："一、"（小四号黑体）、"（一）"（五号黑体加粗）、"1、"（五号宋体加粗）、"（1）"（五号宋体）；表格格式可根据内容自行确定，字号使用5号宋体。

8.2016版专业人才培养方案从2016级开始使用。本指导意见自发布之日起执行，由教务处负责解释。

2）2016级三年制专业人才培养方案模板

三年制XXXX专业人才培养方案

专 业 代 码：	
适 用 年 级：	
专业负责人：	
制 订 时 间：	年 月 日
系部审批人：	
系部审批时间：	年 月 日
学校审批人：	
学校审批时间：	年 月 日

三年制XXX专业人才培养方案

（格式要求：页边距，上下均为2.8cm；大标题，二号宋体加粗；正文，5号宋体，行间距为固定值22磅；正文结构层次序号依次为："一、"（小四号黑体）、"（一）"（五号黑体加粗）、"1、"（五号宋体加粗）、"（1）"（五号宋体）；表格格式可根据内容自行确定，字号使用5号宋体。）

注：完成人才培养方案时，将红色字体内容删除。

一、专业名称及代码

（统一使用招生备案专业名单中的名称和代码）

1、专业名称

2、专业代码

二、招生对象及学制

普通高中毕业生和同等学力者（若中高衔接专业则注明是中职毕业生）。学制为三年（或两年）。

1、招生对象

2、学制

三、就业岗位群

说明专业培养指向的职业岗位群，分析岗位的工作任务、任职要求等。（从职业岗位群描述开始，分析每个岗位主要的工作任务，主要工作任务可以简短概括，体现岗位特征即可。每个岗位对应的职业资格证书，以中或高级为宜，目的是尽量将职业鉴定标准融入人才培养方案。）

表 1　服务面向职业岗位群分析

职业岗位（群）		主要工作任务	职业资格证书
初次就业岗位			
目标就业岗位			

四、人才培养目标

（要根据本专业人才培养模式改革方案进行描述，统一格式为：）……专业培养拥护党的基本路线，德、智、体、美全面发展，掌握……等必备知识，具备……等专业能力，具有较强的学习能力、沟通能力和协作能力，以及“崇德笃行、精技创新”的道德精神和专业品质，服务于……产业（行业）的生产和管理第一线需要的……型、……型（发展型、复合型、创新型，三选二或一）的高素质技术技能人才。

五、人才培养规格（指专业人才培养应具有的能力）

（针对就业岗位群，对本专业毕业生的专业能力、方法能力、社会能力进行描述。）

（1）专业能力：有目的的、符合XXX专业要求的、按照一定方法独立完成任务、解决问题和评价结果的能力。

（以数控技术专业为例：）

阅读一般性英语技术资料和简单口头交流能力；

计算机操作与应用能力；

工程计算能力；

识图与绘图能力；

计算机绘图能力；

材料选用与热处理方法选择的能力；

机构选用与机械零件设计能力；

机电控制技术应用能力；

普通切削机床操作与维护能力；

数控机床操作与维护能力；

机械制造工艺设计能力；

工艺实施及零件检验能力；

CAD/CAM专业软件应用能力；

数控加工程序编制能力；

生产组织能力；

质量管理能力。

(2) 方法能力：职业生涯规划能力、独立学习能力、获取新知识能力、决策能力；

(3) 社会能力：人际交流能力；爱国、爱校、爱岗精神；诚信品质和遵纪守法意识；勇于创新、敬业乐业的工作作风；安全意识，责任意识；文明、友善和团队协作精神。

六、毕业标准

1.所修课程（含实践教学）的成绩全部合格，应修满XXX学分；

2.获得与本专业紧密相关的“XXX职业资格证书”、“XXX职业技能证”或“XXX行业上岗证”；

3.获得全国计算机应用能力一级以上资格证书（非计算机相关的专业）；

4.参加全国大学生英语应用能力A级或B级考试，达到学院规定的分数；

5.参加半年以上顶岗实习并成绩合格；

6.在艺术（公共选修）限定性选修课程中选修1门并成绩合格；

7.参加大学生体质达标测试，并全部合格；

8.综合素质测评合格。

七、工学结合专业课程体系分析

（专业学习领域课程与典型工作任务、职业能力分析、专业核心课程等说明。）

表2 专业学习领域主干课程分析表

专业 核心课程	典型工作任务	职业能力	主要教学知识点	参考 学时
	…	…	…	

续表

专业核心课程	典型工作任务	职业能力	主要教学知识点	参考学时
	…	…	…	
	…	…	…	
…	…	…	…	…

八、专业教学进程安排及学分统计表

1、课程设置与教学计划进程表

表3　课程设置与专业教学进程表

课程模块	课程属性	课程代码	课程名称	学分	总学时	课程类型	学期周数与周学时						考核方式	开课单位	备注
							一	二	三	四	五	六			
							13+1	13+5	18	18	18	16			
公共基础学习领域课程	公共基础课		"思政"基础课												
			"思政"概论课												
			大学英语												
			数学												
			写作与口才训练												
			计算机应用基础												
			职业生涯规划												
			就业与创业指导												
			大学体育												
			心理健康教育												
			形势与政策												讲座
	小计/周学时														

续表

课程模块	课程属性	课程代码	课程名称	学分	总学时	课程类型	学期周数与周学时						考核方式	开课单位	备注
							一	二	三	四	五	六			
							13+1	13+5	18	18	18	16			
专业学习领域课程	专业基础课														
	专业课														
	专业综合实践课														
			***职业技能鉴定												
			毕业设计与答辩	8	140										课外
			毕业顶岗实习	18	468										
	小计/周学时														

续表

课程模块	课程属性	课程代码	课程名称	学分	总学时	课程类型	学期周数与周学时						考核方式	开课单位	备注
							一	二	三	四	五	六			
							13+1	13+5	18	18	18	16			
拓展学习领域课程	专业拓展课														
	小计/周学时														
	公共拓展课		入学教育与军训	3	56	B	1–2W								
			军事理论（讲座）	1	28	A									慕课
			安全教育（讲座）	1	28	B									慕课
			艺术限选课	1	28										
			假期社会实践（选4周）	4	104	C		4		4					暑假
			假期顶岗实习（选四周）	4	104	C		4		4					暑假
			全院性选修课（最少）	1	28	B									慕课
			体育选修			C									
	公共拓展课最少应修学分及学时			11	240	B									
	专业拓展课最少应修学分及学时					B									
	小计/周学时														
合计/总学分、总学时															

注：1. 表示核心课程 ⊕表示课程实践

2.课程类型：A表示纯理论课，B表示理论+实践课，C表示纯实践课

3.B类课程以“理论学时+实践学时”的格式注明

4.学期周数中需要表明是第几周至第几周（如：1-8W）

5.课证融合的课程请在备注中注明

6.考核方式分为：考试、考查

7.每学期考试课程一般为3门，不得超过5门，其他课程为考证或考查

2、学时与学分分配

表4 学时与学分统计表

<table>
<tr><th colspan="2" rowspan="2">学习领域</th><th rowspan="2">课程门数</th><th colspan="2">学时分配</th><th colspan="2">学分分配</th><th rowspan="2">实践教学比例</th><th rowspan="2">备 注</th></tr>
<tr><th>学时</th><th>学时比例</th><th>学分</th><th>学分比例</th></tr>
<tr><td colspan="2">公共基础学习领域</td><td></td><td></td><td></td><td></td><td></td><td>40%</td><td></td></tr>
<tr><td colspan="2">专业学习领域</td><td></td><td></td><td></td><td></td><td></td><td>60%</td><td></td></tr>
<tr><td rowspan="2">拓展学习领域</td><td>专业拓展</td><td>最少选课门数：</td><td></td><td></td><td></td><td></td><td>60%</td><td>可选选修课门数：</td></tr>
<tr><td>公共拓展</td><td>最少选课门数：</td><td></td><td></td><td></td><td></td><td>60%</td><td>可选选修课门数：</td></tr>
<tr><td colspan="2">总计</td><td></td><td></td><td>100%</td><td></td><td>100%</td><td></td><td></td></tr>
</table>

理论与实践课时比例达到X ：X（小于1：1）。

九、专业基本条件

1、专业教学团队的配置与要求

表5 专业教学团队配置要求一览表

<table>
<tr><th rowspan="2">序号</th><th rowspan="2">专业课程名称</th><th colspan="3">课程类型</th><th colspan="5">师资要求</th></tr>
<tr><th>专业基础课</th><th>专业课</th><th>专业拓展课</th><th>专职</th><th>兼职</th><th>专业/学历/职称</th><th>职业资格</th><th>行业经历</th></tr>
<tr><td>1</td><td></td><td>√</td><td></td><td></td><td>√</td><td></td><td></td><td></td><td></td></tr>
<tr><td>2</td><td></td><td></td><td></td><td></td><td></td><td></td><td></td><td></td><td></td></tr>
<tr><td>3</td><td></td><td></td><td></td><td></td><td></td><td></td><td></td><td></td><td></td></tr>
<tr><td>4</td><td></td><td></td><td></td><td></td><td></td><td></td><td></td><td></td><td></td></tr>
<tr><td>5</td><td></td><td></td><td></td><td></td><td></td><td></td><td></td><td></td><td></td></tr>
<tr><td></td><td></td><td></td><td></td><td></td><td></td><td></td><td></td><td></td><td></td></tr>
</table>

（3-5列，请在相应的栏目内打√）

2、实践教学条件的配置与要求

表6　校内实践教学条件配置要求一览表

序号	实训场所名称	主要实训项目	基本配置			容量（一次性容纳人数）
			面积（平米）	设备（台/套）	总值（万元）	
1						
2						
3						
4						
5						
6						
7						

表7　校外实训基地一览表

序号	基地名称	建立年份	实训项目与内容	备注
1				
2				
3				
4				

3、理实一体化课程教学场地配置与要求

表8　理实一体化课程教学场地配置一览表

序号	课程名称	教学场地名称	设施配置及主要功能
1			
2			
…			

十、课程考核评价方式

十一、专业人才培养方案特色说明

（包括专业建设、课程体系等方面的主要特色；中职、本科衔接课程介绍，以及本专业培养方案的主要特色等。）

1、专业建设模式特色

2、课程体系特色

（说明本专业课程体系的主要特点，包括课程改革的内容）

表9 专业学习领域课程调整一览表

调整形式	专业基础课	专业课	专业拓展课	小计（门数）
增加课程名称				
整合课程名称				
删减课程名称				
调整后结构（门数）				

其它……

3）2020年专业才培养方案制（修）订指导意见

东莞职业技术学院

关于制（修）订2020级专业人才培养方案的指导意见

专业人才培养方案是学校落实党和国家人才培养总体要求，依据职业教育国家教学标准，结合自身办学定位和实际需求，对专业人才培养要求和过程的总体设计，是实施人才培养和质量评价的基本依据。

为全面适应新时代东莞及大湾区经济社会发展的特点与需要，根据《教育部关于职业院校专业人才培养方案制订工作的指导意见》等文件要求，现对做好2020级专业群人才培养方案制（修）订工作提出如下指导意见。

一、指导思想

深入贯彻习近平新时代中国特色社会主义思想，全面落实《中国教育现代化2035》《国家职业教育改革实施方案》《加快推进教育现代化实施方案（2020－2022年）》《教育部财政部关于实施中国特色高水平高职学校和专业建设计划的意见》《广东省职业教育扩容、提质、强服务三年行动计划（2020－2021年）》等文件要求，推进学校建设全国一流职业学院“双提升”行动计划，以服务发展为宗旨，以促进就业创业为导向，完善产教融合校企合作的协同育人机制，创新人才培养模式，规范教育教学管理，强化教学过程管控，科学设计出适应东莞及大湾区新经济体系建设和现代产业需要、符合“培养高素质创新性复合型技术技能人才”的学校人才培养目标总定位和技术技能人才多元个性成长需要的人才培养方案，以全面提高人才培养质量。

二、制订原则

（一）坚持育人为本，促进德技并修。坚持立德树人，全面推动习近平新时代中国特色社会主义思想进教材进课堂进头脑，积极培育和践行社会主义核心价值观，落实学校党委书记、校长、二级院系党总支书记及院长走上讲台讲授新学期第一堂思想政治理论课制度。坚持将思想政治教育、劳动教育、职业道德、工匠精神和创新创业等核心素养培育融入教育教学全过程，构建与产业链、人才链、创新链对接（“三链对接”）、德智体美劳（“五育并举”）的人才培养体系，加大思政课程和课程思政改革力度，全面推进落实“三全育人”。

（二）坚持标准引领，促进特色发展。以职业教育国家教学标准为基本遵循，贯彻落实党和国家在有关课程设置、教育教学内容等方面的要求，对接有关职业标准，服务地方和行业发展需求，鼓励高于国家、省标准，体现学校特色。

（三）坚持多方参与，促进产教融合。方案设计、制订、论证、审定等各环节要注重充分发挥行业企业作用，广泛听取学校师生及有关方面的意见与建议，避免闭门造车、照搬照用；方案整体设计应体现人才培养模式改革的新要求，将产教融合、校企合作落实到人才培养全过程中，课程教学内容及时反映新知识、新技术、新工艺、新规范，积极开展联合培养、订单式培养、工学交替和现代学徒制等多样化人才培养。

（四）坚持科学规范，促进开放共享。按照专业基础相通、技术领域相近、职业岗位相关的专业组群总体思路，对专业设置进行合理优化调整，构建专业群，积极推进群内专业开展资源共建共享；在保持专业群相对稳定的同时，群内专业可根据实际需要及时调整，实现动态化管理。方案制订流程规范，内容科学合理，适当兼顾前瞻性，文字表达严谨，体现专业人才培养方案作为学校教学基本文件的严肃性，具有可操作性；借鉴国际、国内先进经验，注重提炼打造职业教育教学领域的中国特色、国际水平，在国际交流合作中促进专业人才培养方案的共建共享。

（五）坚持系统培养，促进多样成才。遵循内生式成长的教育规律，强化基础，增强学生可持续发展能力，拓宽技术技能人才成长通道，根据培养规格和生源不同，制订差异化的人才培养方案，做到因材施教，为学生多样化选择、多路径成才搭建“立交桥”，推进按专业群培养的人才培养模式改革，学生入校初的学习定位在较宽泛的技术领域，修完专业群通用的基础课程，对群内专业有了一定认识后，再根据个人兴趣、条件选择具体专业，实施分类培养。

（六）坚持服务产业，构建“平台+模块”课程体系

分析专业群岗位能力，采取“横向统筹和规划平台课程、纵向优化专业模块课程”的方式，注重群内相通或相近平台课程和相关或相近的专业模块课程建设，设置“群平台基础课程”“专业模块课程”“专业拓展课程”，系统构建群内专业间彼此联系、共享开放的“平台+模块”专业群课程体系，专业群基础平台课程相对稳定，专业模块课程可根据需要定期调整。加强群内专业课程内容整合。进一步确保公共基础平台课程学时、学分的分配，加大专业群平台课程比例，积极开

发适应经济社会发展需要的专业平台课程。

（七）坚持工学结合，夯实实践教学能力培养的支撑性作用。进一步完善各专业实践教学体系，设置理实一体化课程、单项技能训练、校内综合实训、专业核心技能训测、校外实习等教学环节，递进式地培养学生的专业实践能力，其中综合实训项目必须以具有完整工作过程的典型项目作为设计的依据，专业核心技能训测主要针对岗位（群）要求的1-2项核心技能实施训测。此外，为了更好地实现工学结合，在一个学期顶岗实习基础上，鼓励开设任务式、工学交替的专业见习、实习。实践教学的学时不得少于专业总学时的50%。

（八）深化课证融通，鼓励1+X证书制度试点。进一步深化课证融通。鼓励各专业（群）积极参与实施1+X证书制度试点，将职业技能等级标准有关内容及要求有机融入专业课程教学，优化专业人才培养方案。凡国家、行业有职业资格证书要求的专业，应该将行业技术标准和职业岗位要求融入课程、纳入人才培养方案，使学生取得学历证书的同时，获得相应的职业技能等级证书或职业资格证书，表明一定的社会岗位认可水平，有效促进就业。

（九）坚持产出导向，促进持续改进。以持续提高教学质量为目标，统筹考虑影响教学质量的主要因素，以教学诊断与改进、悉尼协议等国际认证（部分专业）为手段，建立PDCA循环改进的质量保证体系。全面提升专业人才培养目标与学校人才培养总目标对接的精准度、课程体系与专业人才培养目标对接的精准度、课程标准与人才培养规格对接的精准度。

（十）坚持问题导向，促进知行合一。要认真总结以往人才培养方案在制订和实施中经验与不足，对标省内外品牌专业，重点解决好突出问题，充分利用现有教学资源，合理分配理论教学与实践教学课时，注重课程内容的整合与升级，充分体现工学结合、知行合一的职业教育特征。

（十一）坚持创新引领，促进高质量发展。将创新创业教育贯穿人才培养全过程，完善“深化专业教育教学改革、丰富双创实践活动、营造校园双创文化”的双创教育体系，按照学分制要求，完善“1+1+0.5+0.5”的人才培养方式，体现“专业招生，大类培养，按需分流”的培养机制，以创新引领创业，以创业带动高质量就业，全面增强学生的创新精神、创业意识和创新创业能力培养，服务国家创新驱动发展战略、广东“四个走在前列”要求及粤港澳大湾区建设。

（注：“1+1+0.5+0.5”人才培养方式针对三年制学生的培养，第一年主要开展公共必修课与专业群平台课的学习，第二年主要开展专业核心课的学习，第五学期开展专业拓展课的学习，第六学期参加顶岗实习）

三、制定要求

（一）准确定位专业人才培养目标与规格。学校人才培养目标总定位是“培养全面发展的高素质技术技能人才”。“高素质”主要是指“健康身心、社会责任、创新意识、工匠精神、人文情怀、乐学善学、沟通协作”等核心素养，“技术技能人才”主要是指掌握技术并能应用操作的人才，是能学以致用、知行合一的人才，是适应现代产业持续发展的人才。要细化各专业人才培养目标对接学校人才培养总目标的精确度，同时因专业制宜，各专业（群）依据毕业后3－5年的目标就业岗位能力要求，细化人才培养规格，从知识、能力、素质三方面进行描述，并选择不同的课程体系。

人才培养规格要求是本专业（群）毕业生应必备的知识、技能和素质，毕业时获取毕业证书和职业技能等级证书。鼓励通过全国高等学校英语应用能力考试和全国高等学校计算机水平考试，或达到同等水平。

（二）构建“三类五层”结构的课程体系。科学规划好“素质类、专业类、拓展类”三类课程，切实抓好“学校—专业群—专业”三级核心课程建设。

1.课程体系构建的原则

课程体系构建应遵循以下几个原则：

一是要强化课程思政等元素。梳理每一门课程蕴含的思想政治教育隐形元素，发挥专业课程承载的思想政治教育功能，在编制课程标准时，结合课程特点，纳入思想政治教育的内容与要求；二是要以突出以就业为导向。主动适应区域社会发展的需要，服务于特定职业岗位或技术领域；三是要坚持能力培养的核心地位。以应用为主旨，以能力培养为核心，以相对完整的职业技能培养为目标，让学生懂得“怎么做”，并且“能做”、“会做”；四是加强专业群课程融通。构建“基础共享、模块分立、拓展互融”的“平台+模块”的特色专业群课程体系。各专业群均以公共基础平台课程、专业群基础平台课程、专业模块课程、专业群拓展课程等4部分构建课程体系。学生必须在拓展课程层及通识课程层中修够规定学分，方可毕业。各专业要积极参与实施“1+X”证书制度试点，将职业技能等级标准有关内容和要求有机融入专业课程教学。

2.专业群课程体系组成

原则上三年制专业公共基础平台课程、职业素养拓展课程贯穿于三年培养计划。专业群基础平台课安排在1-3学期进行。从第3学期开始，逐步开展专业模块课程，实现学生从基础平台课到专业平台课之间的无缝对接。从第4学期开始，学生可以根据自身优势和兴趣选择专业群拓展课程中的专业技术拓展模块课程，实现个性化的人才培养；经批准实行1年顶岗实习以及两年制专业各课程的教学计划安排，由各专业群视具体情况参照执行。

（1）公共基础课程

包括培养学生思想政治素质、身心素质、人文素质、劳动素养、语言能力、计算机应用能力、创新创业思维为目标的公共基础课程模块、通识课两种类型的课程。

公共基础课

公共基础课程是各专业学生均需学习的有关基础理论、基本知识和基本素养课程。主要包括：思想道德修养与法律基础、毛泽东思想和中国特色社会主义理论体系课程、形势与政策、劳动素养、大学生创业与创新教育、职业发展与就业指导、大学生心理健康教育、军事理论与军事技能训练、职业英语、体育、计算机应用基础等课程。公共基础课由学校统一开设，并统一课程名称、考核方式、开设时间、学时、学分等，全校每个专业都必须按要求开设，不得随意更改。

通识课

以开阔学生视野，培养学生兴趣，提高学生人文素养等为目标的课程。通识课分人文社科等几类课程。通识课由学校统一安排，三年制要求修满6学分，两年制要求修满3学分。

（2）专业群基础课程

是指具有相同学科/技术基础的专业基础课程/基本技能课程，要搭建专业群基础课程平台，统一规划、统一建设、分类考核，适度提升专业基础平台课程要求，强化对培养目标与人才规格的支撑。学校目前建设了“1+8”大专业群。专业群基础平台课程为群内所有专业必须共同开设的课程，原则上专业群平台课程3-5门，不低于12学分。专业群应该根据专业群组建情况及各专业发展情况，由专业群带头专业牵头，各专业带头人集中讨论后确定专业群平台课程。各专业也可以根据专业需求搭建跨专业群平台课程。非专业群内专业可参考自己专业相近的专业群搭建专业群平台课程。

（3）专业群模块课程

每个专业群，应根据群内专业设置专业模块课程包，一个专业一个课程包，包括专业核心课程、集中实践课程等二个部分。

专业群核心课程

核心课程的设置以岗位工作任务或工作过程为依据，是某一工作过程的专业理论与专业技能的综合；突出应用性和实践性，注重学生职业能力和职业精神的培养；融入行业企业最新技术技能，注重与职业面向、职业岗位（群）能力的对接。专业核心课要适应一体化教学需要，即理论教学与实训一体化、技能训练与安全教育一体化、专业教育和职业素质一体化，并针对学生的职业发展开设相关内容，必要时对核心课的课程标准进行整合、制（修）订。每个专业核心课程一般6～8门，不低于24学分。

专业群集中实践课

主要包括：集中安排的企业任务式见习（实习）、集中综合实训、毕业考核（毕业设计、毕业论文等多种形式）、毕业顶岗实习。

除个别专业由于专业特性第三学年为顶岗实习外，其余三年制各专业原则上在第一至五学期完成学校教学活动，第六学期全部安排顶岗实习和毕业考核等。加强毕业顶岗实习管理，严格执行《职业学校学生实习管理规定》的有关要求。毕业考核可根据本专业教学实际进行安排，与顶岗实习同步进行。各专业可以根据专业自身的情况选择毕业考核的方式。

企业任务式见习（实习）课程可采取工学交替的方式，在第一至第五学期安排。

（三）改革课程教学内容、方法与手段。依据课程服务于专业人才培养目标的要求及新经济发展的要求，通过整合、重构等方法，及时将新知识、新工艺、新技术、新方法和职业素养等内容融入课程标准与课程教学；深入推进“三教”改革，根据课程特点，充分激发学生的学习兴趣和积极性，推广项目教学法（Project Based Learning）、问题导向教学法（Problem Based Learning）、案例教学法等行动导向课程教学方法；积极应用优质数字化教学资源，利用“乐学在线”平台，大力推进“SPOC课程+翻转课堂”为主的混合式教学改革，促进“教”向“学”的转变，以培养学生的信息素养和学习能力。

（四）教学创新团队及模块化教学

1.组建结构化教学创新团队

打破以往按专业组建教学团队模式，积极引进合作企业能工巧匠和高技术技能人才兼职参与团队教学创新工作。以课程模块为基础构建教学团队，按照“专兼教师结合、技术技能水平高低结合、实践教学条件合理分配、职责明确分工合作”原则组建每个课程模块的结构化教学创新团队。团队中各教师在技术、技能、创新、职业素养等方面优势互补，提升教学创新能力和战斗力。

2.探索教师分工合作模块化教学模式

推动实施基于职业工作过程的模块化课程的项目教学。在学校、企业和实践教学基地开展模块化课程教学中，根据教师优势承担相应项目、任务的教学工作。实施实训导向、行动导向的教学方法，全面推广项目教学、案例教学、情景教学、工作过程导向教学，强化学生主体地位，促进学以致用、用以促学、学用相长。团队教师定期进行交流互学，合作开展教研科研和创新工作，共同提高教学、创新和服务能力。

每个专业群组建一个创新教学团队，承担专业群课程设置、集体备课、学生的测评考核、命题等工作。

（五）强化实践教学条件配置要求，打通群内共建共享渠道实践教学装备必须达到以下条件：一是仪器设备的数量足够，能基本满足学生实验实训的需要；二是采购仪器设备及配套设施应体现先进性，尽量反映本行业的当前科技水平。各专业群要提出并做好实践教学条件配置与要求，做到实践教学条件最大限度的共建共享，保证校内实训室的开课率，避免重复建设及开课率不足的问题出现，校内外实践条件建设应遵循“生产性”原则，尽可能和生产实际相一致。

（六）实现专业教育与创业教育、专业教育与通识教育、课程教学与实践育人、线上线下课程的有机融合。要以培养德智体美劳全面发展为目标，提高人才培养质量，面向全体学生，完善“四个融合”的培养机制与保障，对接科技发展趋势，积极运用“信息技术+”，完善课程体系，加大优质课程供给。将社会实践、第二课堂、创新班组、课外项目等所修学分纳入人才培养方案，以激发学生潜能和个性发展。

（七）制订差异化的人才培养方案。要根据招生类型和培养方式不同，分别制订三年制、中职生源两年制（中高职三二分段两年制、中职自主招生两年制）、五年一贯制、专本协同（高本三二分段）、现代学徒制等不同类型的人才培养方案，要充分考虑生源特点，注重与合作企业、对口衔接的中职学校、本科院校进行沟通与衔接，设计出体现“三元（中职、高职和企业）融合，分段培养”特点的差异化人才培养方案，杜绝简单的课程体系“压缩”或“发酵”。

四、制订流程

（一）统筹规划。教务处负责统筹规划、部署专业人才培养方案制（修）订工作。各二级院系组织各专业（群）根据本指导意见和工作安排表（见附件5），组织开展各项工作。

（二）健全机构。教务处负责起草《制（修）订专业人才培养方案的指导意见》；经学术委员会、院长办公会审定通过后下发；各专业（群）建设委员会根据指导意见，开展专业人才培养方案研制、论证工作；人才培养方案最后经学术委员会审定通过后，由学校公布、执行。专业（群）建设委员会要吸收行业企业专家、教科研人员、一线教师和学生（毕业生）代表参加。

（三）调研分析。各专业制（修）订人才培养方案，需进行充分的相关产业发展趋势分析和东莞行业企业调研、毕业生跟踪调查、在校生学情调研，形成《专业人才培养调研报告》，典型工作任务与职业能力、职业生涯发展路径进行分析，建立《专业（群）职业能力模块库》，开展课程转换、构建课程体系，形成特色鲜明、动态调整、适应需求的人才培养方案。原则上每年调研一次，每三年系统分析一次，进行专业动态调整、人才培养方案系统修订一次。

（四）研究起草。各专业（群）要参照《东莞职业技术学院专业人才培养方案体例框架和基本要求》（见附件1），结合调研和分析结果，运用逆向设计方法，研究起草专业人才培养方案。

（五）论证审议

专业（群）建设委员会组织有行业企业、校内外专家、师生代表等参加的论证会，论证审议专业人才培养方案。

（六）公布实施

经专家论证、学术委员会审定通过的专业人才培养方案，学校按程序发布，并报省教育厅备案，并在学校网站等主动向社会公开，接受行业企业、教师、学生、家长及全社会监督。

（七）动态更新

建立健全专业人才培养方案实施情况的跟踪、评价、反馈与持续改进机制。根据社会经济发展需求、技术技能发展趋势、教育教学改革实际等，及时调整完善，不断提高专业人才培养方案的针对性与实效性。

2、机电一体化技术专业制订与修订

1）2012级机械制造与自动化专业（机电一体化方向）人才培养计划

在学校原则性意见的指导下，在符合机械制造与自动化专业的大方向下，机电一体化技术专业作为其一个方向，我们制订的人才培养如下。可以看到，此人才培养方案，还有较多的机械加工的元素，而电控部分相对偏弱。

机械制造与自动化专业（机电一体化方向）

人才培养计划

一、学制 三年

二、培养目标

培养德、智、体、美全面发展，掌握必须的基本文化科学知识和机械制造与自动化的基础理论、基本知识和基本技能，重点掌握机电一体化技术，了解工厂企业管理和新材料、新技术、新工艺知识，获得机械工程师素质的基本训练，具有较强实际动手操作能力，能在制造企业生产一线从事设计、制造、安装调试、维修以及销售与管理等工作的高技能应用性专门人才。

三、业务培养规格要求

本专业所培养的人才应具有以下基本素质、专业知识和技能，并获得相应职业资格证书：

1、基本素质

热爱祖国，热爱劳动，身心健康，具备法律法规常识，有正确的人生观和价值观，有良好的团队协作精神和人际沟通能力，有较高的职业道德水准，具备一定的工程计算、英语应用和计算机应用能力，有较强的自学能力，能适应社会不断发展和进步对人才提出的要求。

2、专业知识和技能

掌握机械制造与自动化有关工作岗位所必备的基础理论和专业知识，重点掌握机电一体化技术，初步掌握分析问题、解决问题的方法和技术，具有本专业所必需的识图、绘图、设计计算能力，会应用CAD/CAM软件进行零件辅助设计与加工，具有分析与制定加工工艺、数控编程和机床操作的能力，初步掌握常用自动化加工设备的工作原理、操作规范和使用维护，掌握常用检测仪器、仪表的使用技能，具有较强的安全生产、质量控制和生产成本控制等意识。

3、职业资格证书

毕业时要求达到中级工职业技能水平，并获得中级维修电工职业资格证书，鼓励基础较好的学生获取高级工职业资格证书。

四、主要课程及实践环节

1、主要课程

机械制图与AutoCAD、公差与技术测量、工程力学、电工与电子技术、机械设计基础、数控编程与操作、工程材料与加工、液压与气动技术、机械制造技术、机床电气与PLC、CAD/CAM软件应用、单片机原理与应用、传感器与自动检测技术、特种加工技术、专业英语、Pro/Engineer应用基础、机电一体化技术。

2、主要实践性教学环节

钳工与焊接实训、机加工实训、机械拆装与零件测绘实训、机械制造技术课程设计、数控编程与加工实训、机械设计基础课程设计、机床电气与PLC实训、数控与CAD/CAM技术一体化实训、机电一体化技术综合实训、生产实习、职业技能考证、毕业实习与毕业设计。

应取得的各类证书

1）学历证书：普通高校专科毕业证书。

2）高等学校英语应用能力A级或B级证书。

3）全国计算机应用能力二级证书。

4）职业资格证书：获得中级维修电工技能等级证书。

五、主要就业岗位

机电产品设计；机电产品制造；机电设备检修；机电设备管理与营销。

六、毕业规定

学生在毕业时应达到德育培育目标和大学生体育合格标准要求，应获得最低学分156学分，其中课内学分93学分，实践教学63学分。

表2 教学进程表一

专业名称：机械制造与自动化专业（3年制机电一体化方向）

所属系部：机电工程系 入学年份：2012年

课程性质	课程类别	课程编号	课程名称	核心课程	总学分	总学时	计划学时			各学期课内周学时分配						考核方式	开课单位	备注
							课内总学时	课堂教学		一	二	三	四	五	六			
								理论讲授	课内实操	12+4	14+4	14+4	12+6	10+8	16			
必修课	政治理论课		毛泽东思想、邓小平理论和“三个代表”重要思想概论		4	72	42	42			3				毕业实习及设计（论文）16周	考试	公共	30⊕
			思想道德修养与法律基础		3	54	28	28		2						考试	公共	26⊕
			形势与政策		1	10	10	10		每学期一次讲座（每学期计2学时）						考查	教务	
			大学生心理健康教育		1	10	10	10		每学期一次讲座（每学期计2学时）						考查	学工	
			小计		9	146	90	90		2	3							
	公共基础课		计算机应用基础		3	56	56	28	28		4					考试	计算机	
			大学英语		8	142	142	142		4	4	2				考试	公共	
			高等数学		3	56	56	56		4						考试	公共	
			体育		3	60	60	30	30	2	2					考试	公共	
			大学生职业发展与就业指导		2.5	40	40	40			1	1	1	1		考查	学工	
			应用文写作		1.5	28	28	28			2					考查	公共	
			小计		21	382	382	324	58	10	13	3	1	1				
	职业基础课		公差配合与技术测量		1	24	24	16	8	2						考查	机电	
			工程力学	▲	4	72	72	68	4	6						考试	机电	
			机械制图与AutoCAD	▲	7	128	128	96	32	6	4					考试	机电	
			机械设计基础	▲	3	56	56	50	6		4					考试	机电	
			机械制造技术	▲	3	56	56	50	6			4				考试	机电	
			数控编程与操作（基础篇）	▲	3	56	56	50	6			4				考试	机电	
			电工与电子技术基础	▲	4.5	84	84	68	16			6				考试	电子	
			工程材料与加工		3	52	52	46	6			4				考查	机电	
			液压与气动技术	▲	3	52	52	44	8				4			考试	机电	

续表

课程性质	课程类别	课程编号	课程名称	核心课程	总学分	总学时	计划学时			各学期课内周学时分配						考核方式	开课单位	备注
							课内总学时	课堂教学		一	二	三	四	五	六			
								理论讲授	课内实操	12+4	14+4	14+4	12+6	10+8	16			
			机床电气与PLC基础	▲	4	72	72	60	12				6			考查	机电	
			小计		35.5	652	652	548	104	14	8	18	10					
	职业技能课		CAD/CAM应用（UG篇）	▲	3	48	48	24	24				4			考试	机电	
必修课			单片机原理与应用	▲	4	78	78	62	16				6			考试	机电	
			数控机床控制基础		2	48	48	40	8				4			考查	机电	
			传感器与自动检测技术		2	40	40	32	8					4		考查	机电	
			专业英语		1.5	30	30	30						3		考查	机电	
			PLC高级应用技术		2	40	40	30	10					4		考试	机电	
			自动化生产线安装与调试	▲	2.5	50	50	42	8					6		考试	机电	
			小计		17	344	344	268	76				14	17				
	必修课合计				82.5	1524	1468	1230	238	26	24	21	25	18				
选修课	职业选修课		机器人基础		1.5	28	28	28						2		考查	机电	2选1
			控制工程基础			28	28	28								考查	机电	
			数控机床故障诊断与维修		1.5	24	24	24					2			考查	机电	2选1
			先进制造技术			24	24	24								考查	机电	
			C语言程序设计		2	40	40	20	20			4				考查	机电	
			小 计		5	92	92	72	20			4	2	2				
	素质选修课		人文社科类		1.5	28	28	14	14		2					考查		3选1
						28	28	14	14							考查		
						28	28	14	14							考查		
			经济管理类		1.5	28	28	14	14			2				考查		3选1
						28	28	14	14							考查		
						28	28	14	14							考查		
			艺术体育类		1.5	28	28	14	14					2		考查		3选1
						28	28	14	14							考查		
						28	28	14	14							考查		
			小 计		4.5	84	84	42	42		2	2		2				

续表

课程性质	课程类别	课程编号	课程名称	核心课程	总学分	总学时	计划学时			各学期课内周学时分配						考核方式	开课单位	备注
							课内总学时	课堂教学		一	二	三	四	五	六			
								理论讲授	课内实操	12+4	14+4	14+4	12+6	10+8	16			
	选修课合计				9.5	176	176	118	62		2	6	2	4				
学时、学分及平均周学时统计					92	1700	1644	1348	300	26	26	27	27	22				

注：▲ 表示核心课程 ⊕ 表示课程实践（课外）

表3 教学进程表二

专业名称：机械制造与自动化专业（3年制机电一体化方向）

所属系部：机电工程系 入学年份：2012年

项目		项目编号	项目名称	核心课程	学分	总周数	各学期周数分配						考核方式	场所	备注
							第一学年		第二学年		第三学年				
							一	二	三	四	五	六			
技能训练	基本技能		机加工实训	▲	2	2	2						考查	校内	
			钳工与焊接实训		2	2		2					考查	校内	
			机械拆装与零件测绘实训		1	1		1					考查	校内	
			机械设计基础课程设计	▲	1	1		1					考查	校内	
			数控编程与操作实训	▲	2	2			2				考试	校内	
			机械制造技术课程设计	▲	2	2			2				考试	校内	含加工制作
			单片机实训		1	1				1			考试	校内	
			数控机床维修		2	2				2			考试	校内	
			机床电气与PLC实训		1	1				1			考查	校内	
	专业技能		数控CAD/CAM技术一体化实训	▲	2	2				2			考试	校内	
			自动化生产线综合实训	▲	3	2					2		考查	校内	
			生产实习		3	3					3		考查	校内外	结合生产任务
			职业技能考证	▲	2	3					3		考试	校内	规定考证
			毕业实习及设计设计（论文）		16	16						16	考查	校外	顶岗实习
其他实践活动			军训（含军事理论）		2	2	2						考试	校内	
			大学生素质拓展训练		15	15	（2）	（3）	（2）	（3）	（2）	（3）	考查	校内外	

		大学生创新能力训练		5	5	(1)	(1)	(1)	(1)	(1)		考查	校内外	
		大学生体育技能测试		2	2		(2)					考查	校内	
合计				63	63	7	10	7	9	11	19			

注：

1.《大学生素质拓展训练》贯穿在各个学期，共15学分。

2.《大学生创新能力训练》贯穿在各个学期，共5学分。

3.《大学生体育技能测试》包含在体育课内，没开设体育课的各个学期另作安排并给予每学期0.5学分，共2学分。

以上方面的学分作为课外要求的最低学分。

说明：表3最后一行的周数合计与表2各学期周数相加的结果为：

1、第一学期和第六学期均为16周（第一学期新生报到推迟2周，第六学期毕业教育需要2周）；

2、其余的第二、三、四、五学期均为18周。

3、根据校历安排，考查课应在第18周内由各系部安排考核，第19周为停课复习周，第20周为教务处安排全院的期末考试周。

2）2016级机电一体化技术专业人才培养方案

在几年的时间里，深入与企业，了解很多的东莞企业岗位需求，自20212年教育厅批准机电一体化技术升级为单独专业后，我们将人才培养目标锁定在“自动化生产线”为主要载体，去除了很多的“机械加工”等元素，增加了较多的控制元素，包括机器人应用、运动控制等元素，形成了2016年人才培养方案，如下。

2016级三年制机电一体化技术专业人才培养方案

一、专业名称及代码

1、专业名称

机电一体化技术

2、专业代码

560301

二、招生对象及学制

1、招生对象

普通高中生和同等学力者

2、学制

三年

三、就业岗位群

东莞制造业实力雄厚，产业体系齐全，是全球最大的制造业基地之一，制造业总产值占规模以上工业总产值的90%以上，形成以电子信息、电气机械、纺织服装、家具、玩具、造纸及纸制品业、食品饮料、化工等八大产业为支柱的现代化工业体系。各镇都有各自的特色及支柱产业。同时，东莞具有如紧邻深圳等得天独厚的地缘优势，周边企业为数众多。有力地支承着学院各专业的发展。

经过调研东莞及周边机电控制相关企业，机电一体化技术专业学生职业规划与能力要求如下：

主要就业单位：机电产品、设备制造或设计公司，家具、印刷、玩具、服装、手机等制造、生产等设备生产公司、维护或经营公司。

主要就业部门：设计部门、工程部门、生产部门、维修部门或销售部门。

主要工作岗位：自动机或自动线操作员、机电设备维修与装调员、设备机械研发与改造员、电气工程人员、产品销售员。岗位与其对应的主要工作任务和职业证书要求分析如表1所示。

主要工作能力：专业能力、团队协作等社会能力、查阅资料等方法能力。

表1　服务面向职业岗位群分析

职业岗位（群）		主要工作任务	职业资格证书
初次就业岗位	机电设备操作工	生产设备操作； 生产设备维护与保养； 设备检查与管理。	计算机辅助绘图员（机械）； 维修电工初级证； 低压电工上岗证。
	自动化生产组装与调试	自动化生产线系统的安装； 自动化生产线调试； 自动化生产线维护； 自动化生产设备技术改造。	维修电工上岗证； 维修电工中级证； 可编程序控制系统设计师
目标就业岗位	机电产品设计与技术服务	任务书的制定； 机构设计； 电气控制系统设计	计算机辅助绘图员（机械）； 维修电工高级工、技师证；
	机电设备的改造、维护与维修	设备的正常运转维护； 设备的定位与精度恢复； 设备的保养； 设备的机构改造； 设备功能的调整	维修电工中、高级证

	机电设备管理与销售	产品营销宣传； 销售机电设备；	计算机应用能力二级资格证书； 办公自动化二级资格证书
	自动化生产线管理与设计	机械部件的组装与调试； 电气部件的组装与调试； 整机的组装与调试； 生产指导与过程控制。	具有查阅技术资料的能力；具有分析一体化设备系统图的能力；能够对生产线自动化设备进行维护；能够对自动化生产线设备进行装配与调试；对设备系统进行局部改造和升级的能力

四、人才培养目标

机电一体化技术专业培养拥护党的基本路线，德、智、体、美全面发展，掌握自动线、工业机器人应用外围机电设备的安装、调试及改造等必备知识，具备机构改造、安装调试、维护维修、技术服务等专业能力，具有较强的学习能力、沟通能力和协作能力，具有“崇德笃行、精技创新”的工匠精神和专业品质，服务于自动机自动线产业（行业）的生产和管理第一线需要的复合型、创新型的高素质技术技能人才。

五、人才培养规格

(1) 专业能力：有目的的、符合机电一体化技术专业要求的、按照一定方法独立完成任务、解决问题和评价结果的能力。

·掌握机械制图、电工电子技术和计算机应用能力；

·掌握机械加工过程的基础理论、生产工艺和操作技能；

·熟练使用AutoCAD等常用的计算机辅助设计软件绘制各种产品装配图和零件图的能力和利用软件实现机构设计过程中的运动仿真的能力；

·具有安装、调试、维护与维修及改造自动化生产线及数控机床等典型机电设备的能力；

·具有分析解决专业生产中的实际问题以及进行开发新技术、新工艺的能力；

·具备现代企业管理的基本知识和初步组织管理和技术指导的能力；

·具有较强的自学能力和团队协作能力；

·达到劳动部门颁布的本专业中以上技工的技能水平，并通过考核取得相应的中级以上等级证书；

·通过各门理论和技能课的考试（考核)，获取毕业证书。

(2) 方法能力：

职业生涯规划能力、独立学习能力、获取新知识能力、决策能力；

(3) 社会能力：

·具有良好的职业态度，严格的组织纪律观念，爱岗敬业，忠城职守；

·具有持之以恒的工作能力，良好的团队合作与协调能力；

·具有诚信品质和遵纪守法意识，勇于创新、敬业乐业的工作作风和安全意识，责任意识；

·具有运用计算机等工具实现信息检索与利用的初步能力；

·具备新知识、新技能的学习能力和创新能力；

·具备良好的职业道德，严格遵守相关法律法规。

六、毕业标准

1、必修课程（含实践教学）的成绩全部合格，且修满132学分；

2、获得与本专业紧密相关的“维修电工职业资格证书（中级）”或“低压电工行业上岗证”；

3、参加全国大学生英语应用能力A级或B级考试，达到学院规定的分数；

4、参加半年以上顶岗实习并成绩合格；

5、《国家学生体质健康标准》测试合格；

6、综合素质测评合格。

七、工学结合专业课程体系分析

表2　专业学习模块主干课程分析表

专业核心课程	典型工作任务	职业能力	主要教学知识点	参考学时
机械制造技术	机械加工工艺基础知识	培养学生具备机床操作、工件装夹定位、刀具选用及装备、机床夹具应用等知识和技能	切削用量的选用，刀具角度及材料的选用，车床、铣床、磨床的调整与操作，工件的定位和和机床夹具的类型及选用，机械加工工艺过程卡、工艺卡，工序卡的编制	108
	典型机械零件的加工	能进行合理的零件加工工艺分析，正确编制另加的加工工艺规程，能合理的安排一系列典型零件加工工艺	螺旋千斤顶零件的加工、平口钳的加工、减速器零件的加工、磨具零件的加工	
	机械加工质量分析	能进行零件加工质量和废品率分析；会采用相应的措施提高零件的加工精度	机械加工精度认识、机械加工表面质量分析	

续表

专业核心课程	典型工作任务	职业能力	主要教学知识点	参考学时
电机拖动与调速技术	直流电动机的控制	熟悉直流电动机的组成及其工作原理；掌握直流电动机的PWM调速方法	直流电动机工作原理；PWM调速方法	44
	异步电动机的控制	熟悉异步电动机的组成及其工作原理；掌握调压调速和变极调速	异步电动机工作原理； 调压调速；变极调速	
	同步电动机的变频调速控制	熟悉同步电动机的结构形式和运行性能；掌握同步电动机矢量变换控制	同步电动机结构； 矢量变换	
	位置检测式调速电动机及其控制	熟悉永磁无刷电动机原理及控制方法；熟悉开关磁阻电动机原理及控制方法	永磁无刷电动机控制 开关磁阻电动机控制	
	电机的微机控制	了解电机微机控制概念；了解直流电动机调速系统和SPWM变频器的微机控制	直流电动机调速系统微机控制；SPWM变频器的微机控制	
机电系统控制技术	机床电气的识别与维护	维护与管理自动化生产线的基本能力	基本电气控制识图与安装	104
	可编程控制器的编程与控制	可编程控制器原理在自动控制系统中的应用	PLC基本原理、PLC的指令系统、梯形图、功能图	
	变频器控制电机调速	变频器安装与接线； 电机调速的控制	变频器工作原理； 变频器参数设计； 变频器控制接线	
	触摸屏技术	水箱水位控制	组态软件的操作	
传感器应用技术	传感器的识别	掌握测量中常用的各种传感器的工作原理、主要性能及其特点	各类传感器的结构，	40
	传感器的使用	合理地选择和使用传感器	传感器的工作原理	
	检测装置的设计	掌握常用传感器的工程设计方法和实验研究方法	传感器的选择及其应用	

八、专业教学进程安排及学分统计表

1、课程设置与教学计划进程表

表3课程设置与专业教学进程表

课程模块	课程属性		课程代码	课程名称	学分	总学时	课程类型	学期周数与周学时						考核方式	开课单位	备注
								一	二	三	四	五	六			
								12+2	13+5	14+4	12+6	12+6	16			
素质与通用能力课程	基本素质课程			思政“基础”课	3	36+（12）	B		3					考试	思政部	
				思政“概论”课	4	48+（16）	B	4						考试	思政部	
				形势与政策	1	16	A	每学期4学时						考查	思政部	
				高职公共英语	3	48	A	4						考试	应用外语系	
				机电行业英语	3	52	A		4					考试	应用外语系	
				大学体育一	1.5	24	C	2						考查	体育系	
				大学体育二	1.5	26	C		2					考查	体育系	
				大学体育三	0.5	14	C			1				考查	体育系	
				大学体育四	0.5	14	C				1			考查	体育系	
				入学教育与军训（军事理论）	3	52（26）	B	3-4W						考查	保卫处 学生处	慕课
				大学生安全教育	1	（13+13）	B									慕课
	通用能力课程	沟通与表达 信息素养与能力 艺术与文化传承 自我发展与规划 数学与思维训练		应用写作与口才训练	1.5	24+（4）	B	2						考查	公教部	
				计算机应用基础	2	36	B		3					考查	计算机	
				音乐知识与欣赏	1	24	C	2						考查	公教部	二选一
				中西方文化比较										考查	公教部	
				心理健康教育	2	32	B	每学期8学时						考查	心理	
				幸福的密码	1	24	B				2			考查	学生处	
				高等数学	3	48	A	4						考试	公教部	
				线性代数	1	26	A		2					考查	公教部	二选一
				数理统计												
	小计/周学时200/544				33.5	544（84）		18	14	1	3	0				
专业能力课程	专业群平台课程23.5学分 232/438			机械制图与计算机绘图	7	54+70	B	6	4					考试	机电系	
				电工与电子技术	4	32+46	B		4+1W					考试	机电系	
				机械基础	5	52+32	B			6				考试	机电系	
				液压与气动技术	2.5	20+24	B			4				考查	机电系	
				机械制造技术	5	48+60	B			4+2W				考查	机电系	

续表

课程模块	课程属性	课程代码	课程名称	学分	总学时	课程类型	学期周数与周学时						考核方式	开课单位	备注
							一	二	三	四	五	六			
							12+2	13+5	14+4	12+6	12+6	16			
专业能力课程	专业核心课程 14学分 148/268		机电系统控制技术	6	40+64	B			4	4			考试	机电系	
			传感器应用技术	2	20+20	B				4			考试	机电系	
			机构建模及运动仿真技术	2	20+24	B				4			考查	机电系	
			电机拖动与调速技术	2	20+24	B					4		考查	机电系	
			工业机器人应用技术	2	20+16	B					3		考查	机电系	
	专业综合实践课程 38（8） 860/988		专业认知教育	1	26	C	1W						考查	机电系	
			钳工实训	1	26	C	1W						考查	机电系	
			机械零件测绘	2	52	C		2W						机电系	
			机加工实训	2	52	C		2W					考查	机电系	
			PLC控制系统设计	2	52	C			2W				考查	机电系	
			维修电工职业技能鉴定	4	104	C				4W			考查	机电系	中级
			自动线实训	2	52	C				2W			考查	机电系	
			电气安全及规范	2	52	C					2W		考查	机电系	上岗证
			机电创新设计与制作	4	104	C					4W		考查	机电系	高级工
			毕业设计与答辩	（8）	（140）	C							考查	机电系	课外
			毕业顶岗实习	18	468	C							考查	机电系	
	小计/周学时1240/1694			75.5 （8）	1694 （140）		6	8	18	12	8				
创新与拓展课程 23	跨专业选修课程 6		智能安防技术	2	36	B				3			考查	电子系	二选一
			实用图像处理技术											计算机系	
			单片机应用入门（C语言）	2	36	B					3		考查	机电系	
			数控机床故障诊断与维修	2	36	B					3		考查	机电系	
	创业教育课程 5		就业与创业指导一	0.5	10	B		1					考查	就业指导	
			就业与创业指导二	0.5	10	B			1				考查	就业指导	
			就业与创业指导三	0.5	10	B				1			考查	创业指导	
			就业与创业指导四	0.5	10	B					1		考查	就业指导	
			创新创业讲座	1		A	共5次						考查		

续表

课程模块	课程属性	课程代码	课程名称	学分	总学时	课程类型	学期周数与周学时						考核方式	开课单位	备注
							一	二	三	四	五	六			
							12+2	13+5	14+4	12+6	12+6	16			
创新与拓展课程23	创业教育课程5		选修	2	36	B					3		考查	就业指导中心	乐学在线慕课
	专业创新训练3		专业新技能（知识讲座）	1	（18）		共5次							机电系	
			专业创新班组选修	2	（36）	B				（2）	（2）		考查	机电系	
	综合素质拓展3		选修一	1	18	A			2				考查		乐学在线及公共选修课程
			选修二	1	18	A				2			考查		
			选修三	1	18	A					2		考查		
	第二课堂6		假期社会实践	1	（36）	C		选4周					考查	团委	暑假
			志愿服务	1	（26）	B							考查	团委	慕课
			选修	4	（72）	A		（2）	（2）	（2）	（2）		考查	团委	
	小计/周学时134/238			23	238（188）			3	3	6	12				
合计/总学分、总学时134/238				132（8）	2476（412）		24	23	22	21	20				

注：1. 表示核心课程⊕表示课程实践

2.课程类型：A表示纯理论课，B表示理论+实践课，C表示纯实践课

3.B类课程以“理论学时+实践学时（课外学时）”的格式注明

4.学期周数中需要表明是第几周至第几周（如：1-8W）

5.课证融合的课程请在备注中注明

6.考核方式分为：考试、考查

7.每学期考试课程一般为3门，不得超过5门，其他课程为考证或考查

8.课程代码暂不填写，待录入教务系统生成课程代码后补填

2、学时与学分分配

表4　学时与学分统计表

学习模块	课程门数	学时分配		学分分配		实践教学比例	备　注
		学时	学时比例	学分	学分比例		
素质与通用能力课程	17	544	22.0%	33.5	25.4%	37.8%	200
专业能力课程	21	1694	68.4%	75.5	57.2%	73.2%	1240
创新与拓展课程	16	238	9.6%	23	17.4%	56.3%	134
总计	49	2476	100%	132	100%	63.6%	1574

理论与实践课时比例达到1：2.7。(902：1574)

九、专业基本条件

1、专业教学团队的配置与要求

表5　专业教学团队配置要求一览表

序号	专业课程名称	课程类型			师资要求				
		专业平台课	专业核心课	综合实践课	专职	兼职	专业/学历/职称	职业资格	行业经历
1	机械制图与AutoCAD	√			√		机电/本科/中级	高级以上	有
2	机械基础	√			√		机械/本科/中级	技师以上	
3	电工与电子技术	√			√		机电/本科/中级	技师以上	有
4	液压与气动技术	√			√		机电/本科/中级	中级以上	有
5	机械制造技术		√		√		机械/本科/中级	中级以上	有
6	电机拖动与调速技术		√		√		机电/本科/中级	中级以上	有
7	传感器应用技术		√		√		机电/本科/中级	高级以上	有
8	机电系统控制技术		√		√		机电/本科/中级	技师以上	有
9	机构建模及运动仿真		√		√		机械/本科/中级	高级	有

2、实践教学条件的配置与要求

表6　校内实践教学条件配置要求一览表

序号	实训场所名称	主要实训项目	设备			容量（一次性容纳人数）
			面积（平米）	仪器（台/套）	总值（万元）	
1	钳工实训室	钳工实训、考证	376	30	35.36	50
2	金工实训室	普车、普铣及考证	1125	115	509.8	50
3	CAD/CAM机房（3间）	CAD/CAM实训、CAD考证	387	312	178.2	50
4	公差技术测量实训室	公差、测量实训	127	200	94	50
5	数控综合实训室	数车、数铣实训及考证	1165	112	533	50
6	机电一体化实训室	机电控制PLC综合实训	185	83	215	50
7	PLC实训室	PLC基础实训	184	24	52	50
8	维修电工实训室	电气控制、维修电工考证	185	24	77	50
9	液压与气压实训室	液压控制实训	185	8	35	50
10	电工电子实训室	电工电子基本理论实验、电气安装实训	185	24	35	50
合计			3919	908	1729.36	

表7校外实训基地一览表

序号	基地名称	建立年份	实训项目与内容	备注
1	北京精雕东莞公司实训基地	2010	机电设备维修、数控加工等	
2	东莞铭丰包装品制造有限公司	2010	计算机辅助设计、包装机装配与调试等	
3	大族粤铭激光实训基地	2011	电气装配、机器人基础与操作	

续表

序号	基地名称	建立年份	实训项目与内容	备注
4	广东星星光电有限公司实习基地	2011	计算机辅助设计、电气装配与调试等	
5	华为机械有限公司	2015	通用实操室的装配包装、电子产品可靠性、产品外观检验标准（泛网络）、产品外观检验标准（终端-手机）、IQC 检验设备操作	

3、理实一体化课程教学场地配置与要求

表8理实一体化课程教学场地配置一览表

序号	课程名称	教学场地名称	设施配置及主要功能
1	机械制图与AutoCAD	CAD/CAM机房	电脑，CAD绘图
2	电工与电子技术基础	电工电子实训室	电工实训台、电子实训台
3	机械基础	公差技术测量实训室	机械结构实训台、公差测量
4	传感器应用技术	机电一体化实训室	传感器应用
5	液压与气动技术	液压与气压实训室	液压实训台、气动实训台
6	机械制造技术	金工实训室	普车、普铣
7	机电系统控制技术	PLC实训室 创新实训室	PLC实训台 电源平台、编程计算机

十、课程考核评价方式

理论与实践相结合，重在实践操作技能的考核，学习过程的考核。

1、理论性强的专业课程：可以采用传统试卷考核的方式，并与平时学习情况、个人表现等结合起来的考试方式。也可创新其他方式进行考核。

2、实践课程：可以选择采取现场技能操作、上机操作、设计答辩、实验测试、作品制作、产品制作、竞赛形式等方式，或者采取理论测验与上述操作结合起来的方式，或者实际操作与平时学习情况等因素综合考虑的考核方式。

3、考查课：可采取试卷考核、大作业、小论文、调研报告、上机操作、现场技能操作、答辩、实验测试等方式与日常表现结合的考核方式。

4、选修课：可采取试卷考核、大作业、上机操作、答辩、实验测试等方式与日常表现相结合的考核方式。

5、顶岗实习和毕业设计：可以采取顶岗考核答辩、毕业设计、毕业答辩、预就业考核等考核方式。也可根据本专业特点进行其他方式的改革试点。

6、课程考评采用等级制，学生课程成绩以A+、A、A−、B+、B、B−、C+、C、C−、D+、D、F形式记载，其中获得A+的人数不超过该课程修读总人数的5%，或以P（通过）、F（未通过）形式记载。

十一、专业人才培养方案特色说明

1、专业建设模式特色

积极开展岗位工作任务和职业能力分析，组织企业技术专家、生产一线技术人员、课程开发专家和专业教师一起，分析本地智能设备制造等企业典型产品和典型工作任务，提炼工作领域，重构并转化为学习领域（课程），修订人才培养方案，构建对接东莞自动制造产业的课程体系。

2、课程体系特色

机电一体化技术专业课程体系，主要围绕“机”、“电”主线展开，以提高实践操作能力为主要教学目标，抓住“制”、“仿”、“控”等5个关键能力点，且将各知识能力点整合，以“完成机电控制系统的制作”为专业红线，精简了相当大的课程。

表9　专业学习领域课程调整一览表

调整形式	专业平台课	专业核心课	专业拓展课	小计（门数）
增加课程名称		电机拖动与调速技术	跨专业课程3门、创业教育课程6门、综合素质课程3门、职业技能课程3门及第二课堂3门	18
整合课程名称		机电系统控制技术		1
删减课程名称		数控编程与操作、PLC高级应用技术、自动化生产线安装与调试	机电专业英语、机电设备管理与营销、机器人典型应用、车间管理、微机控制技术、机器人基本操作与仿真、单片机原理与接口技术（C语言版）、数控机床故障诊断与维修机电一体化系统设计机电一体化系统概述、CAD/CAM应用、机电创新设计、控制工程基础	13
调整后结构（门数）	5	5	18	28

3、其它

重视学生的创新能力的提高，包括提高学生运用知识与技能的能力及改造相关机电设备的能力。利用创新实训室等，实行“技能精英”计划。

执笔人：唐方红 审核人：李龙根、范四立

3）2020级机电一体化技术专业人才培养方案

随着时代的变更，专业群发展的概念提到了较高的位置，专业群对接岗位群，学生的选择空间更大，培养学生的能力更丰富，在此基调下，我们以机械制造及自动化为龙头专业，形成了以机械制造及自动化、机电一体化、数控技术等专业组成专业群的人才培养方案，如下表。具有有共同的公共课，不同的核心课，互动的选修课。

三年制机电一体化技术专业人才培养方案

一、专业名称及代码

1、专业名称

机电一体化技术

2、专业代码

560301

二、入学要求和修业年限

1、入学要求

招生对象为普通高中毕业生和同等学力者。

2、修业年限

学制为三年，学习年限2-5年。

三、职业面向及职业岗位分析

粤港澳大湾区先进制造业具有从设计、制造到服务的全产业生态链，集聚程度高，产教融合先天优势明显，本专业以生产自动化技术为载体对接大湾区智能制造全产业链中的智能化生产设计、制造、安装及调试和维护与升级，为大湾区中小型智能化生产设备企业服务，培养智能生产设备的机构设计员、机械制造助理、控制系统设计工程师助理等人才。

（一）职业面向

所属专业大类（代码）	所属专业类（代码）	对应行业（代码）	主要职业类别（代码）	主要岗位类别（或技术领域）	职业资格证书或技能等级证书举例
56 装备制造	5603 自动化类	通用设备制造业（34）金属制品、机械和设备修理业（43）	设备工程技术人员（2-02-07-04） 机械设备修理人员（6-31-01）	机电设备操作工 自动生产线运维技术员 工业机器人应用技术员 机电一体化设备生产管理员 机电一体化设备销售和技术支持技术员 机电一体化设备技改技术员	电工（中高级） 低压电工上岗证 计算机辅助绘图员（机械） 可编程序控制系统设计师 机械结构设计助理工程师（Solidworks） 固高科技 1+X 运动控制系统开发与应用职业技能等级证书

（二）职业岗位分析

表 1　服务面向职业岗位群分析

职业发展阶段目标	主要岗位名称	岗位能力主要描述
初次就业岗位	机电设备操作工	自动机自动线运行基本操作；人机交互信息阅读；自动机自动线复位操作；自动机自动线紧急处理；传感器信号问题处理。
	自动生产线运维技术员	自动化生产线系统机构的安装；自动化生产线电气系统的安装；自动化生产线系统调试；自动化生产系统维护。
目标就业岗位	工业机器人应用技术员	自动机自动线设计任务书的制定；工业机器人应用编程；工业机器人工作站设置；工业机器人应用编程。
	机电一体化设备生产管理员	机电设备的正常运转维护；机电设备的保养；设备的机构改造；设备功能的提升；设备自动控制改造；企业生产管理。

续表

职业发展阶段目标	主要岗位名称	岗位能力主要描述
	机电一体化设备技改技术员	自动线自动机机构设计与建模；机构的组装与调试；自动线自动机运动控制设计；电气部件的组装与调试；整机的组装与调试；生产指导与过程控制；工业机器人在自动线中的应用
职业发展岗位	机电一体化设备技术支持技术员	大型复杂自动线系统的设计，含伺服、步进、变频和机器视觉及工业机器人在生产线中的应用
	机电设备管理与销售	产品营销策划宣传，销售机电设备。

四、人才培养目标与规格

1、人才培养目标

培养思想政治坚定、德技并修、全面发展，适应机电设备工程技术（行业企业）需要，具有较强的学习、沟通、协作能力及良好的职业行为习惯等综合素质，掌握自动机自动线安装、调试与改造及工业机器人应用等知识和技术技能，面向粤港澳大湾区及珠三角地区的智能生产装备领域，自动线设计、安装、调试和设备自动化改造、功能提升等岗位，德智体美劳全面的高素质劳动者和技术技能人才。

2、人才培养规格

机电一体化技术专业为大湾区智能生产装备类中小型企业服务，毕业生应具有以下素质、知识和能力。

（1）素质

具有良好的政治素质和诚信品质，爱国、爱校、敬业；具有健康的体魄和良好的心理素质，文明、友善，团队协作精神强；能理解和运用人文领域知识与技能，具有良好的人文情怀、审美情趣和自我认知能力。

具有广博的先进制造业、现代服务业和战略性新兴产业相关知识，了解其发展历程与发展趋势；崇尚工匠精神，具有自动线设备安装、调试、改造及维护和功能升级改造等方面的实践操作能力；具有国际质量标准、生态环境保护、可持续发展等意识。

具有良好的创新思维和创新意识；具有勇于实践、敢于怀疑和批判的科学精神；能主动学习新知识、新技能，具有传承和创新技术技能的意识与能力；善于理解、发现和开拓新领域（新产品、新市场、新技术、新材料、新方法等），并运用各种方法利用和开发它们，具备创业的基本知识与潜能。

(2) 知识

掌握机械专业英语及应用写作基础；

掌握机构的材料、受力、传动等机械基础理论；

掌握机械三维识图与制图和三维建模及运动仿真等基础；

掌握电工电子、电气控制及可编程控制器基础理论；

掌握变频控制、步进控制和伺服控制等运动控制基础理论；

掌握人机交互的基础理论；

掌握工业机器人基础理论；

掌握自动线控制基础；

掌握视觉检测基础；

掌握传感器检测技术基础；

掌握气动系统搭建基础。

(3) 能力

通用能力：

探究学习、终身学习、分析问题和解决问题的能力；

良好的语言、文字表达能力和沟通能力；

本专业必需的信息技术应用和维护能力。

核心专业技能：

掌握机构加工的工艺设计和操作技能；

熟练使用AutoCAD、Solidworks等计算机辅助设计软件绘制各种产品零件图和装配图，实现机构建模、运动仿真及设计；

熟练电气控制技术及电气绘图；

掌握PLC编程技术、步进控制技术、变频技术、伺服技术等运动控制技术；

掌握人机信息交互设计；

掌握工业机器人操作并应用到自动化生产线；

掌握安装、调试、维护与维修及改造自动机自动线。

岗位及职业发展能力：具备较强的职业发展规划能力，并具备在机电设备自动化设计改造及工业机器人技术应用等方面的职业发展能力。

工业机器人在生产线中的应用；

自动化生产线系统设计、安装、调试及维护；

良好的职业态度、严格的组织纪律观念，爱岗敬业，忠诚职守；

持之以恒的工作能力，良好的团队合作与协调能力；

诚信品质和遵纪守法意识，勇于创新、敬业乐业的工作作风和安全意识，责任意识；

新知识、新技能的学习能力和创新能力。

五、毕业标准与要求

1、必修课程（含实践教学）的成绩全部合格，且修满134学分；

2、获得“电工职业资格证书（中级）”或“特种作业低压电工上岗证”；

3、参加半年以上顶岗实习并成绩合格；

4、《国家学生体质健康标准》测试合格；

5、综合素质测评合格。

六、专业组群

表2　专业群组分析表

所属专业群	群内专业	专业群核心课程	组群依据与说明
机械制造与自动化专业群	机械制造与自动化 机电一体化技术 数控技术 汽车检测与维修技术专业	机械制图 机械基础 电工电子技术基础 液压与气动技术	本专业群从数字化设计、产品制造到技术服务对接东莞“五大领域十大重点产业”中的高端装备制造和新能源汽车产业链全生命周期，以先进制造技术为共核，培养“产品设计、工艺编制、精密加工与检测、产品制造与装配、自动化产线改造、机电维修、技术服务”等工作岗位的高素质劳动者和技术技能人才，助力东莞制造产业转型升级。

七、专业课程体系框架

表3　专业分析表

课程类别＼学期	第一学期	第二学期	第三学期	第四学期	第五学期	第六学期
公共必修课（占16.1%）	必修，21.5学分					
专业群平台课（占12.3%）	必修 5.5学分	必修 8.5学分	必修 2.5学分			
专业核心课（占40.3%）		必修 6.5学分	必修 17学分	必修 16.5学分	必修 8学分	必修 6学分（顶岗）
专业拓展课（占13.4%）		选修，18学分				
公共限选和通识选修课（占17.9%）	选修，24学分（含第二课堂）					

八、教学进程安排及学分统计表

1、课程设置与教学计划进程表

表4　课程设置与教学进程表（时序）

课程性质	序号	课程代码	课程名称	学分	总学时		课程类别	学期周数与周学时						考核方式	备注
					课内	课外		一	二	三	四	五	六		
								13	13	12	13	14	16		
公共必修课（必修）	1	220003-220004	思政“基础”课一、二	3	36	12	B	2	2					考试	
	2	220001-220002	思政“概论”课一、二	4	48	16	B	2	2					考试	
	3	220005-220008	形势与政策教育一、二、三、四	1	16	16	B	每学期4+（4）学时						考查	
	4	220030	马克思主义中国化进程与青年学生使命担当	1	20	0	A	2						考查	
	5	191001-191004	大学体育一、二	3.5	56	0	C	2	2					考查	
	6	060001-060004	心理健康教育一、二、三	2	40	0	A	讲座、慕课、体验课相结合						考查	
	7	041005	职业规划与就业指导	2	30	6	B			每学期10学时				考查	
	8	041001	大学生安全教育	1	0	26	A	在校期间学习慕课，并参加四次讲座						考查	
	9	060005	劳动教育	1	4	14	C	2						考查	
	小计			18.5	250	90		10	6						
专业群平台课（必修）	1	120452	机械制图	4.5	48+24	0	B	6 6-17w						考试	混合
	2	120111	机械基础	4.5	48+24	0	B		6 1-12w					考试	
	3	120104	电工与电子技术基础	3	24+24	0	B		4 1-12w					考试	
	4	120109	液压与气动技术	2.5	20+20	0	B			4 1-10w				考试	
	小计			14.5	232	0		6	10	0	0	0			
专业核心课（必修）	1	120467	机械CAD	2.5	20+20	0	B		4 1-10w					考查	机房
	2	120108	机械制造技术	2.5	30+10	0	B			4 1-10w				考试	混合
	3	120301	机构建模及运动仿真	3	24+24	0	B			4 1-12w				考查	机房
	4	120302-120303	机电系统控制技术一、二	7	60+54	0	B			4 1-12w	6 1-11w			考查	实训
	5	120133-120134	工业机器人操作一、二	5	40+40	0	B			4 1-10w	4 1-10w			考查	实训
	6	120305	传感器与PLC应用	2.5	20+20	0	B				4 1-10w			考查	实训
	7	120135	视觉检测	2.5	20+20	0	B				4 1-10w			考查	实训
	小计			25	402	0		0	4	22	18	0			

续表

课程性质	序号	课程代码	课程名称	学分	总学时		课程类别	学期周数与周学时						考核方式	备注
					课内	课外		一	二	三	四	五	六		
								13	13	12	13	14	16		
专业拓展课（选修）	1		专业交叉（复合）选修	4	64	0	B		4	2	2			考查	
	2		创新创业选修	4	64	0	B	自主选修，修满4学分						考查	
	3		专业选修课（含创新班组）	10	160	0	B				4	16		考查	
	4		（辅修专业课）	（8）	（128）	0	B	修辅修专业课合格者，免专业交叉课程、创新创业课程						考查	
	小计			18	288	0			4	2	6	16			
公共限选和通识选修课（选修）	1	230001	应用写作与口才训练	2	26	6	B	2 6-17w						考查	
	2	230003	工程数学	4	52	12	A	6 6-14w						考试	
	3		高职公共英语	3	48	0	A	4 6-17w						考试	
	4	041003	创新思维训练	2	26	6	A		2 1-13w					考查	
	5	041004	东莞本土文化	1	0	18	A	慕课						考查	
		140004	人工智能应用基础	2	0	32	A								
	6		通识选修课	6	96	0	A	至少覆盖3个组别						考查	
	小计			18	248	36		12	2	0	0	0			
合计				94	1420	126		28	26	24	24	16			

（注：1. 请在备注列里注明课室要求：采用混合式教学（需要智慧教室）的备注“混合”，需要使用计算机房的备注“机房”，需要使用实训室的备注“实训”，校企合作开发的课程注明“校企”。2.专业选修课包含创新班组课、专业方向课、企业订单课等，子模块可自行规划，毕业资格审查依据为一级模块的学分总和）

表5 课程设置与教学进程表（周序）

序号	课程代码	课程名称	学分	学周		课程类别	学期周数与周学时						考核方式	备注
				课内	课外		一	二	三	四	五	六		
							3	5	6	5	4	16		
1	041002	军训与入学教育（含军事理论）	3	0	3	B	2						考查	军事理论为慕课
2	110001	第二课堂	6	0	6	C							考查	到梦空间
3	40003	专业认知实践	1	1	0	C	1w 6-6w						考查	
4	120355	机械零件测绘	2	2	0	C		2w 17-18w					考查	
5	120356	电子控制设计	2	2	0	C		2w 15-16w					考查	

续表

序号	课程代码	课程名称	学分	学周		课程类别	学期周数与周学时						考核方式	备注
							一	二	三	四	五	六		
				课内	课外		3	5	6	5	4	16		
6	120366	钳工实训	1	1	0	C		1w 14- 14w					考查	
7	120357	机构设计与加工（机加工）实训	3	3	0	C			3w 14- 16w				考查	建模车铣工艺及加工
8	120359 - 120360	机电系统控制设计一、二	4	4	0	C			2w 17- 18w	2w 17- 18w			考查	电气PLC控制实践
9	120363	电气安全及规范	1	1	0	C			1w 13- 13w				考查	低压电工上岗证
10	120364	工业机器人应用训练	1	1	0	C				1w 14- 14w			考查	专业综合实践项目
11	120361	电工职业技能鉴定	2	2	0	C				2w 15- 16w			考查	电工中级
12	120480	运动控制实践	1	1	0	C					1w 15- 15w		考查	伺服实践
13	120362	机电创新设计与制作	3	3	0	C					3w 16- 18w		考查	学业作品
14	040002	顶岗实习	6	16	0	C						16w	考查	
15	040001	毕业设计	4	0	4	C					4w		考查	课外
合计			40	37	13									

注：(1) 课程类型：A表示纯理论课，B表示理论+实践课，C表示纯实践课；(2) 学期周数中需要标注（如：1-8W）；(3) 课证融合的课程请在备注中注明；(4) 考核方式分为：考试、考查，每学期考试课一般不超过3门。

2、教学进程总体安排

表6　教学进程表

学期	教学进程表周次																				理论教学	实践教学	备注
	1	2	3	4	5	6	7	8	9	10	11	12	13	14	15	16	17	18	19	20			
1			*	*	*	◇	*	*	☆	☆	*	*	*	*	*	*	*	*	‖	⊙	13	3	
2	*	*	*	*	*	*	*	*	*	*	*	*	*	◆	◆	◆	◆	◆	‖	⊙	13	5	
3	*	*	*	*	*	*	*	*	*	*	*	*	*	◆	◆	◆	◆	◆	‖	⊙	13	5	
4	*	*	*	*	*	*	*	*	*	*	*	*	◆	◆	◆	◆	◆	◆	‖	⊙	12	6	
5	*	*	*	*	*	*	*	*	*	*	*	*	*	*	◆	◆	◆	◆	‖	⊙	14	4	
6	◇	◇	◇	◇	◇	◇	◇	◇	◇	◇	◇	◇	◇	◇	◇	◇					0	16	

备注：符号说明 ☆军训 ◆实训 ◇实习 ‖复习 ⊙考试 *理论教学

3、专业拓展课规划表

序号	课程类别	课程代码	课程名称	学分	课程目标	备注
1	专业交叉（复合）选修		工业机器人应用技术	2	掌握工业机器人应用技术相关规范	任意选择2-3门，学分≥4分
2		121001	机器人认识与应用	2	提升学生机器人相关知识及技能的综合运用能力。	
3			机械制造自动化技术	2	掌握机械制造自动化的基本知识、控制技术、控制系统的分析和设计、应用现状和最新发展。	
4		121003	MES制造系统	2	依托工业4.0智能制造实验室，对智能系统有一个全面的了解。	
5		121004	质量管理与控制	1	了解制造业的质量控制现状和未来发展。	
6			办公自动化	1	掌握EXCEL及PPT 应用基本技巧（第2学期，机电）	
7			市场营销	1	了解市场销售基础知识（第2学期，机电）	
8			线切割加工	1	了解线切割机床的操作加工（第4学期，机电）	
9			三坐标测量	1	了解三坐测量技术（第4学期，机电）	
10			C语言编程基础	2	了解高级语言编程基本规则（第3学期，机电）	
11			数控加工	2	利用数控车铣车加工较为复杂的零件（第3学期，机电）	
12			汽车基本结构	2	学习汽车发动机、底盘、车身等基本构造	
13			新能源汽车技术	2	学习动力电池、电机、电控等新能源汽车技术	
14			汽车使用及日常维护	2	学习汽车使用及日常维护的基本知识	
15	创新创业选修	120541	模具数字化设计与主要零件加工	2	依托竞赛项目，提升学生模具设计和制造知识及技能的综合运用能力。	任意选择2门 学分≥4分
16		120301	机构运动仿真分析技术	2	利用软件构建三维实体模型并装配，通过运动仿真对机构进行优化。	

续表

序号	课程类别	课程代码	课程名称	学分	课程目标	备注
17	创新创业选修	120301	3D打印与激光雕刻技术	2	掌握基于特征的产品设计结构部件的建模方法，掌握三维实体造型、建模、曲面设计及3D打印与制造工艺。	任意选择2门 学分≥4分
18		120340 121012	逆向工程技术	2	用“逆向思维”完成实物样件的数字化、数据处理、模型重建。	
19			专业前沿技术（新材料、新工艺）	2	通过讲解让学生初步了解机床、刀具等机械制造类前沿新材料、新技术。	
20			单片机应用控制实战	2	以具体的案例推动创新设计的实施（第5学期，机电，创新班组）	
21			人机界面设计实战	2		
22			PLC通信实战（三菱PLC）	2		
23			自动化生产线系统设计	2		
24			机器视觉实战	2		
25	专业选修课	120533	Moldflow模流分析	2	教会学生通过软件完成注塑成型的模拟仿真，模拟模具注塑的过程。	任意选择5门 学分≥10分
26						
27		120535	精密检测技术应用	2	让学生能够运用包括游标卡尺到三坐标在内的工量具完成零件检测。	
28			机械CAD	3	衔接机械制图，用二维和三维软件完成机械零配件的绘图。	
29		120537	工装夹具设计	2	让学生学会机械加工、零件检测、零件装配所需的夹具及其设计。	
30		120538	机械创新设计	2	让学生能够充分发挥想象，完成机构、结构的创新和设计。	
31		120536	现代企业车间管理	2	让学生了解现代车间的布局、生产作业管理、设备和工具的管理等。（第2学期，机电）	
32			机械CAD	3	掌握AUTOCAD相关知识。	
33			1+X考证	2	根据企业要求考取相关证书。	
34		121005	数控机床维护与装调	2	了解数控机床简单维护与装调知识。	

续表

序号	课程类别	课程代码	课程名称	学分	课程目标	备注
35	专业选修课	121006	solidworks应用	2	了解solidworks软件在现代企业中的应用和学会相关软件操作。	任意选择5门 学分≥10分
36		121009	产品创新与制作	2	使学生基础知识与综合能力、理论与实践有机结合，提升创新实践能力。	
37		121010	产品逆向设计	2	用“逆向思维”完成实物样件的数字化、数据处理、模型重建及3D打印。	
38		121011	精雕产品设计与加工	2	能够对“小零件”进行设计与加工。	
39			压铸成型工艺与模具设计	2	掌握压铸模成型的基本原理和工艺过程、压铸成型的特点、压铸模的设计、压铸模常用材料及压铸模成型零件的热处理工艺。	
40			单片机应用技术	2	了解51单片机基本结构及编程（32学时）（第4学期，机电）	
41			机构运动仿真分析	2	利用软件实现机械复杂运动仿真及数据分析（32学时）	
42			电气绘图	2	了解电气图绘制相关规范，掌握电气元件绘制、电气原理图绘制及元件布局图的绘制（32学时）（第5学期，机电）	
43			伺服控制实例	2	通过几个典型的实例实现伺服系统运动的精确控制（32学时） 1+X课证融通（第5学期，机电）	
44			西门子PLC	2	了解西门子PLC基本结构及编程（32学时）（第5学期，机电）	
45			智能制造系统	2	掌握智能制造硬件系统搭建及系统运行的编程（32学时）（第5学期，机电）	
46			高级驾驶辅助系统（ADAS）检修	2	学习自适应巡航控制系统、车道偏离预警LDW，车道保持辅助LKA，紧急自动刹车AEB，智能远光灯IHC，自动泊车AP等技术	

续表

序号	课程类别	课程代码	课程名称	学分	课程目标	备注
47	专业选修课	121011	智能座舱系统检修	2	学习车载智能配置HUD抬头显示、语音控制、AR技术、车载AI、多屏智能联动等技术	任意选择5门学分≥10分
48			共享汽车运营管理	2	学习共享汽车运营管理相关知识	
49			汽车服务经营与管理	2	学习企业管理方面先进理论，汽车服务企业的经营与管理的具体内容。	
50			汽车改装技术	2	学习汽车发动机、底盘、车身等改装技术	

九、专业基本条件

1、专业教学团队的配置与要求

表8　专业教学团队配置要求一览表

序号	专业课程名称	课程类型			师资要求				
		专业基础课	专业课	专业拓展课	专职	兼职	专业/学历/职称	职业资格	行业经历
1	机械制图	√			√		机械本科中级	二级	2年
2	机械基础	√			√		机械本科中级		
3	电工电子技术基础	√			√		机械本科中级	二级	2年
4	机械制造技术		√			√	机械本科中级		2年
5	液压与气动技术		√		√		机械本科中级		2年
6	机构建模及运动仿真技术		√		√		机械本科中级	二级	2年
7	机电系统控制技术		√		√		机电本科中级	二级	3年
8	工业机器人操作		√		√		机电硕士中级	二级	2年
9	传感器与PLC应用技术		√			√	机电本科中级	二级	2年
10	视觉检测		√			√	机电本科中级	二级	2年
11	电气绘图			√		√	机电本科中级	二级	
12	智能制造系统			√		√	机电硕士中级	二级	2年
13	单片机应用技术			√	√		机电硕士中级	二级	
14	数控加工			√		√	数控硕士中级	二级	2年

2、实践教学条件的配置与要求

表9　校内外实训场地一览表

序号	名称	建立年份	实训项目与内容	备注
1	CAD/CAM室	2013年	计算机绘图、三维建模	
2	手工制图室	2010年	手工绘图	
3	钳工室	2010年	装配钳工	
4	机加工室	2010年	车铣加工	
5	特种作业三级资质室	2010年	电工中高级考证、PLC编程、电器控制、上岗证	
6	液压与气动室	2013年	液路与气路系统搭建	
7	机电一体化综合室	2010年	自动线系统搭建	
8	机电创新室	2014年	单片机应用、电子应用	
9	工业机器人控制柜安装室	2013年	电气控制安装、人机界面等	
10	华为机器有限公司	2015年	质量检测、设备调试等	
11	东莞市硅翔材料有限公司	2018年	机械制图、电气绘图、设备改造等	
12	东莞汇兴智能制造有限公司	2017年	自动设备安装、调试等	

十、课程考核评价方式

理论与实践相结合，重在实践操作技能的考核，学习过程的考核。

1、B类课程，注重过程考核，将学习过程的实践成绩纳入最终成绩。

(1) 平时成绩占20%，即课堂纪律、出勤率、课堂提问、作业等。

(2) 课内实操占20%，即学生实践操作进度、完成情况和基本技能考试。

(3) 期末考试占60%。

2、A类课程，注重作业和课堂提问。

(1) 平时成绩占40%，即课堂纪律、出勤率、课堂提问、作业等。

(2) 期末考试占60%。

3、C类课程，注重过程考核与最后答辩效果。

(1) 平时成绩占20%，即课堂纪律、出勤率、课堂提问、作业等。

(2) 答辩效果占30%，即学生讲解任务要求，方案设计及关键技术的把握等。

(3) 作品效果占50%。

4、课程考评采用百分制或PF二级制录入教务系统，学生成绩查询以等级制形式呈现。

十一、专业人才培养方案特色说明

1、专业建设模式特色

积极研究东莞推行的“机器换人”、“倍增计划”等政策和企业转型需求，开展岗位工作任务和职业能力分析。组织专任教师，一方面与企业技术专家、生产一线技术人员进行沟通交流，搞好专业调研；另一方面，组织专任教师到企业锻炼，分析本地智能设备制造等企业典型产品和典型工作任务，提炼工作任务，重构并转化为学习领域（课程），修订人才培养方案，构建对接东莞自动制造产业的课程体系。

2、课程体系特色

机电一体化技术专业课程体系，围绕“非标类自动机自动线设计生产”系列岗位，以提高实践操作能力为主要教学目标，抓住“制”、“仿”、“控”等5个关键能力点，且将各知识能力点整合，以“完成机电控制系统的设计制作”为专业主线，对原有课程体系进行了最大程度的精简。

表10　专业学习领域课程调整一览表

调整形式	专业基础课	专业课	专业拓展课	小计（门数）
增加课程名称	1	0	5	6
整合课程名称	1	0	0	1
删减课程名称	0	0	2	2
调整后结构（门数）	4	8	8	20

3、其它

重视学生的创新能力的提高，包括提高学生运用知识与技能的能力及改造相关机电设备的能力。利用创新实训室等，实行“技能精英”计划，培养“工匠”精神。

执笔人：唐方红　审核人：李龙根

4）华为质量班教学进程表

机电一体化技术专业于2015年-2018年与华机械有限公司合作开办了质量班，学校与企业共同开发课程，共同开展教学，下面呈现课程设置与教学进程表。

表 课程设置与专业教学进程表

课程模块	课程属性	课程代码	课程名称	学分	总学时	课程类型	学期周数与周学时						考核方式	开课单位	备注
							一	二	三	四	五	六			
							13+3	12+8	11+9	10+10	7+13	18			
公共基础学习模块	公共基础课		思政“基础”课	3	36+（12）	B		3					考查	思政部	
			思政“概论”课	4	48+（16）	B	4						考查		
			机电行业英语	6	108	A	4	4					考试	外语系	
			工程数学	4	72	A	6						考试	公教部	

续表

课程模块	课程属性	课程代码	课程名称	学分	总学时	课程类型	学期周数与周学时						考核方式	开课单位	备注
							一	二	三	四	五	六			
							13+3	12+8	11+9	10+10	7+13	18			
公共基础学习模块	公共基础课		写作与口才训练	2	36	A	3						考查	公教部	
			计算机应用基础	3	13+39	B		5					考查	计算机	
			职业生涯规划	2	40	A	每学期10学时						考查	就业	
			就业与创业指导	1	(28)								考查	就业	慕课
			大学体育	5	79	C	2	2	1	1			考查	体育系	
			心理健康教育	2	16+（16）	B	每学期8学时						考查	学生处	
			形势与政策	1	16	A							考查	思政部	讲座
	小计/周学时			32	503（44）		19	14	1	1	0				
专业学习模块	专业基础课		机械制图与AutoCAD	8.5	177	B	4	6+2W 13-14W					考试	机电系	
			机械基础	3	48	A		4					考查	机电系	
			华为公司通用知识	1	12+10	A	2/6	2/5					考查	华为	
			公差与配合技术	1.5	24	A		2					考试	华为	
			电工与电子技术基础	4	74	B			4+1W 12-12W				考试	机电系	
			液压与气动技术	3	44	B			4				考查	机电系	
			机械制造技术	5	112	B			5+2W 13-14W				考试	机电系	
			华为质量管理基础	1	12	A			2				考查	机电系	
	专业课		产品与物料质量检测检验技术	4	52+20	A				8	4		考查	华为	
			机电系统控制技术	10	204	B			6+1W 15-15W	6+2W 14-15W			考试	机电系	
			传感器应用技术	2	40	B				4			考试	机电系	
	专业综合实践课		机电专业认知（华为）	1	26	B	5-5W						考查	机电系	
			产品与物料质量检测检验技术实践操作	9	40+40+160	C			16-16w	16-16w	13-16W		考查	华为	
			华为顶岗实习	16	0	C		17-20W	17-20W	17-20W	17-20W		考查	华为	
			机加工实训	2	52	C		15-16W					考查	机电系	
			维修电工职业技能鉴定	3	78	C				11-13W			考查	机电系	中级工
			电机运行检测及电气安全与规范	2	52	C					8-9W		考查	机电系	上岗证

续表

课程模块	课程属性	课程代码	课程名称	学分	总学时	课程类型	学期周数与周学时						考核方式	开课单位	备注
							一	二	三	四	五	六			
							13+3	12+8	11+9	10+10	7+13	18			
专业学习模块	专业综合实践课		机电产品设计与制作	3	78	C					10-12W		考查	机电系	高级工
			毕业设计与答辩	8	140	C					8W		考查	机电系	课外
			毕业顶岗实习	18	468	C						18W	考查	机电系	
	小计/周学时			79.5	1775（140）		4	10	21	18	4				
			机器人典型应用	2	36	B					4		考查	机电系	
			微机控制技术	2	40	B				4			考查	机电系	二选一
			机器人基本操作与仿真	2	40	B				4			考查	机电系	
			数控机床故障诊断与维修	1	24	B					4		考查	机电系	二选一
			机电一体化系统设计	1	24	A					4/6		考查	机电系	
	专业拓展课最少应修学分及学时			13.5	280										
	小计/周学时			9	184		0	0	0	4	16				
	公共拓展课		入学教育与军训	2	16+36	B	1-2W							保卫处	
			军事理论（讲座）	1	（26）	A								保卫处	慕课
			安全教育（讲座）	1	（13+13）	B								保卫处	慕课
			艺术限选课	1	26									教务处	
			信息检索与利用	1	13+13	B	2							图书馆	
			假期社会实践（选2周）	1	（52）	C		2		2				团委	暑假
			假期顶岗实习（选四周）	4	（104）	C		4		4				机电系	暑假
			全院性选修课（最少）	2	26+26	B								教务处	慕课
			体育选修			C								体育系	
	公共拓展课最少应修学分及学时			13	156										
	小计/周学时			13	156		2								
合计/总学分、总学时					2618		25	24	22	23	20				

3、机电一体化专业教材建设案例

形成专业的人才培养方案，构建系统的课程体系，是专业建设的搞好的基础。教材建设是课程体系建设和重要组成部分，机电一体化技术专业积极引入产教融合元素，构建新型活页式教材，下面以“机”“电”自成一体，展现符合学校要求的自编教材的样章。

1）机构建模及运动仿真技术（solidworks版）

（1）基本情况

SolidWorks软件是世界上第一个基于Windows开发的三维CAD系统，技术创新符合CAD技术的发展潮流和趋势。由于使用了Windows OLE技术、直观式设计技术、先进的parasolid内核以及良好的与第三方软件的集成技术，SolidWorks成为全球装机量最大、最好用的软件。

Solidworks软件功能强大，组件繁多。Solidworks有功能强大、易学易用和技术创新三大特点，这使得SolidWorks成为领先的、主流的三维CAD解决方案。SolidWorks能够提供不同的设计方案、减少设计过程中的错误以及提高产品质量。SolidWorks不仅提供如此强大的功能，而且对每个工程师和设计者来说，操作简单方便、易学易用。

本教程基于Solidworks2018软件，以普通车床整车为载体，展示了零件建模、工程图制作、零件装配及设备运动仿真与分析等四大模块。其中零件建模部分讲解了床身、拖板、尾座、溜板箱、三爪卡盘、操作面板及传动和紧固件等七大零部件；工程图讲解了自定义工程图纸、进给箱下轴工程图、溜板箱体工程图、卡盘工程图和尾座装配工程图五大项目；零件装配项目包括传动轴爆炸图设计、床身装配、溜板箱装配、三爪卡盘装配、尾座装配、中小拖板装配和传动轴装配七大项目；零部件装备仿真运动包括了传动轴爆炸动画、溜板箱旋转模型动画、尾座动画、中拖板马达运动、小拖板线性马达运动五大项目。任务总量达到37个，各项目主要内容如表1所示，各项目中的任务分配如思维导图1所示。

表1　机构建模及运动仿真技术教材规划及各项目主要内容

序号	项目标题	项目简介
1	项目一 机床零件建模	本项目包括床身、拖板、尾座、溜板箱、三爪卡盘、操作面板及传动和紧固件等七个模块二十一个零件的建模过程，重点在于在形成三维立体思维的基础上，在基准面上去扩展，设计出形象的好理解的立体零件。 主要用到的命令包括：草图绘制（点、线段、多边形、曲线绘制等）、建立新基准（点、面）、凸台拉伸、切除拉伸、螺纹线、旋转、螺旋线、圆角、扫描、阵列、抽壳等命令。
2	项目二 装配设计	机械装配是指按照设计的技术要求实现机械零件或部件的连接，把机械零件或部件组合成机器。机械装配是机器制造和修理的重要环节。 本项目包括传动轴装配、床身装配、溜板箱装配、三爪卡盘装配、尾座装配、中小拖板装配和传动轴爆炸图设计，展现着机床重要零部件组装过程，重点在于使使用者体验到装配的前期知识与要求及装配过程中发现零件建模的问题，也为后面的运动仿真的设置做好运动关联性的准备。
3	项目三 工程图制作	工程图学以图样作为研究对象，能准确而详细地表示工程对象的形状、大小和技术要求。在机械设计、制造和建筑施工时都离不开图样，设计者通过图样表达设计思想，制造者依据图样加工制作、检验、调试，使用者借助图样了解结构性能等。工程图样是产品设计、生产、使用全过程信息的集合。同时，在国内和国际间进行工程技术交流以及在传递技术信息时，工程图样也是不可缺少的工具，是工程界的技术语言。 本项目包括自定义工程图纸模板、进给箱下轴工程图、溜板臬工程图、卡盘工程图和尾座装配工程图。重点在于展现从三维建模到机械制造生产需要的思维转换及技术参数与要求。

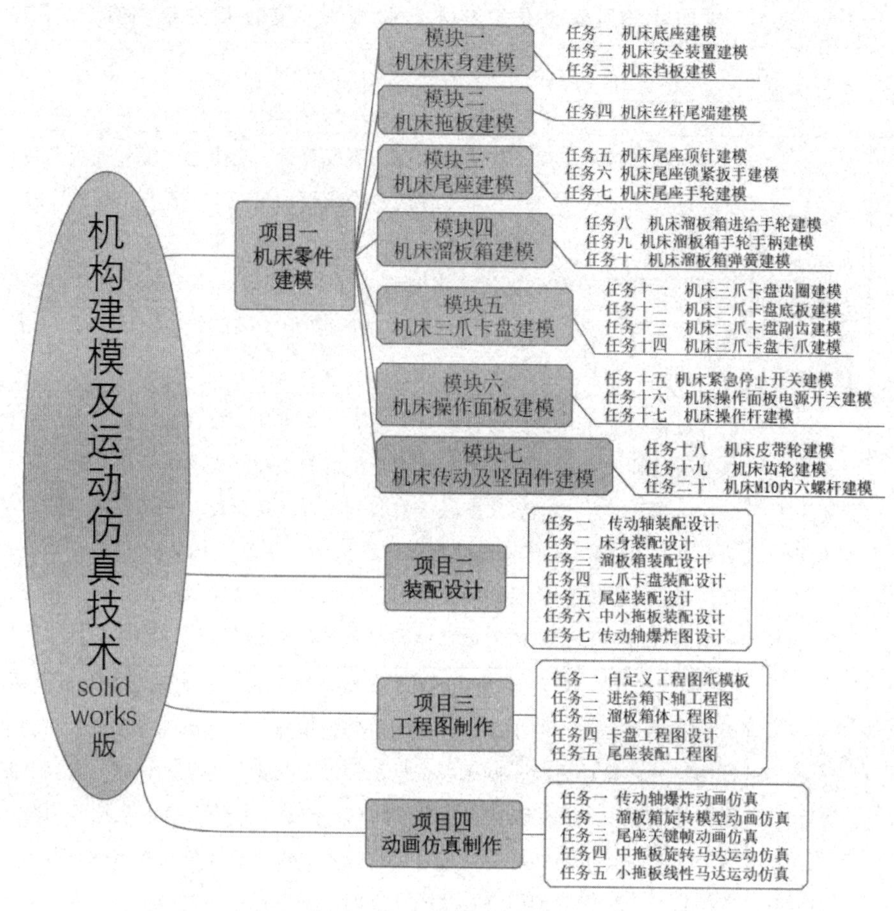

图 1　项目中任务分配图

（2）教材中典型任务内容摘选

项目一模块一之任务一 机床底座建模

任务一　机床底座建模

一、任务概述

本项目是一个较简单的车床零件，其通过凸台拉伸和拉伸切除即可完成实体建模，学习重点在零件的草绘和草绘约束。零件实体模型图1-1及相应的设计树图1-2所示。

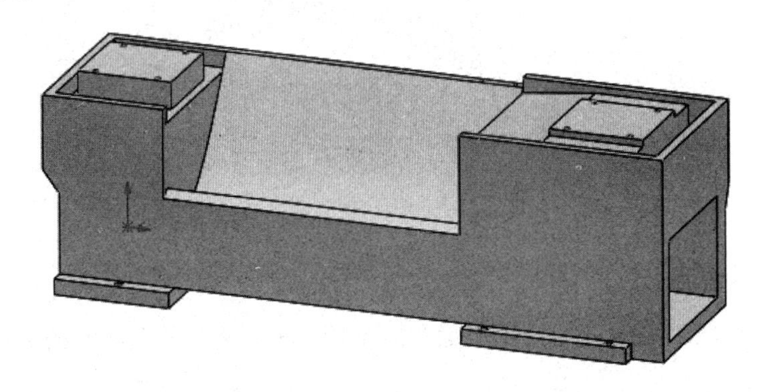

图 1－1

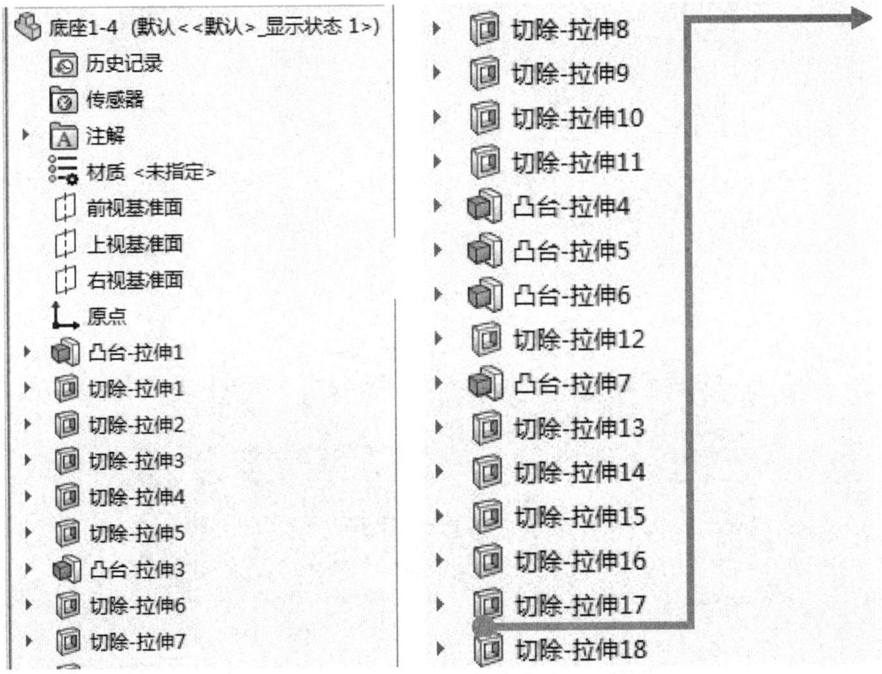

底座1-4 (默认<<默认>_显示状态 1>)
历史记录
传感器
注解
材质 <未指定>
前视基准面
上视基准面
右视基准面
原点
凸台-拉伸1
切除-拉伸1
切除-拉伸2
切除-拉伸3
切除-拉伸4
切除-拉伸5
凸台-拉伸3
切除-拉伸6
切除-拉伸7
切除-拉伸8
切除-拉伸9
切除-拉伸10
切除-拉伸11
凸台-拉伸4
凸台-拉伸5
凸台-拉伸6
切除-拉伸12
凸台-拉伸7
切除-拉伸13
切除-拉伸14
切除-拉伸15
切除-拉伸16
切除-拉伸17
切除-拉伸18

图 1－2

三、操作步骤

1. 软件启动。双击桌面图标打开 solidworks，或者右键单击桌面图标，选择打开。如图 1–3 进入 solidworks。

图 1–3

2. 功能模块选择，打开软件后，进入如图 1–4 界面，选择零件，点击确定 确定 按钮进入 solidworks 绘图界面，查看图 1–5 并熟记各个区域的名称。

图 1–4

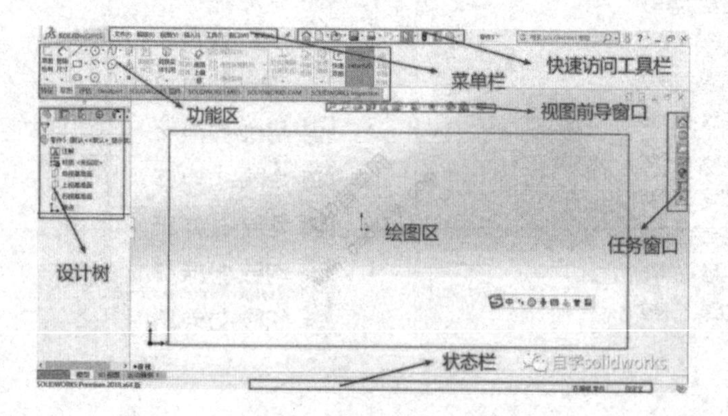

图 1–5

3.草图绘制，绘制如图1–6的草图。

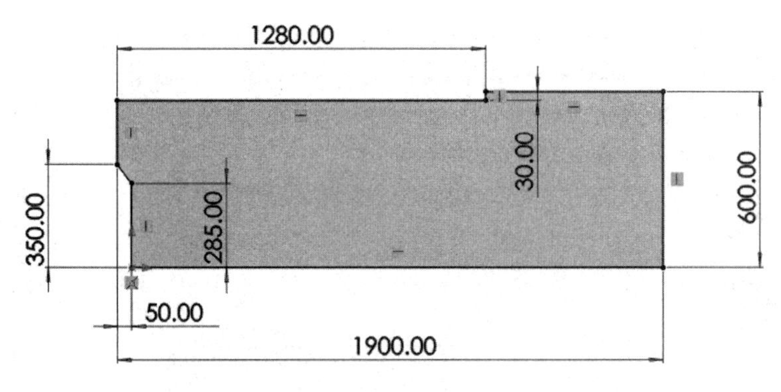

图 1−6

3.1图命令。选择草图 草图 ，单击草图绘制 草图绘制，选择前视基准面。如图1–7，击之后进入图1–8草图绘制界面。

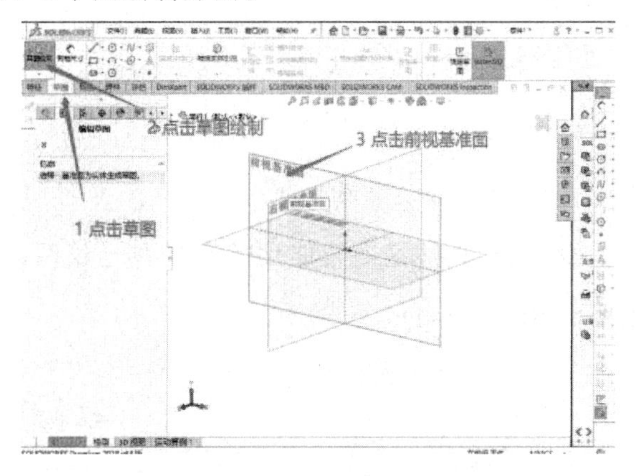

图 1−7

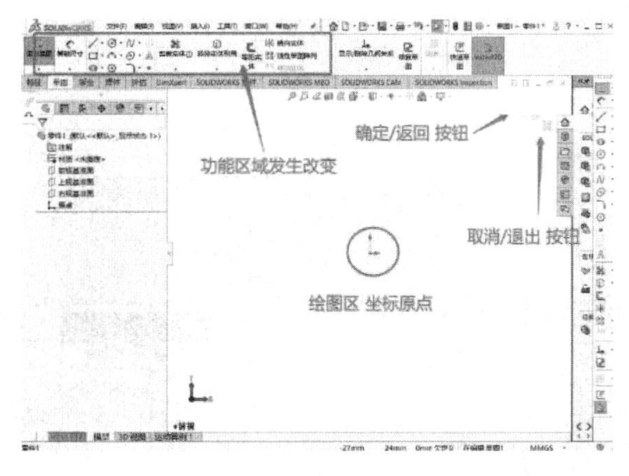

图 1−8

3.2绘制直线。单击直线命令 ，将鼠标移至绘图区，在合适的位置1单击鼠标左键，移动鼠标到第2点位置单击，最后在第1点位置单击完成图形绘制，单击，如图 1-9。

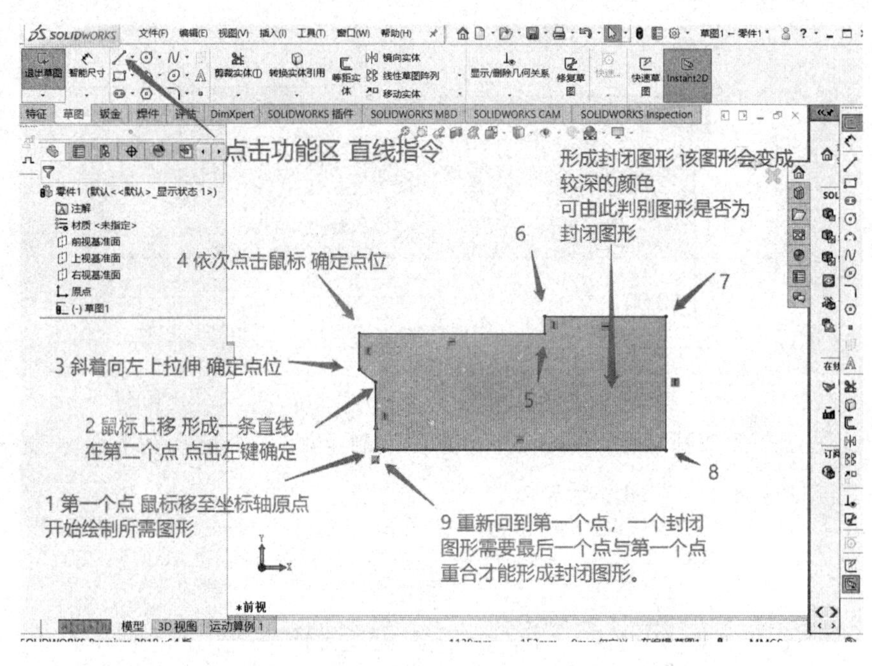

图 1-9

3.3 尺寸标注。鼠标选择功能区的智能尺寸，移至绘图区绘制刚刚完成的图形进行标注。如图 1-10，图 1-11。

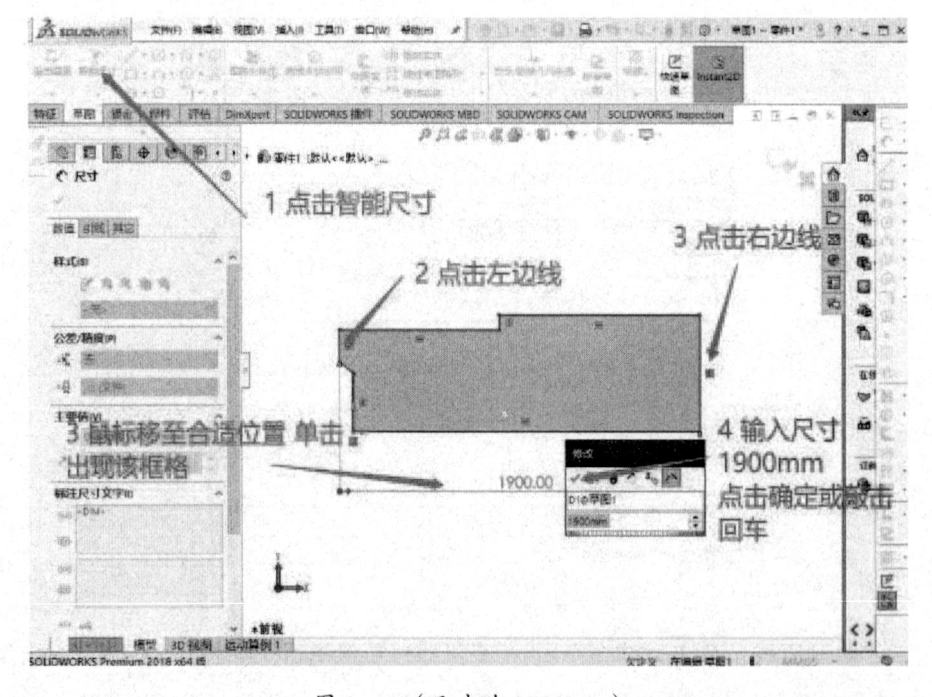

图 1-10（尺寸为 1900mm）

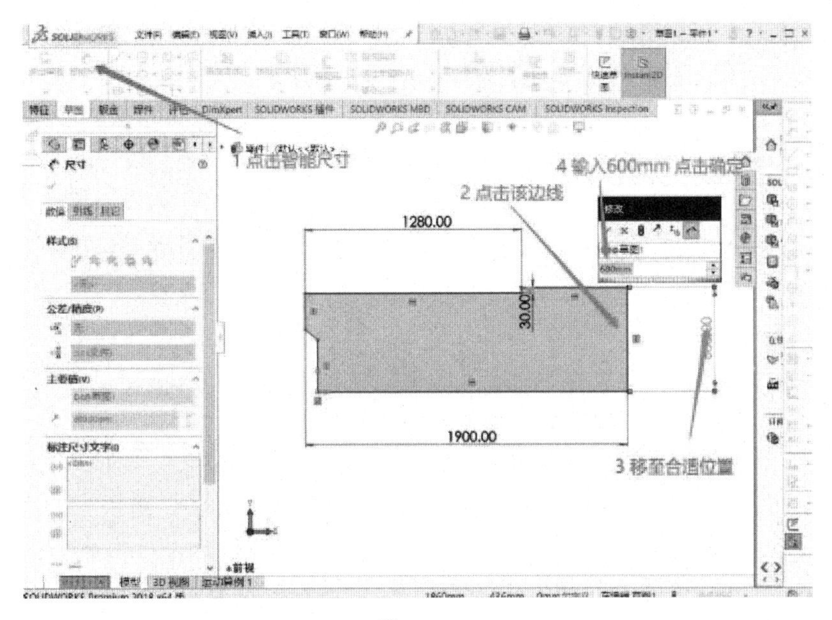

图 1-11

3.4 重复以上标注步骤。获得以下图形。单击退出草图，完成草图编辑。如图 1-12。

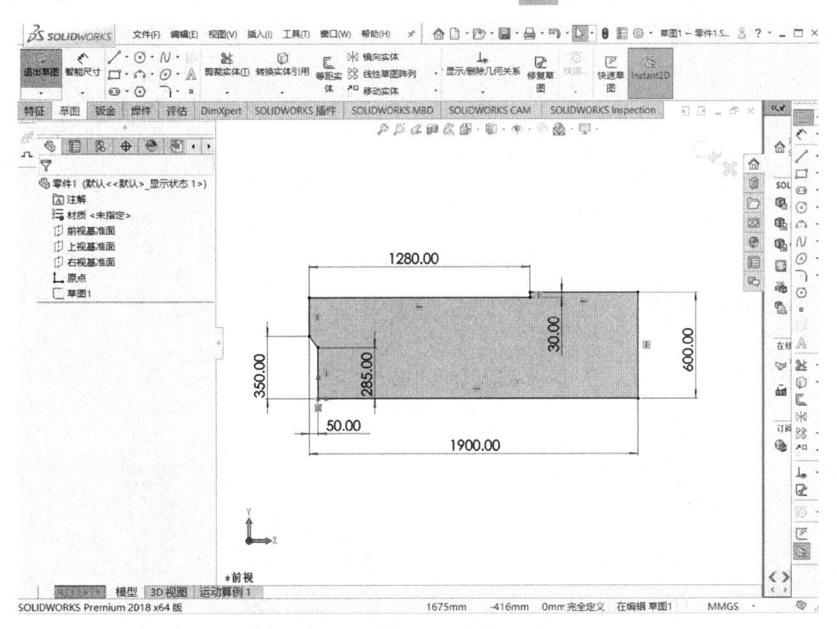

图 1-12

4 伸凸台/基体。选择 特征，点击模型树区 草图3，点击，如图 1-13，在弹出的对话框设置好参数。如图 1-14。在左边功能区域，选择给定深度，输入所需拉伸长度 548mm，点击。

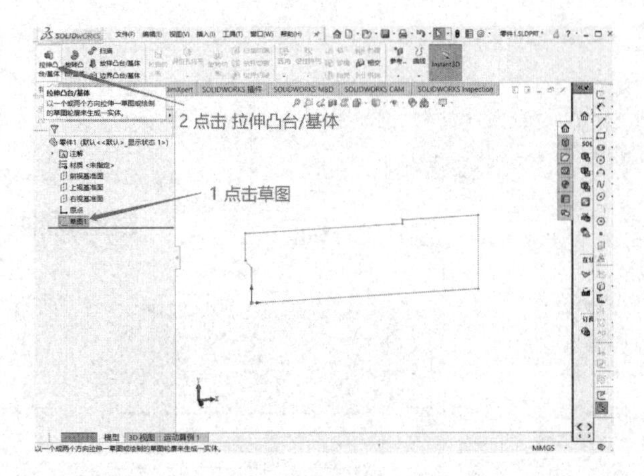

图 1-13

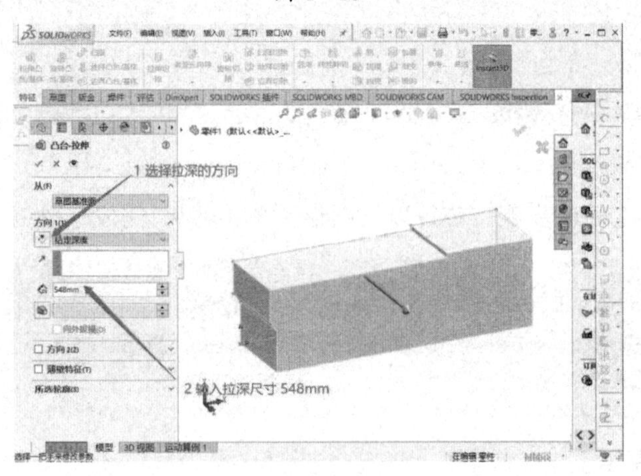

图 1-14

5 拉伸切除。鼠标选择图 1-15 所示面，点击 草图 ，点击 草图绘制。

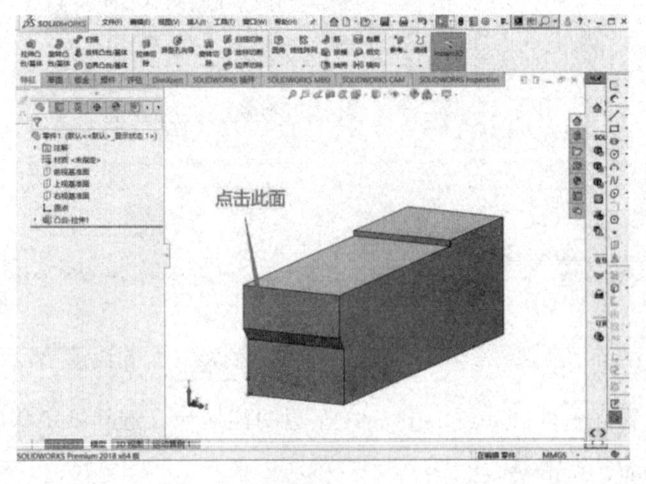

图 1-15

5.1 视图正视于。敲击键盘空格选择 或者按下 Ctrl+8，将所需绘图面置于当前。如图 1–16，图 1–17。

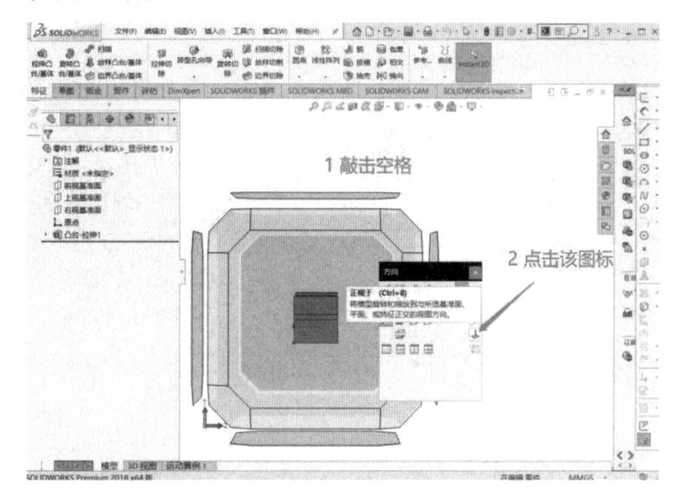

图 1–16

图 1–17

5.2 绘制草图。选择选择直线指令 ，绘制好所需图形，如图 1–18 所示。

（注：拉伸切除或者拉伸凸台通常为封闭图形拉伸，形成封闭图形之后，图像封闭的区域颜色会加深，）

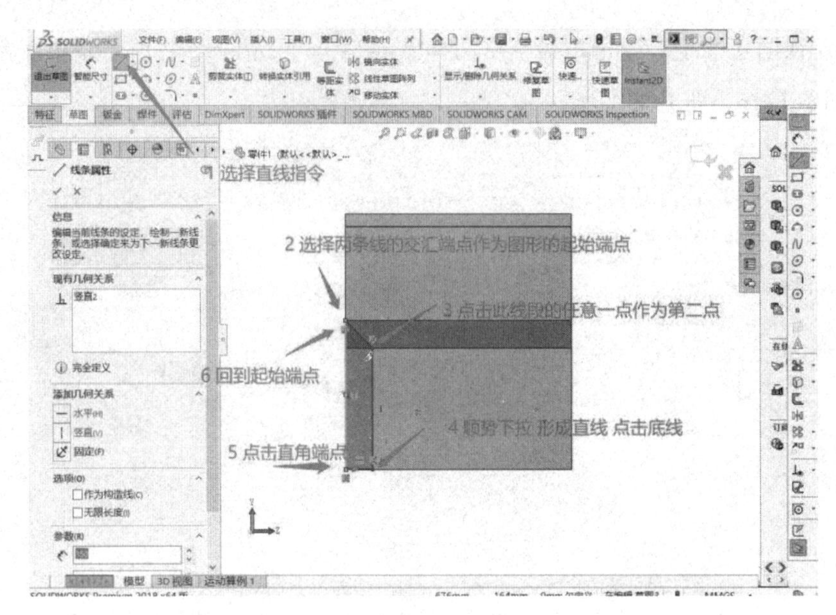

图 1-18

5.3 尺寸标注。点击智能尺寸注释。

尺寸标注步骤：直接点击所示斜线，鼠标移至尺寸显示的合适位置，单击出现框格，输入尺寸 30mm，敲击回车。如图 1-19。

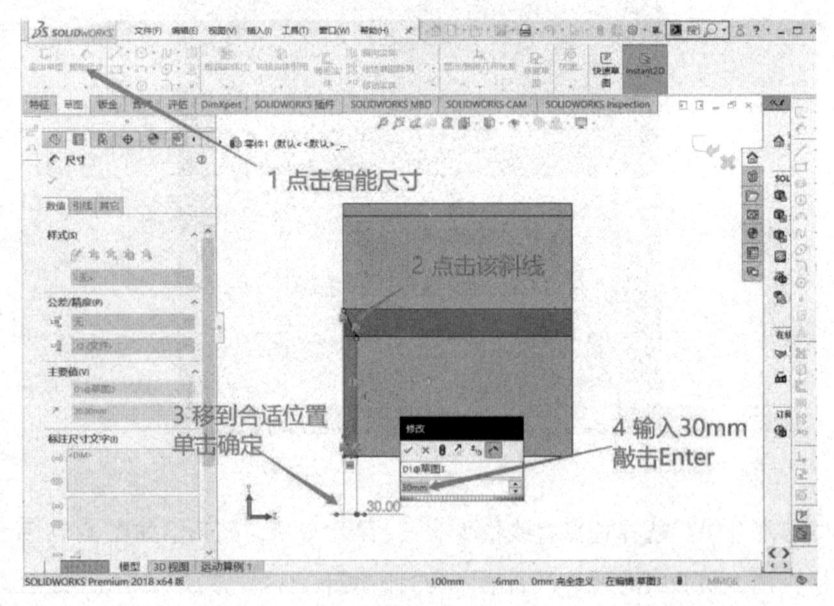

图 1-19

5.4 拉伸切除。点击退出草图，选择 特征 ，点击设计树中的所画的草图，点击，出现左侧出现下列框格，在左侧切除-拉伸 方向 1 选择 完全贯穿 - 两者 后，点击。如图 1-20。

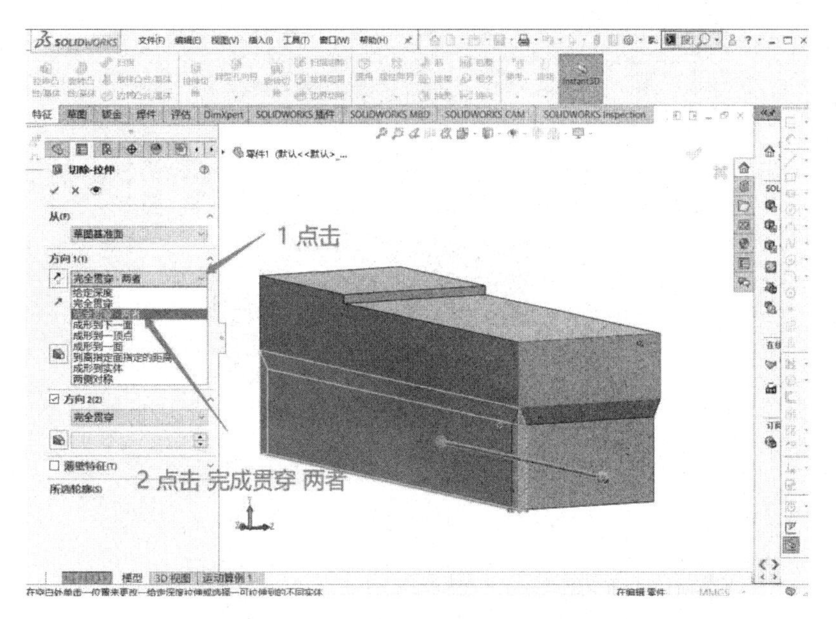

图 1−20

6拉伸切除。拉伸切除图形为 如图 1−21 。

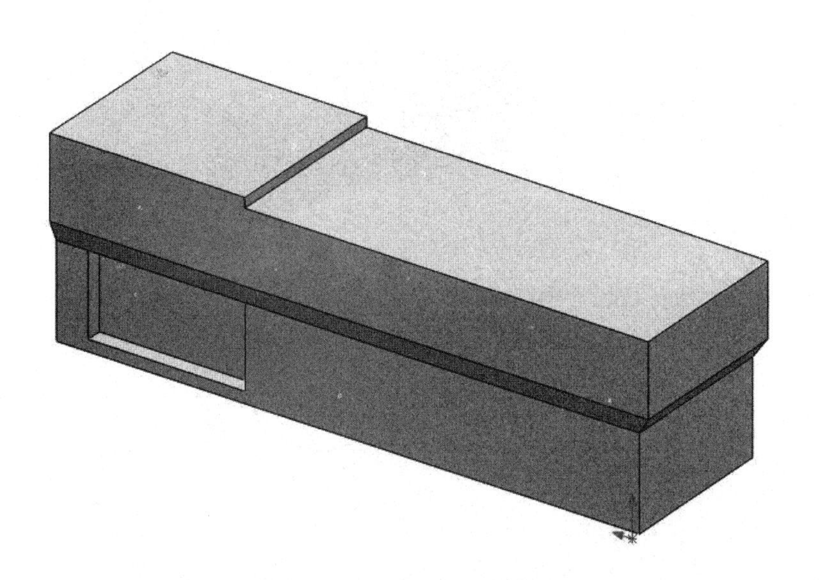

图 1−21

6.1 草图绘制。点击图 1−22，1−23，1−24 所示面，选择 草图 ，点击草图绘制 草图绘制 。

选择矩形指令，选择边角矩形。

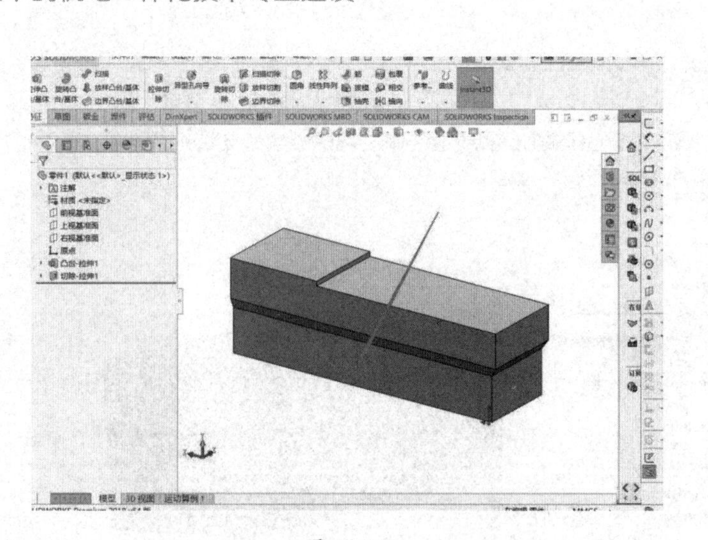

图 1-22

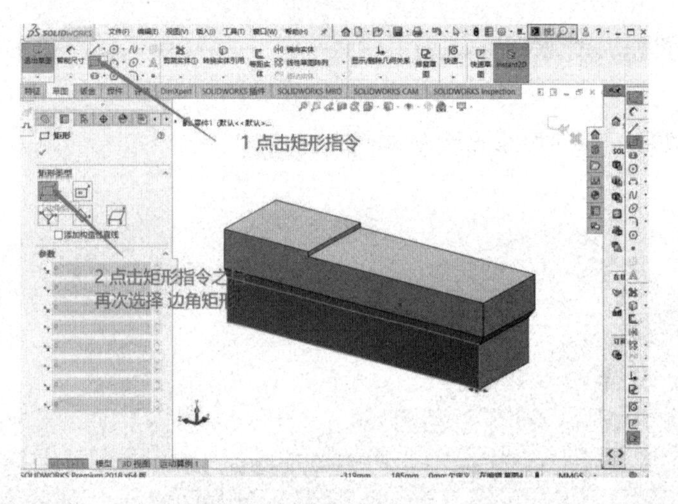

图 1-23

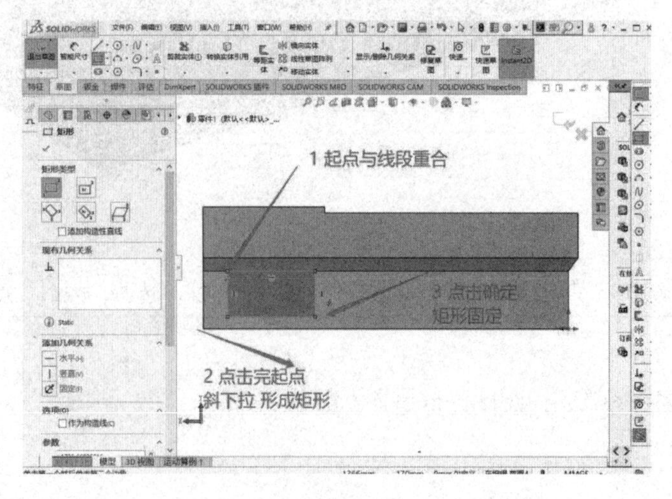

图 1-24

6.2 尺寸标注。点击，步骤如下图，矩形锯边线距离为100mm，矩形的长宽为500*250。如图1–25，1–26

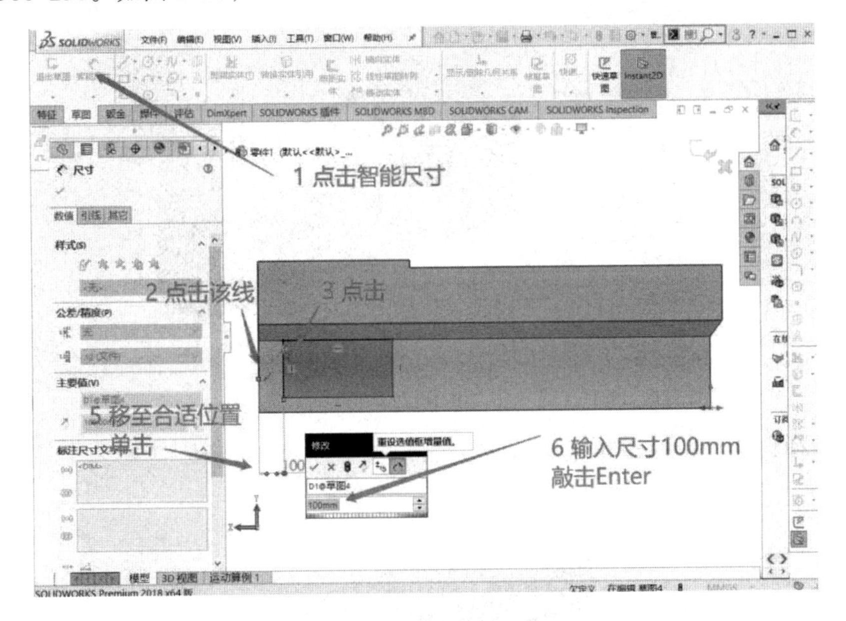

图 1−25

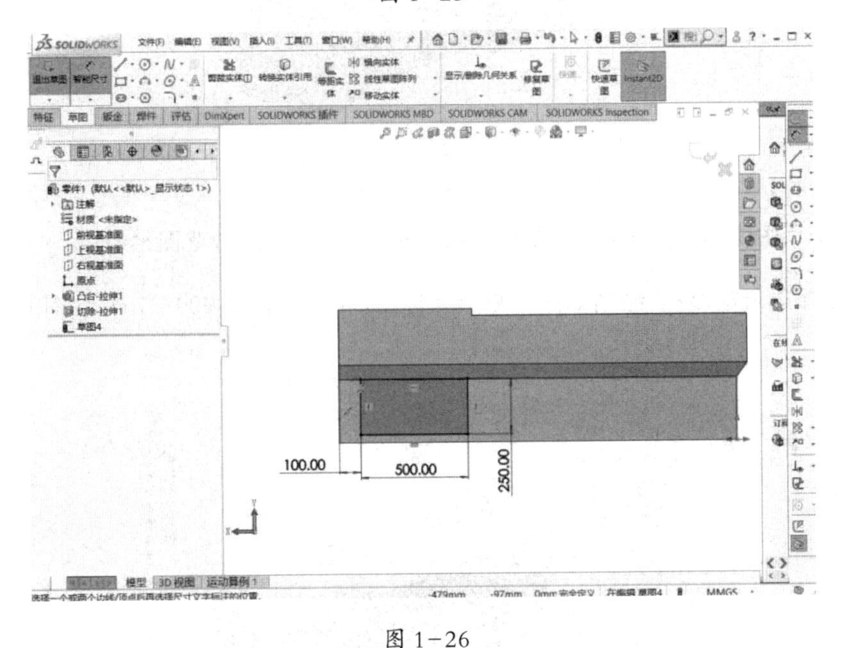

图 1−26

6.3 拉伸切除。点击退出草图，选择 特征，点击设计树中的所画的草图，点击，出现左侧出现下列框格，在左侧切除–拉伸 方向1选择给定深度，输入尺寸50mm，点击，完成拉伸切除。如图1–27。

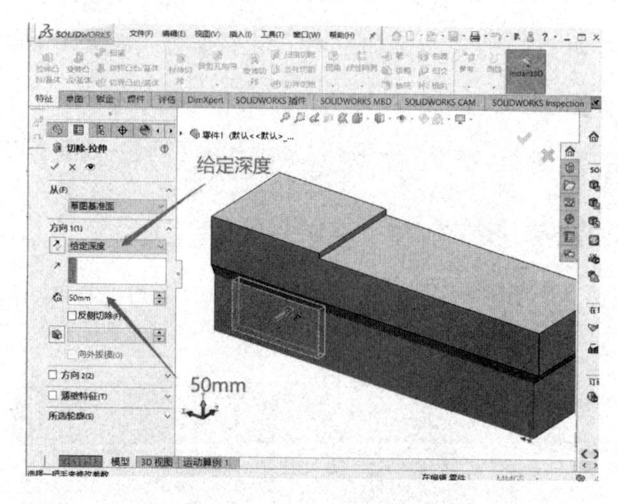

图 1-27

7拉伸切除。拉伸切除图形 如图 1-28 。

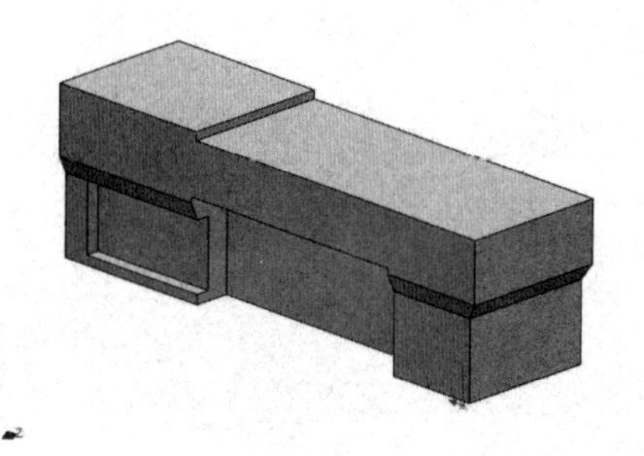

图 1-28

7.1 草图绘制。点击图 2-29 指示面，选择 草图 ，点击草图绘制 草图绘制。

选择边角矩形绘制如图 – 矩形并标注。（矩形长宽 900*370）如图 1-30

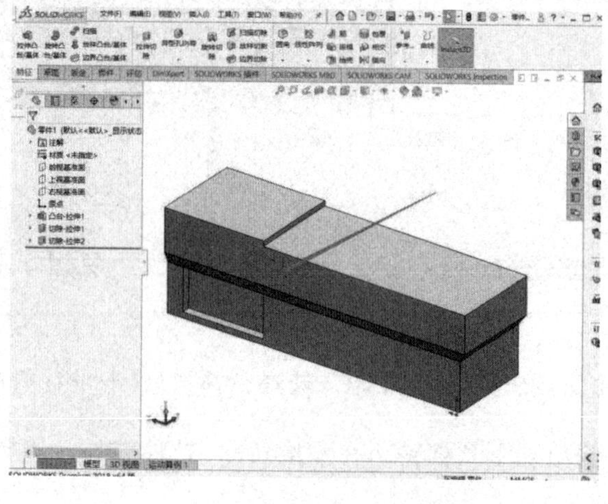

图 1-29

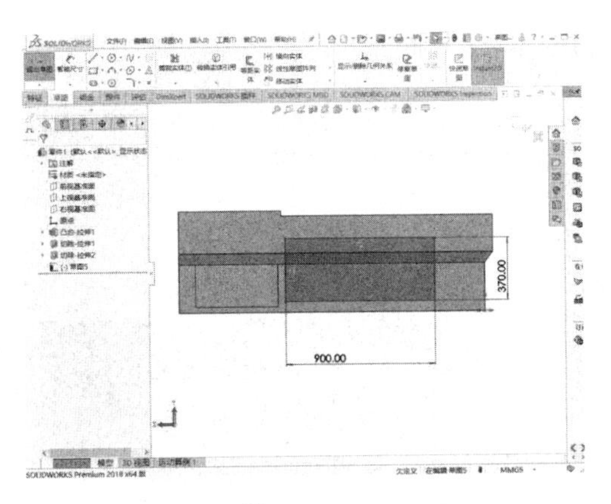

图 1-30

7.2 草图约束。绘制好上一小步的矩形，

点击矩形的左边线，按住 Ctrl 键点击图 - 所示 1 边线，在左侧出现属性的添加几何关系中［共线］，点击确定。如图 1-31

点击矩形下边线，按住 Ctrl 键点击图 - 所示 2 边线，在左侧出现属性的添加几何关系中［共线］，点击确定。如图 1-32

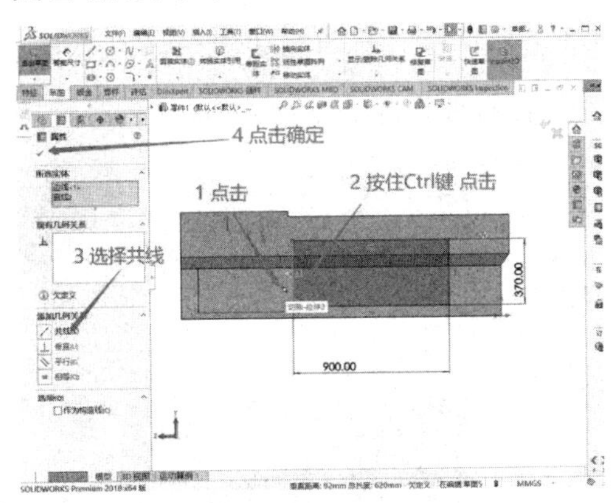

图 1-31

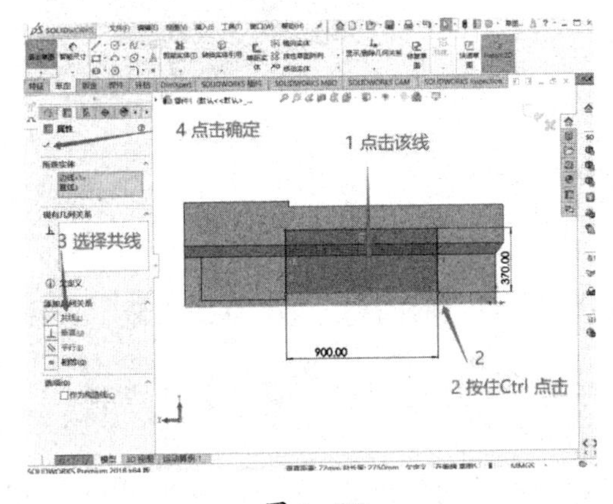

图 1-32

7.3 完成草图。如图 1-33 。

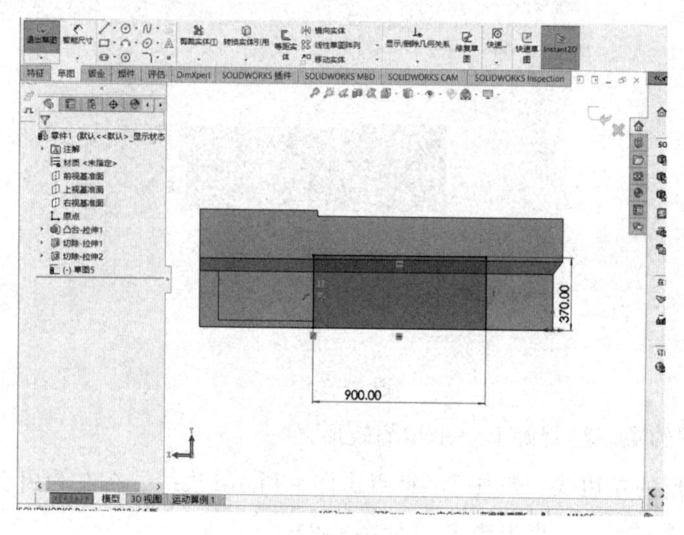

图 1-33

7.4 拉伸切除。点击退出草图退出草图，选择 特征 ，点击设计树中的所画的草图，点击拉伸切除，出现左侧出现下列框格，在左侧切除-拉伸 方向 1 选择给定深度，输入尺寸 165mm，点击✔，完成拉伸切除。如图 1-34。

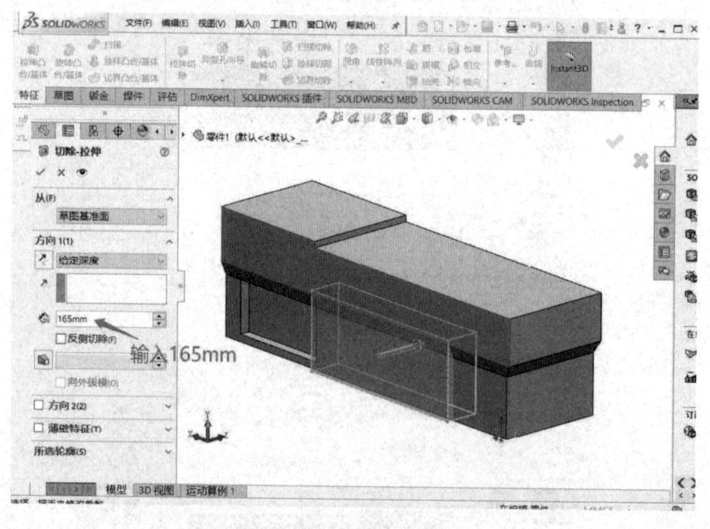

图 1-34

8 拉伸切除。选择图 1-35 所示面，点击草图绘制，选择边角矩形进行绘制图 1-36 所示矩形并用智能尺寸注释。点击退出草图，选择 特征 ，点击设计树中的所画的草图，点击拉伸切除，后选择给定深度 50mm，输入尺寸✔。如图 1-37（长 225mm

距底线 35mm）。

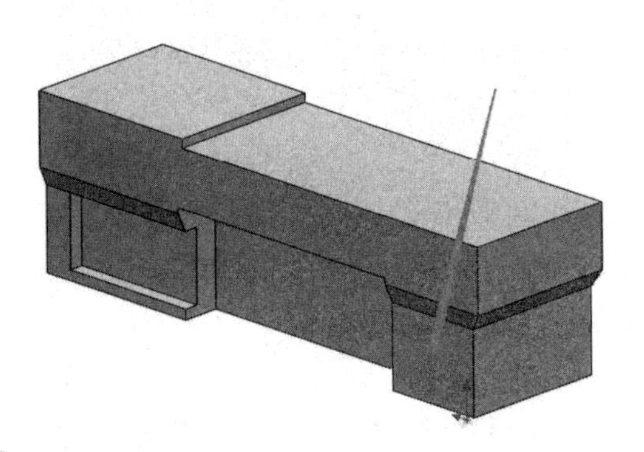

图 1-35

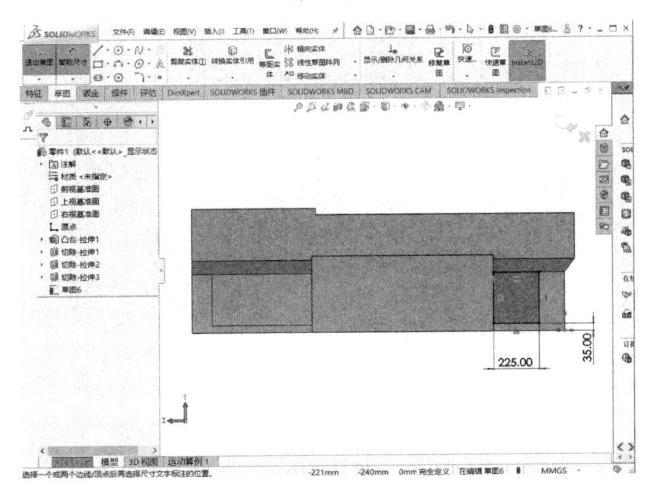

图 1-36

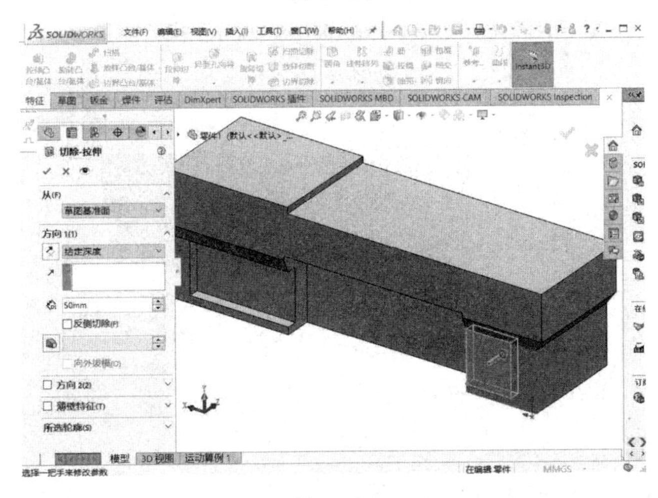

图 1-37

9拉伸切除。绘制图 1–38

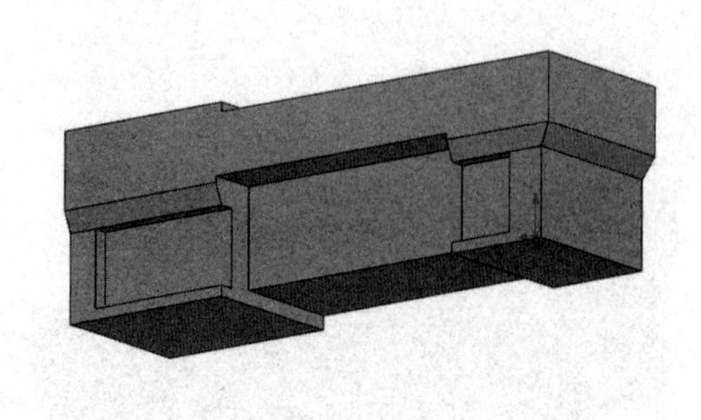

图 1–38

9.1草图绘制。点击图 1–39 所示面，点击草图绘制草图绘制，选择边角矩形，绘制矩形图 1–40并标注。

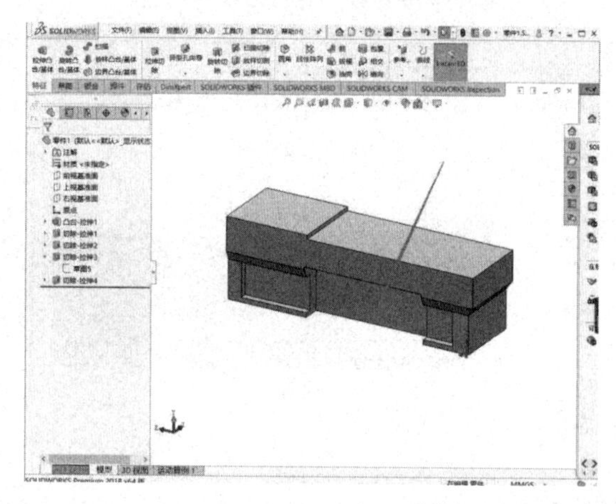

图 1–39

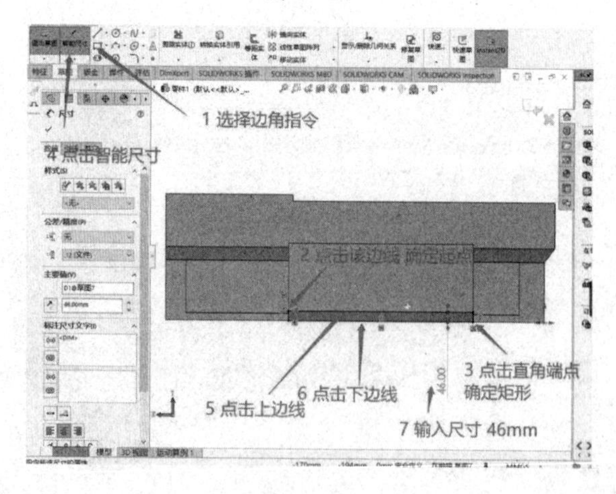

图 1–40

9.2拉伸切除。点击退出草图退出草图，选择 特征 ，点击设计树中的所画的草图，点击，选择完全贯穿 - 两者后，点击，如图 1-41。

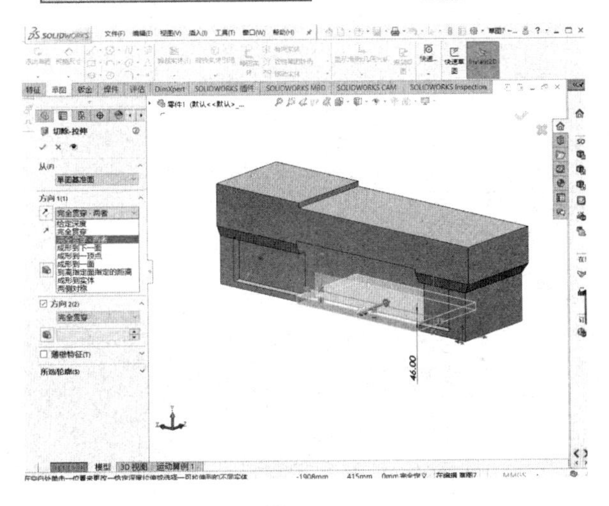

图 1－41

10拉伸凸台。拉伸图 1-42，所示图形。

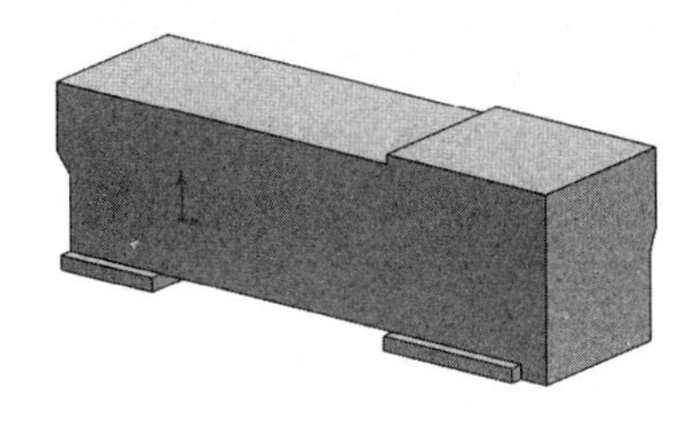

图 1－42

10.1 草图绘制。选择图 1-43 所示平面，点击草图绘制，选择边角矩形，绘制矩形。

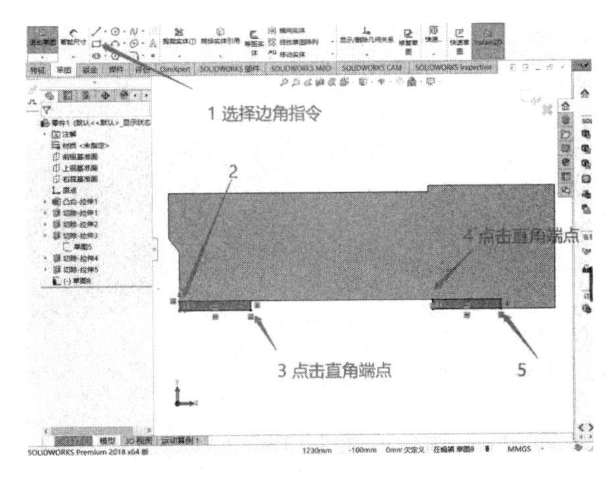

图 1－43

10.2 草图约束/草图标注。

草图约束：点击左边矩形的上边线按住ctrl键点击图1 -44 所示2边线添加几何关系 共线 。草图标注；右边矩形的长为500mm。

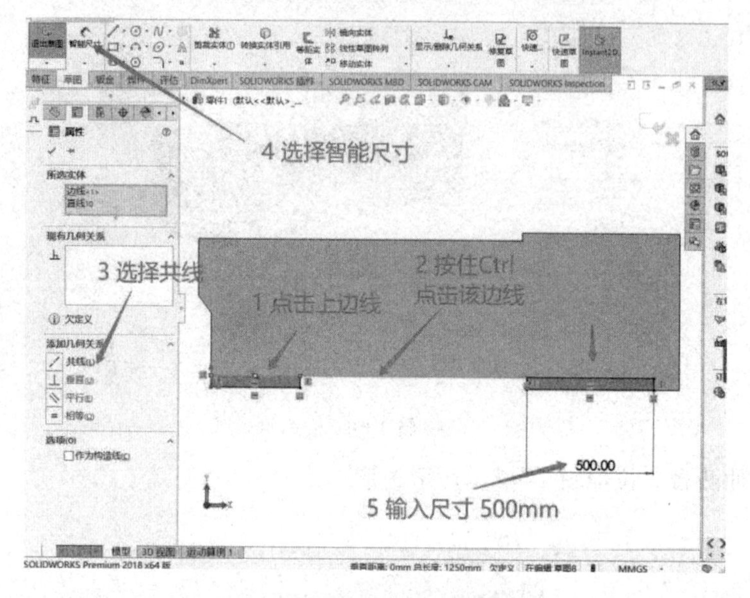

图 1-44

10.3 拉伸凸台。点击退出草图，选择 特征 ，点击设计树中的所画的草图，点击，选择给定深度，输入尺寸46mm，点击。如图1-45所示。

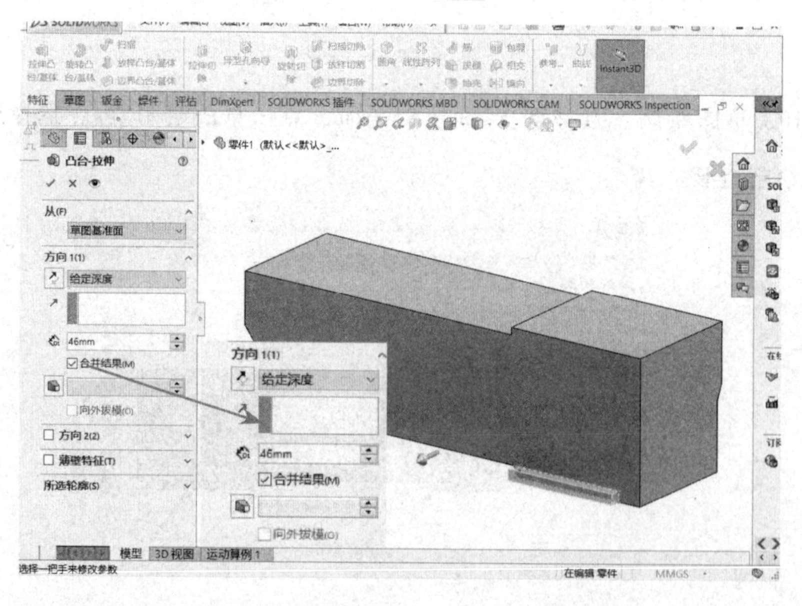

图 1-45

11拉伸切除。拉伸如图 1-46 所示图形。

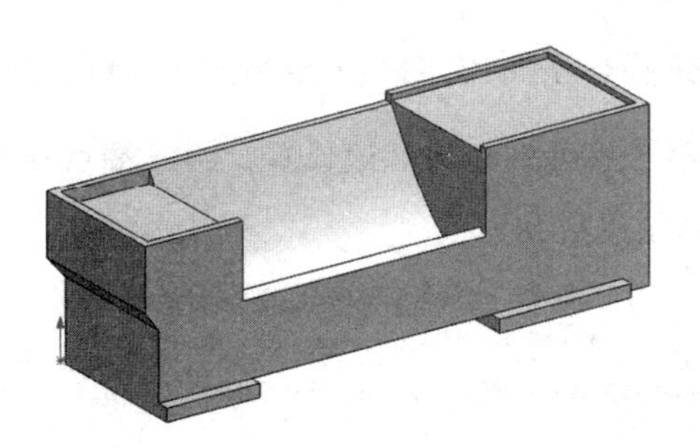

图 1-46

11.1 草图绘制。点击选择图 1-47 所示平面，点击草图绘制 草图绘制。选择直线指令 画出图 1-48 所示直线。

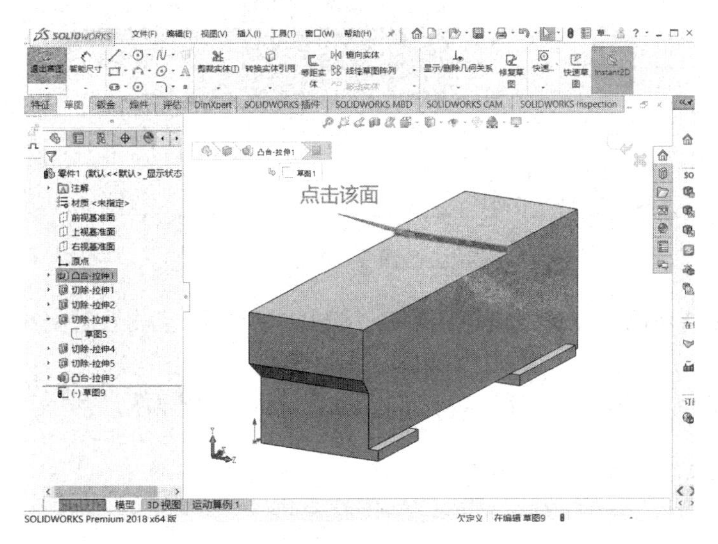

图 1-47

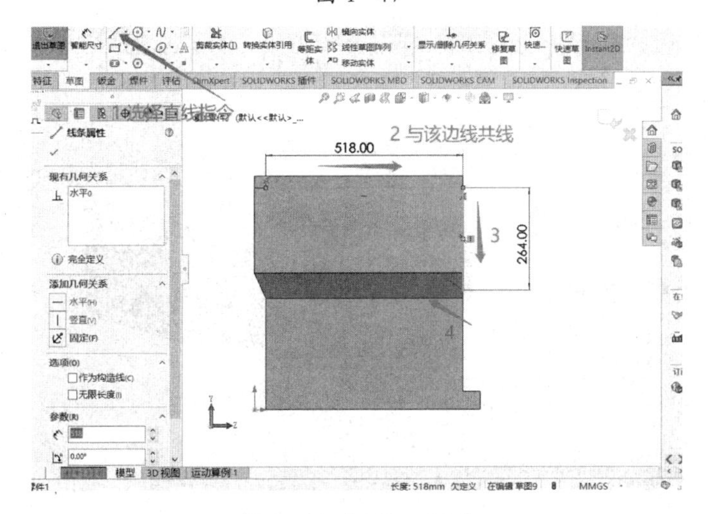

图 1-48（518，264）

11.2 草图绘制。选择样条曲线 ，绘制图 1–49 所示曲线，起点为图 1–48 直线 1 的起始端点，第二点可粗略的标记位置，第三端点和图 1–48 直线结束端点重合，按下键盘 Esc 键结束指令。

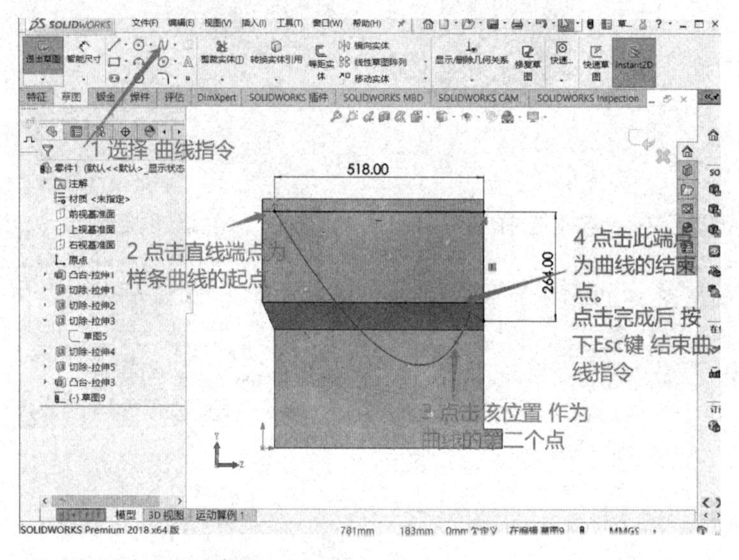

图 1–49

11.3 拉伸切除。点击退出草图 ，选择 特征 ，点击设计树中的所画的草图，点击拉伸切除 ，选择 方向 1(1) 到离指定面指定的 ，面/平面处 选择图 1–50 所示面，输入尺寸 368mm，点击 。

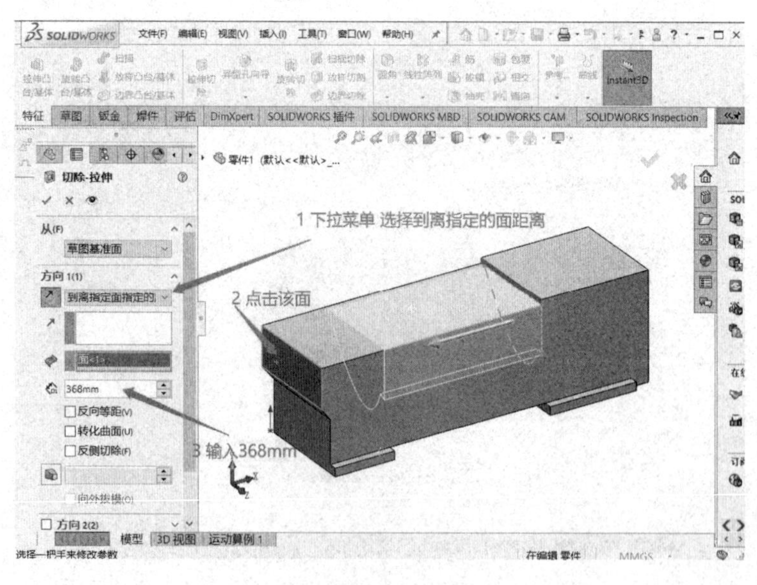

图 1–50

11.4拉伸切除。点击如图 1-51 所示面，点击草图绘制 草图绘制，在该平面上绘制图 1-52 所示矩形，并标注尺寸（距边线 30mm），选择 特征，点击设计树中的所画的草图，点击拉伸切除 拉伸切除，选择给定深度，输入尺寸 50mm，点击确定。如图 1-53。

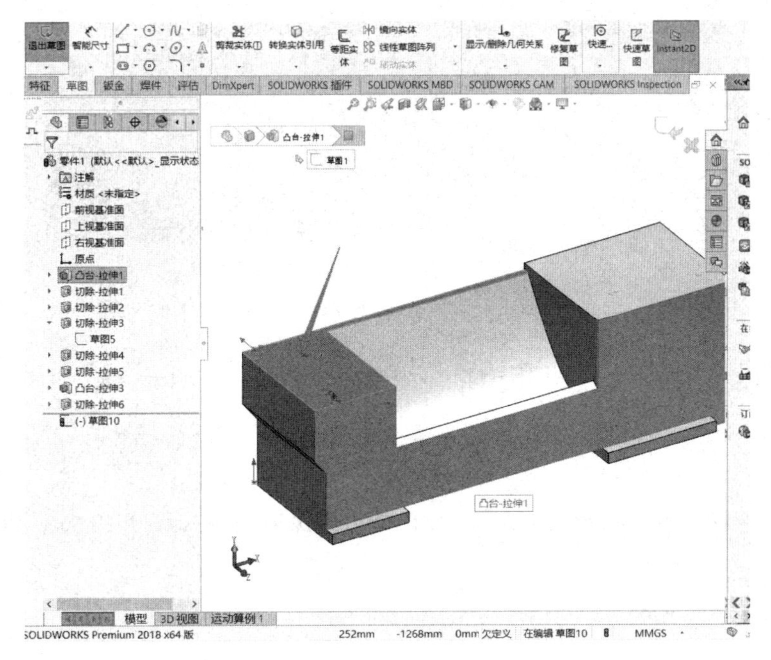

图 1-51

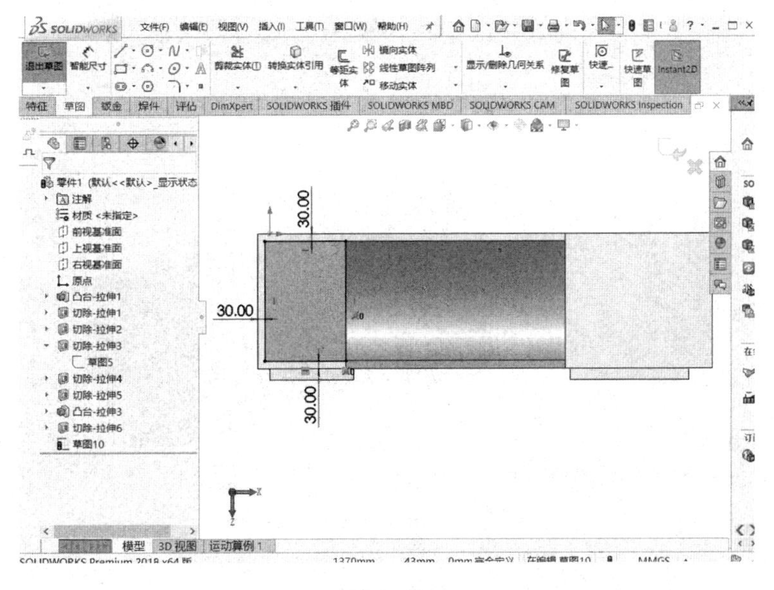

图 1-52

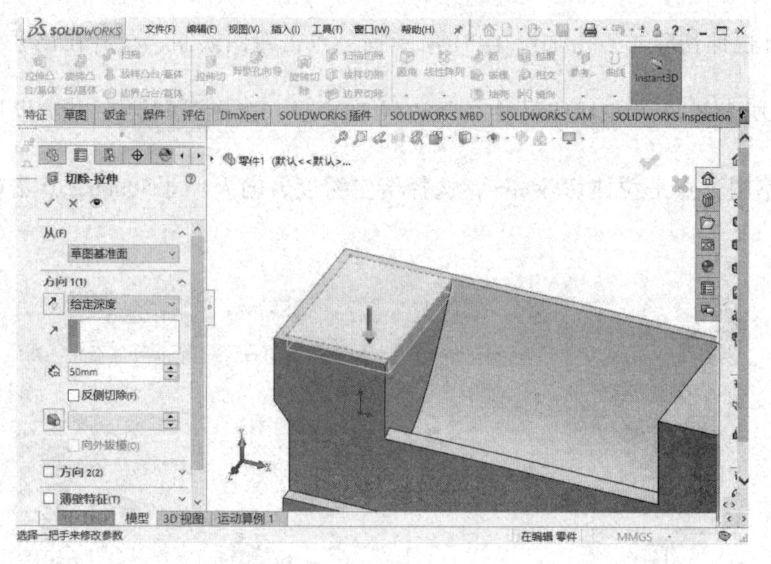

图 1-53

11.5 拉伸切除。点击如图 1-54 所示面，点击草图绘制 草图绘制，在该平面上绘制图 1-55 所示矩形，并标注尺寸（距边线 30mm），选择 特征，点击设计树中的所画的草图，点击拉伸切除 拉伸切除，选择给定深度，输入尺寸 20mm，点击确定。如图 1-56。

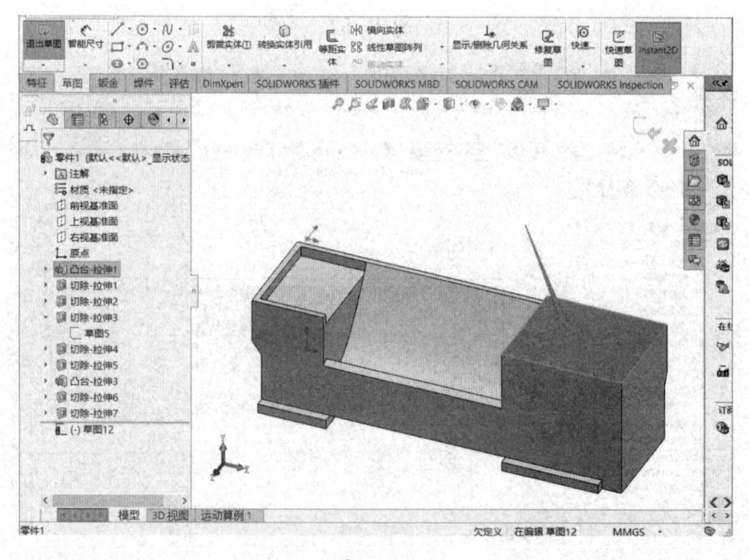

图 1-54

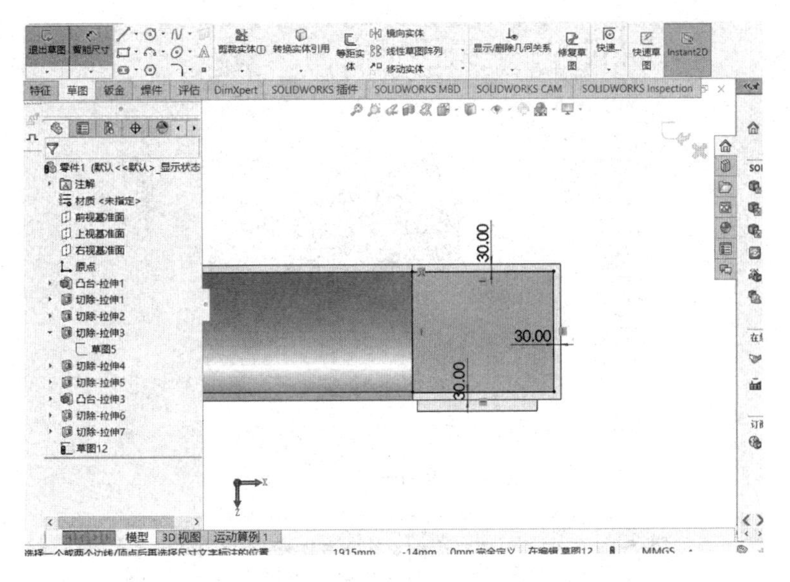

图 1-55

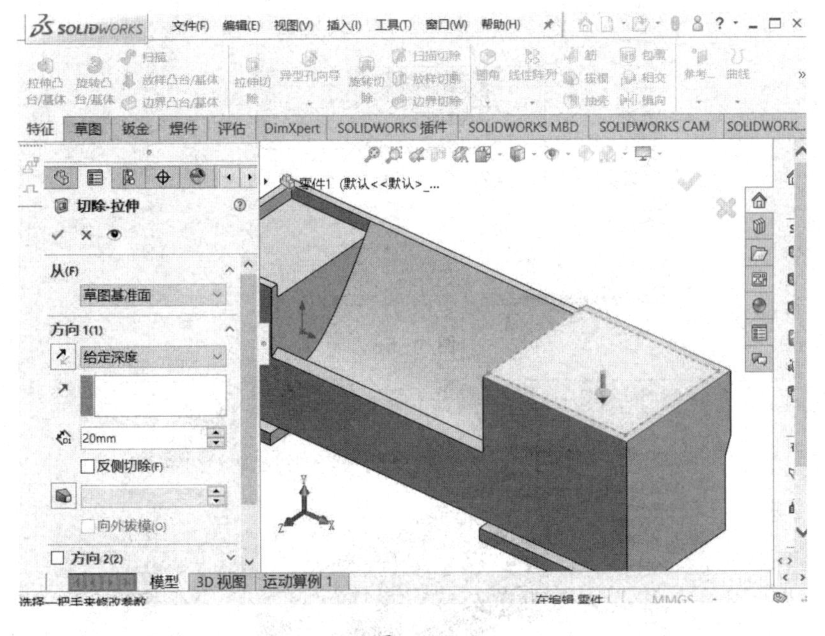

图 1-56

11.6 拉伸切除。选择图 1-57 所示面，点击草图绘制，在该平面上绘制图 1-58 所示矩形，并标注尺寸（宽度为 113.5 其他与边线共线），选择 特征，点击设计树中的所画的草图，点击拉伸切除，选择给定深度，输入尺寸 235mm，点击确定，如图 1-59。

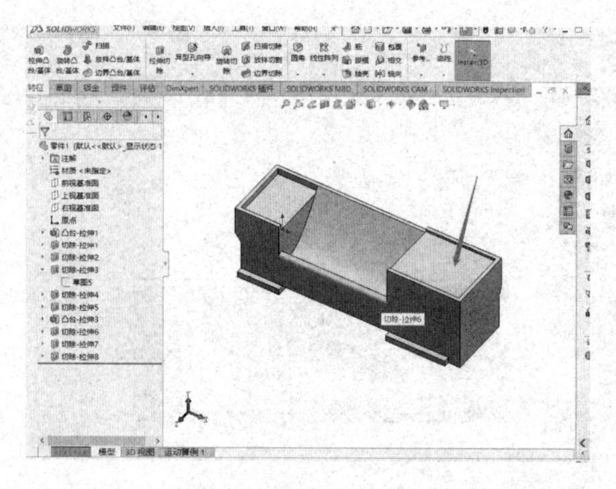

图 1-57

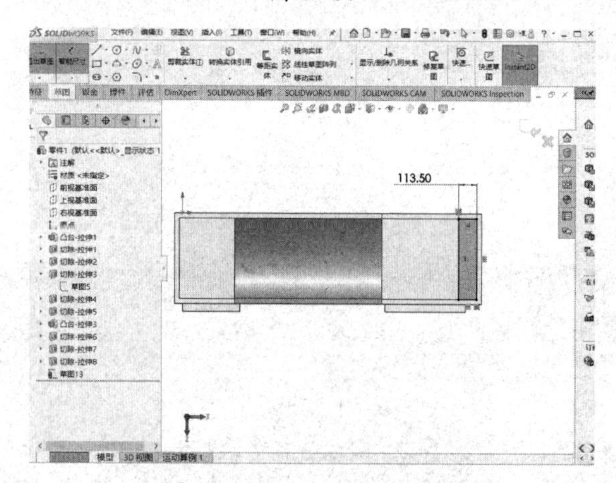

图 1-58

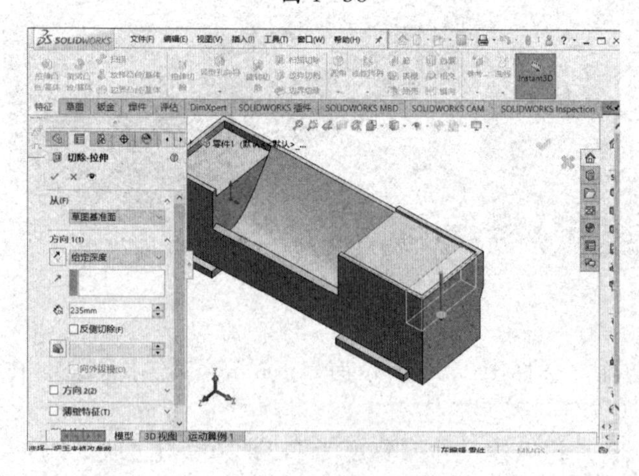

图 1-59

11.7 拉伸切除。选择图 1-60 所示面，进入草图绘制，选择边角矩形，绘制图 1-61 所示矩形，点击退出草图，选择 特征 ，点击设计树中的所画的草图，点击

拉伸切除 拉伸切除，选择给定深度，输入尺寸550mm，点击确定，如图1-62。

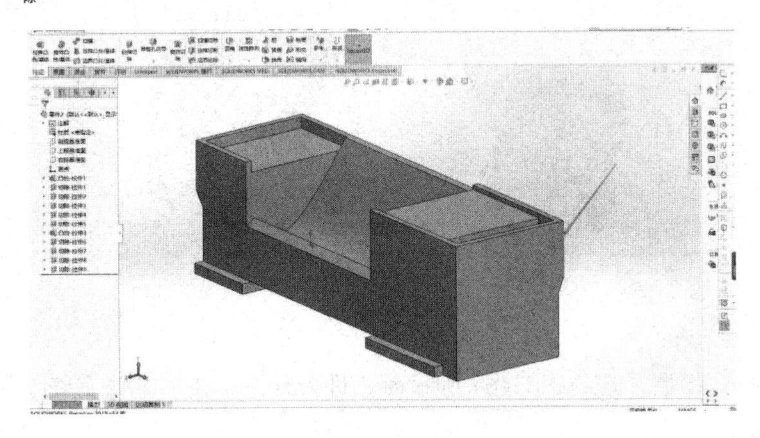

图 1-60

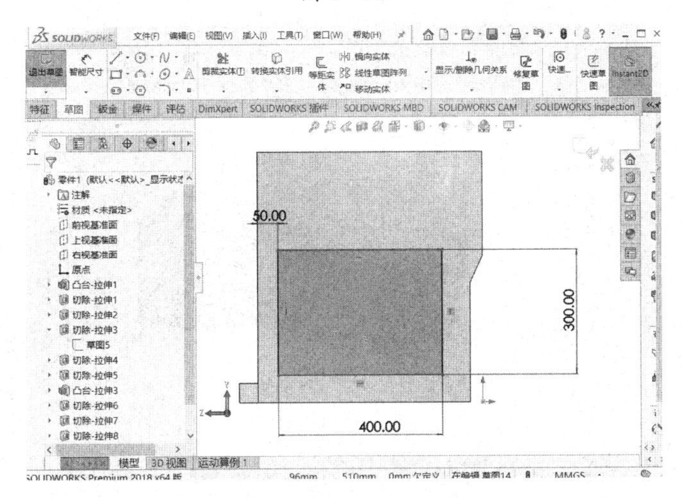

图 1-61

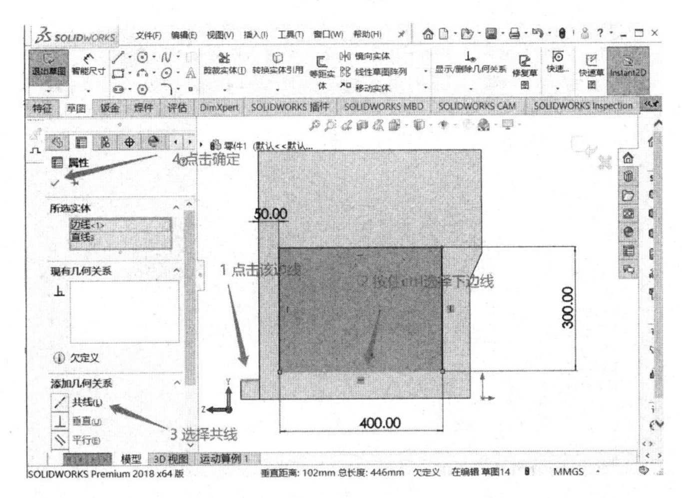

图 1-62

12拉伸切除。如图 1-63。

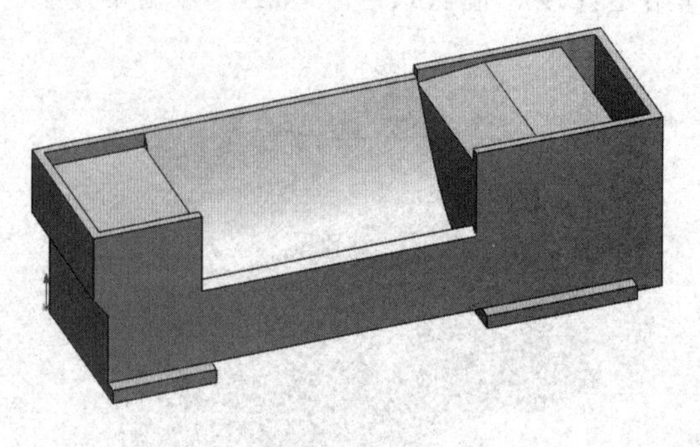

图 1-63

12.1 草图绘制。选择图1 -64 所示面，进入草图绘制，选择直线 ⁄ ·，绘制图 1-65 所示三角形。

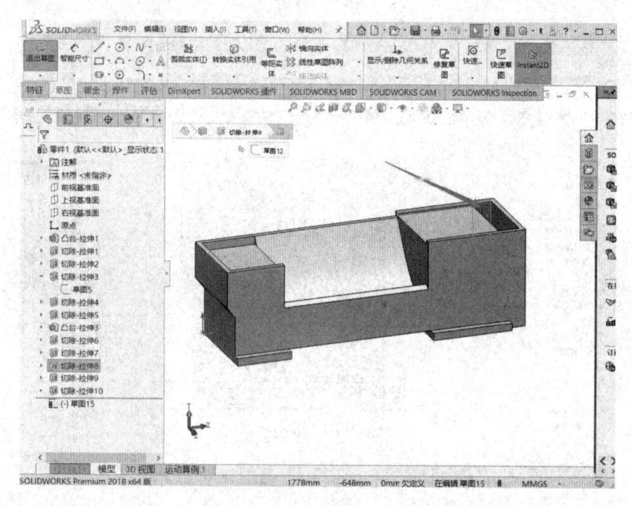

图 1-64

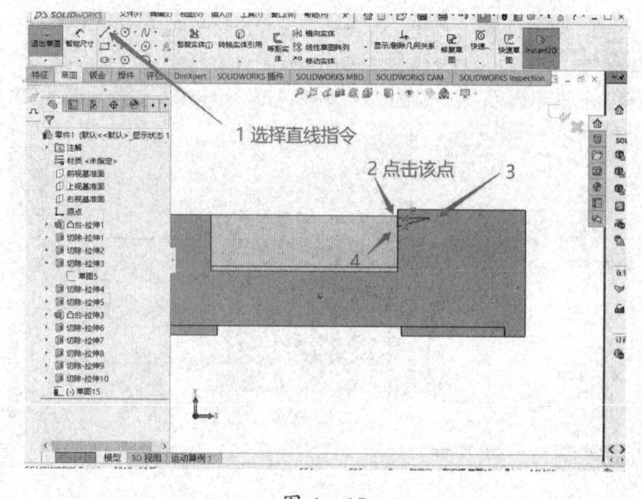

图 1-65

12.2 草图约束/草图标注。草图约束：点击直线1按住ctrl点击边线1，选择共线。点击智能尺寸，标注直线2，直线3。如图1-66，1-67。

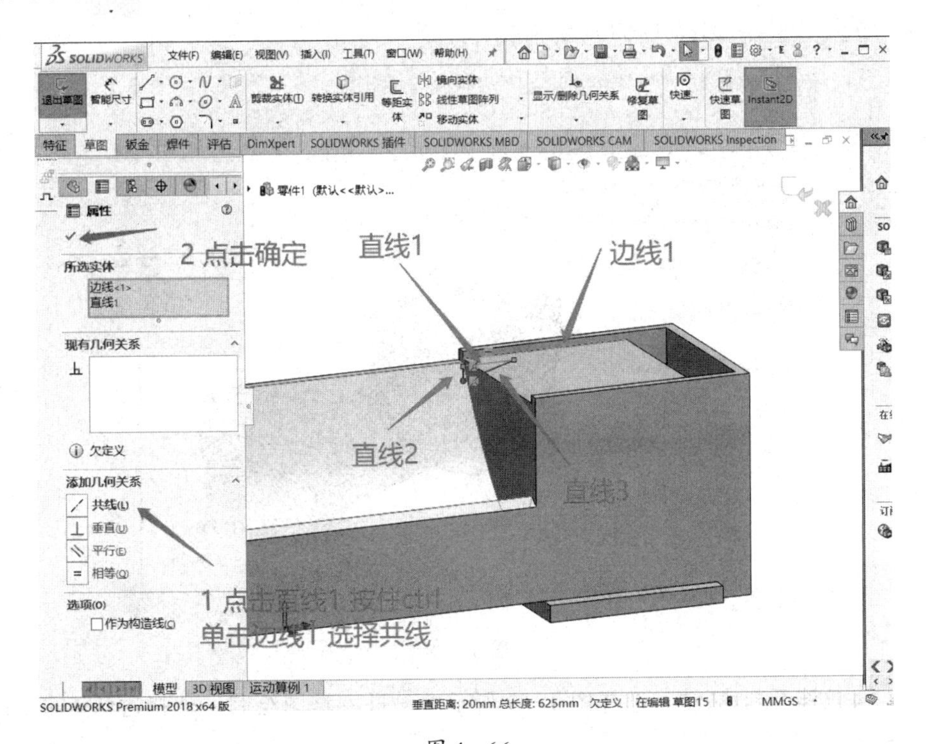

图 1-66

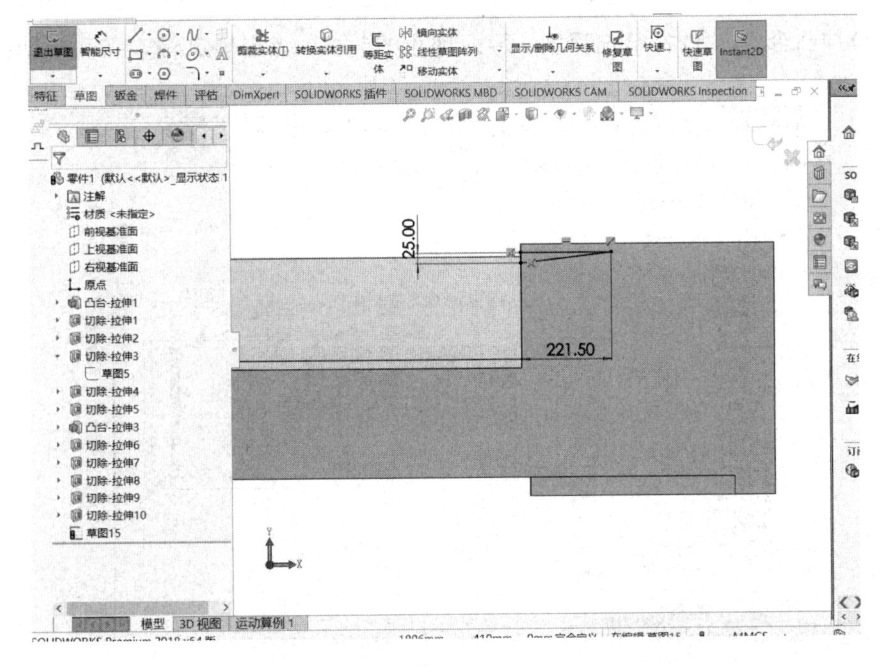

图 1-67

12.3 拉伸切除。点击退出草图，选择 特征 ，点击设计树中的所画的草图，点击拉伸切除，选择切除方向，下拉菜单选择 成形到一面 ，鼠标点击 面<1> 后选择 1-68 所示面。

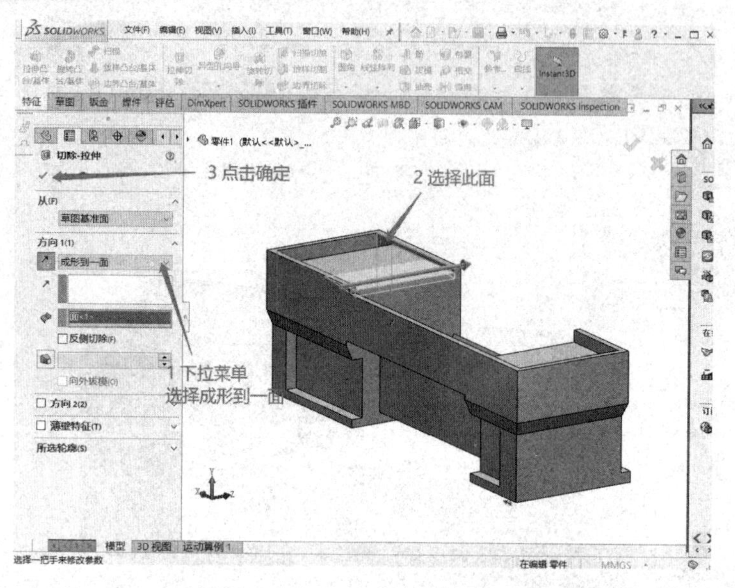

图 1-68

12.4 拉伸凸台/基体。选择图 1-69 所示面，进入草图绘制，选择边角矩形，绘制如图所示矩形，点击退出草图，选择 特征 ，点击设计树中的所画的草图，点击拉伸凸台，选择给定深度，输入尺寸 225mm，点击确定。如图 1-70。

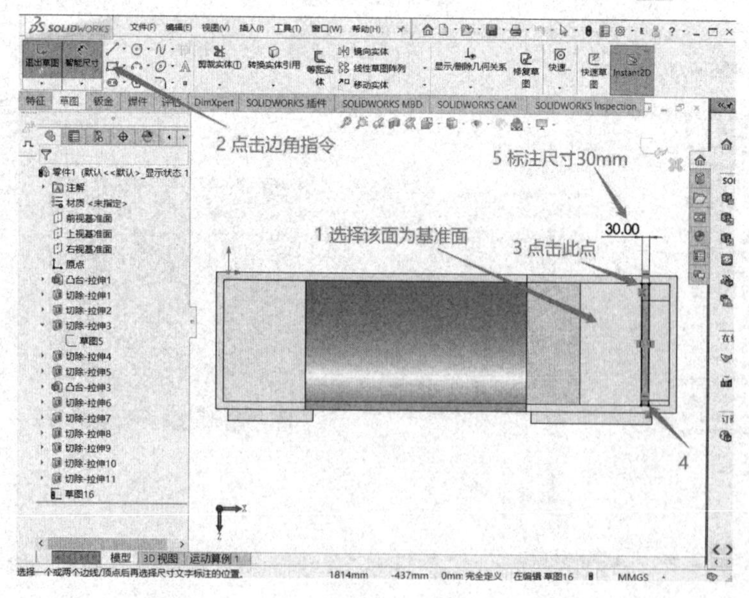

图 1-69

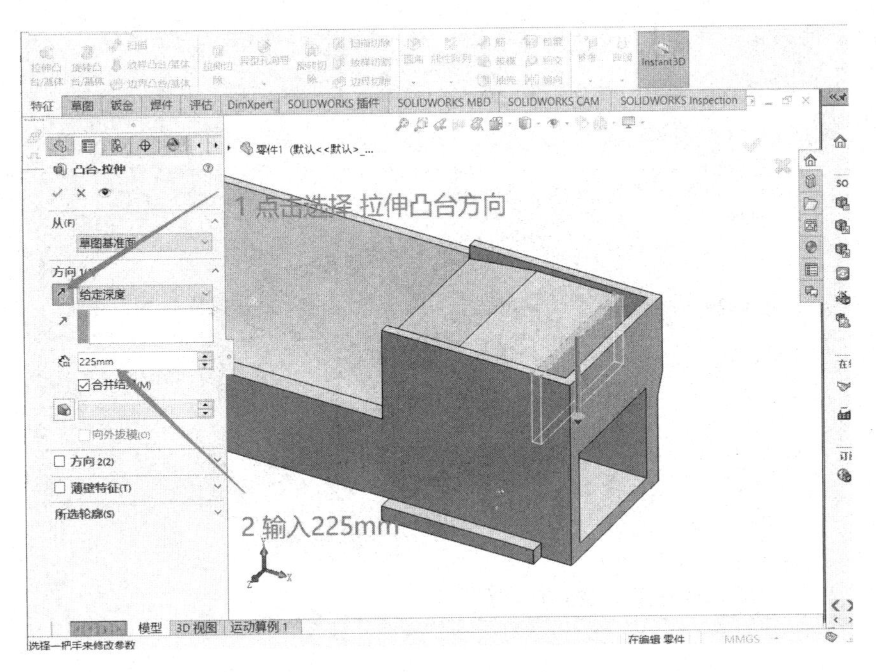

图 1-70

12.5 拉伸凸台/基体。点击图 1-71 矩形所在平面，点击草图绘制，选择边角矩形，点击标注矩形（264mm 距边线 112mm），点击退出草图。选择拉伸凸台/基体，输入尺寸 20mm，点击。如图 1-72。

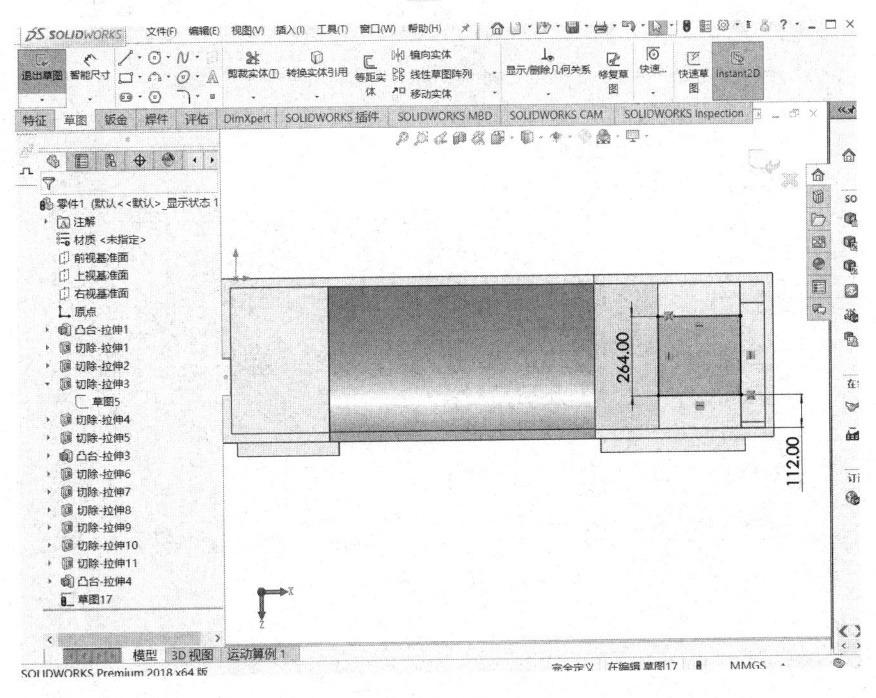

图 1-71

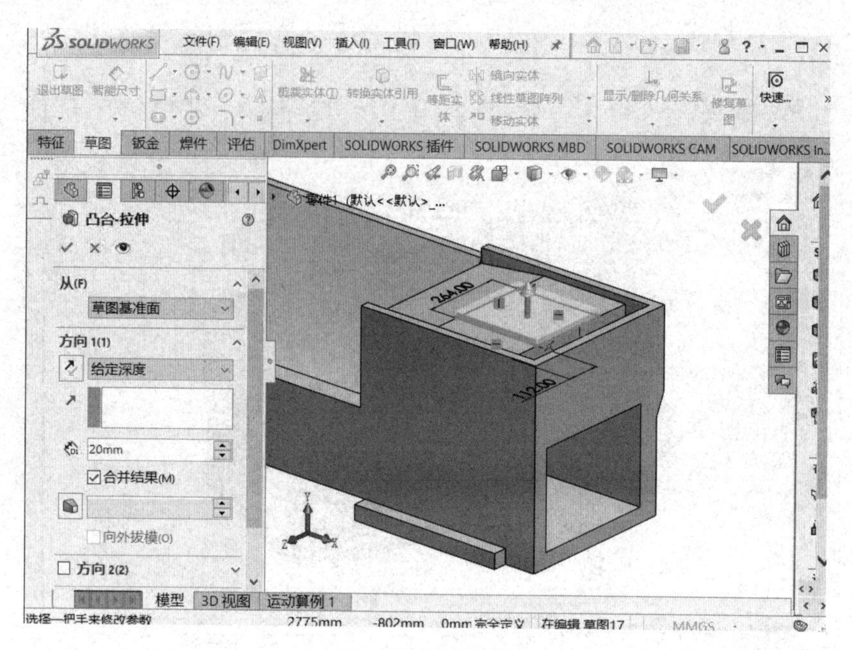

图 1-72

12.6拉伸凸台/基体。点击图 1-73 矩形所在平面，点击草图绘制，选择边角矩形，点击标注矩形，点击退出草图。选择拉深凸台/基体，选择成形到一面操作如图 1-74，点击。

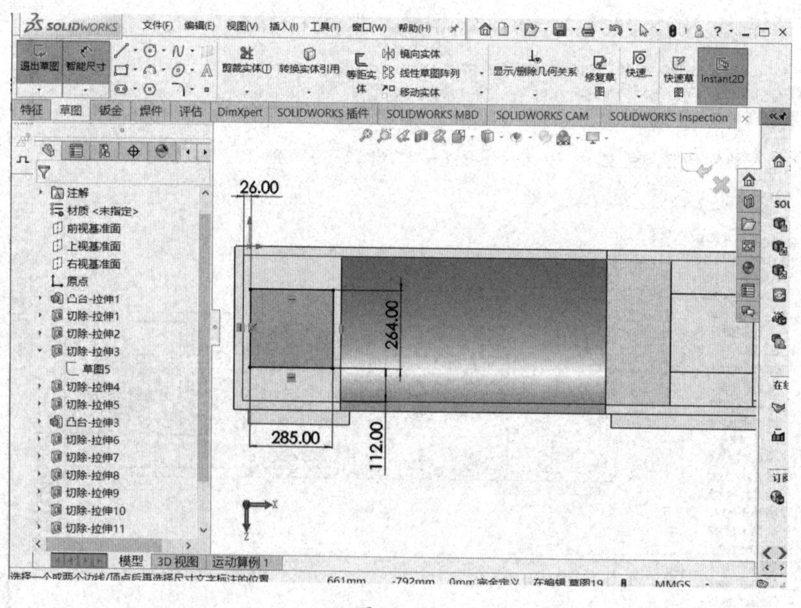

图 1-73

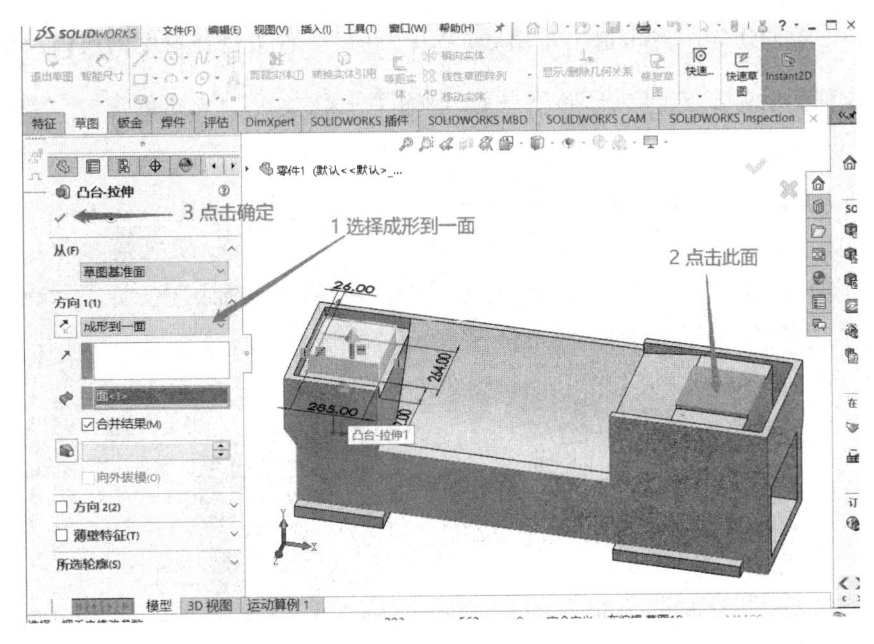

图 1-74

13拉伸切除。

13.1草图绘制。使用圆形指令，绘制图 - 所示图形，并标注好位置尺寸。如图1-75。

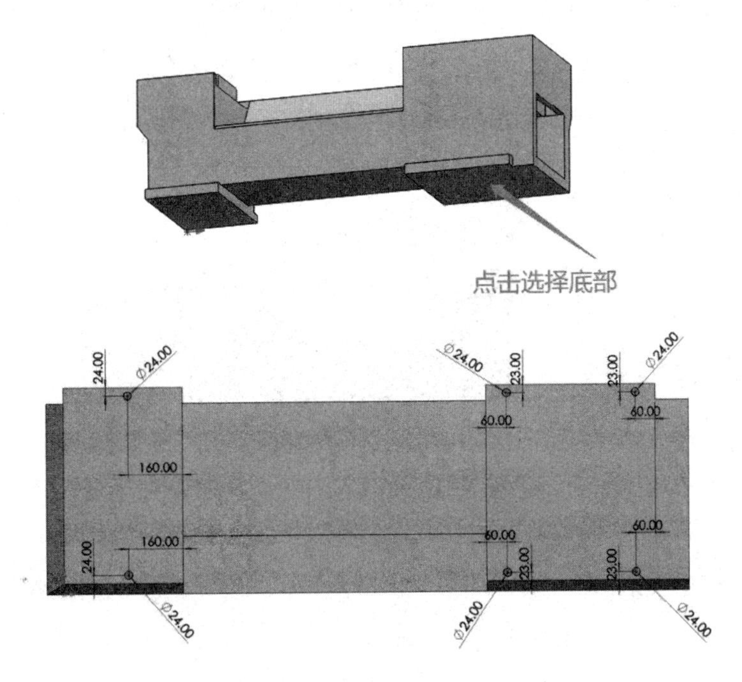

图 1-75

13.2 拉伸切除。点击退出草图 选择 特征，点击设计树中的所画的草图，点击拉伸切除，选择成形到下一面 成形到下一面，点击确定。如图 1-76。

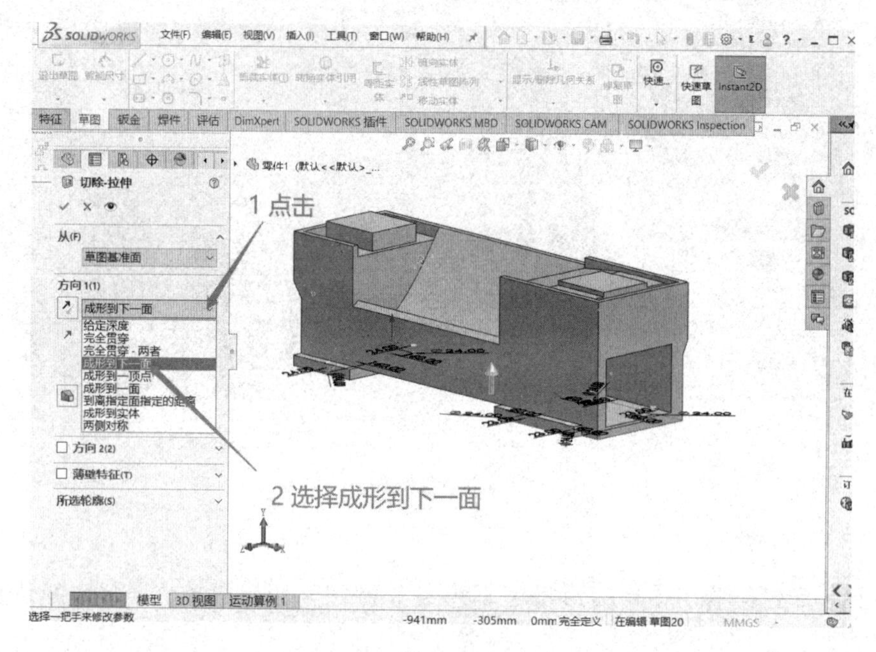

图 1-76

13.3 拉伸凸台。选择图 1-77 所示面，点击草图绘制。

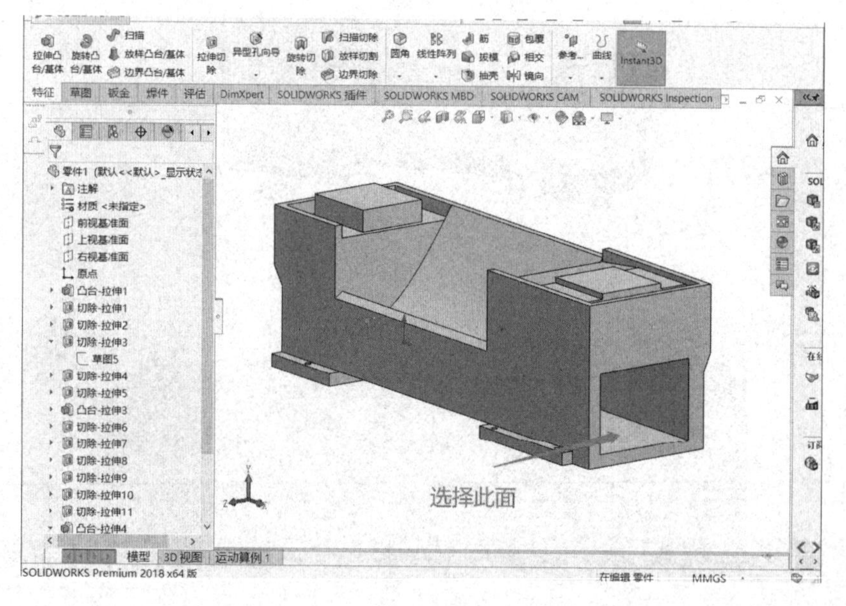

图 1-77

13.4 草图绘制。绘制草图，如图 1-78 ，尺寸为 130*87 距下边线 175mm，左边线 220mm。

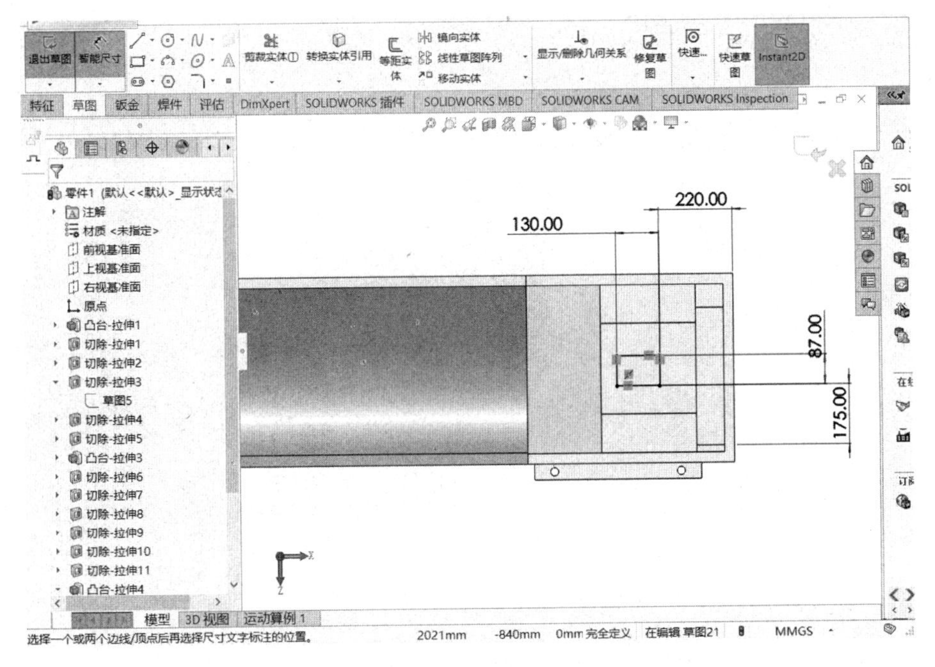

图 1-78

13.5 等距实体。点击等距实体指令，在参数栏输入所需距离 25mm，点击需要等距实体的线段/图形 如图 1–79。

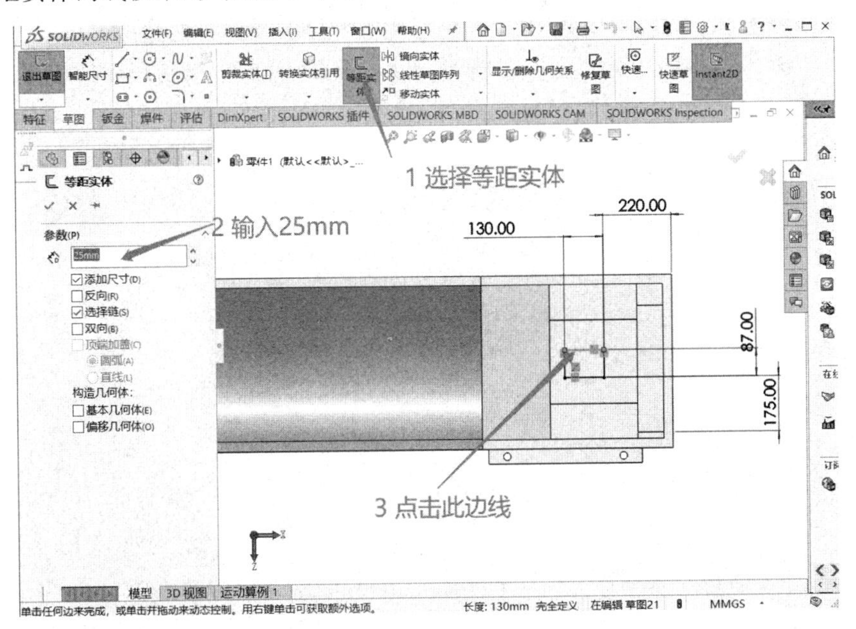

图 1–79

13.6 拉伸凸台。点击退出草图，选择拉伸凸台/基体，输入尺寸 20mm，点击✔。如图 1-80。

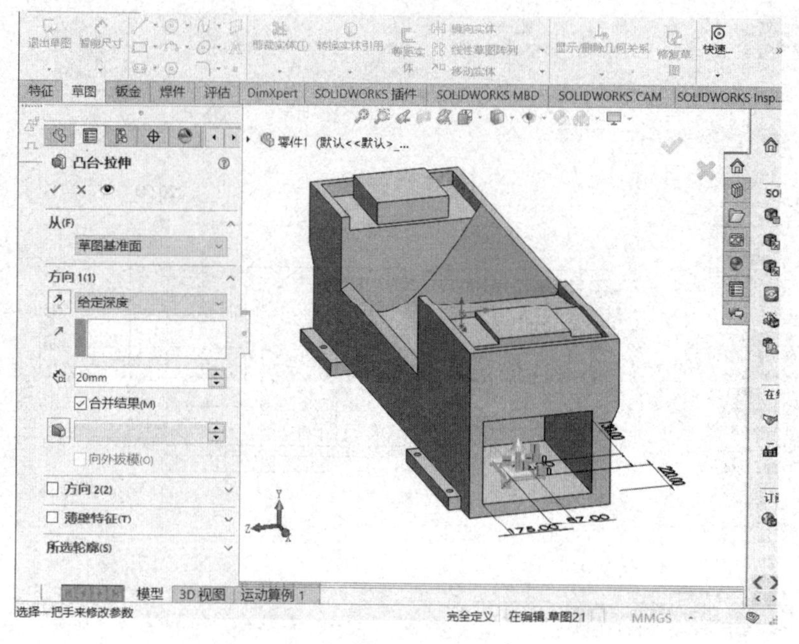

图 1-80

13.7 拉伸切除。点击图 1-81 所示面，选择草图绘制，绘制矩形 如图 1-82 。点击退出草图，选择 特征 点击拉伸切除，选择成形到下一面，点击✔。如图 1-83。

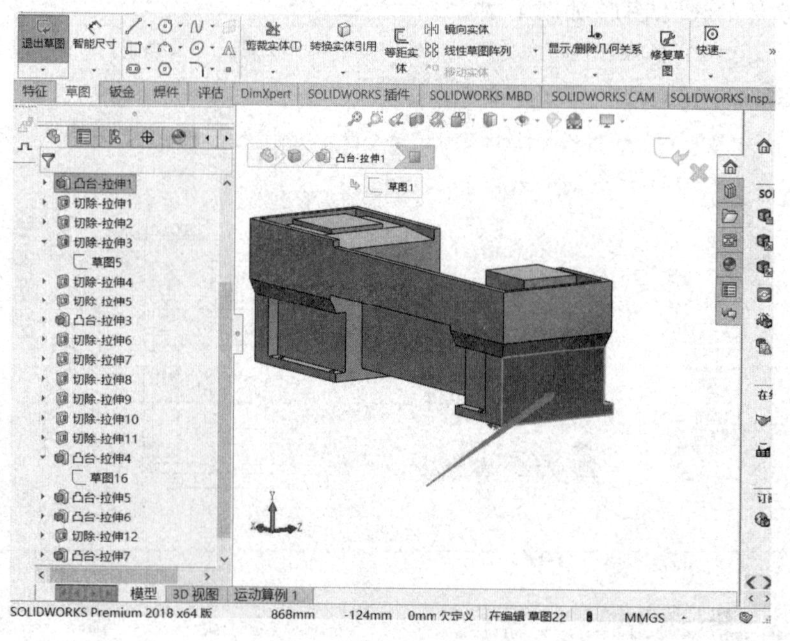

图 1-81

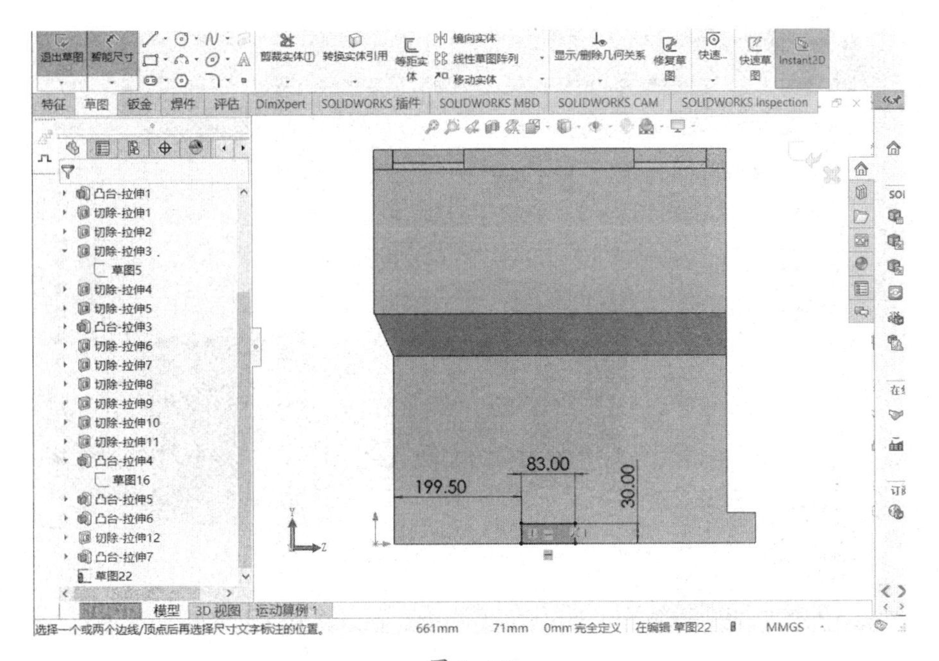

图 1-82

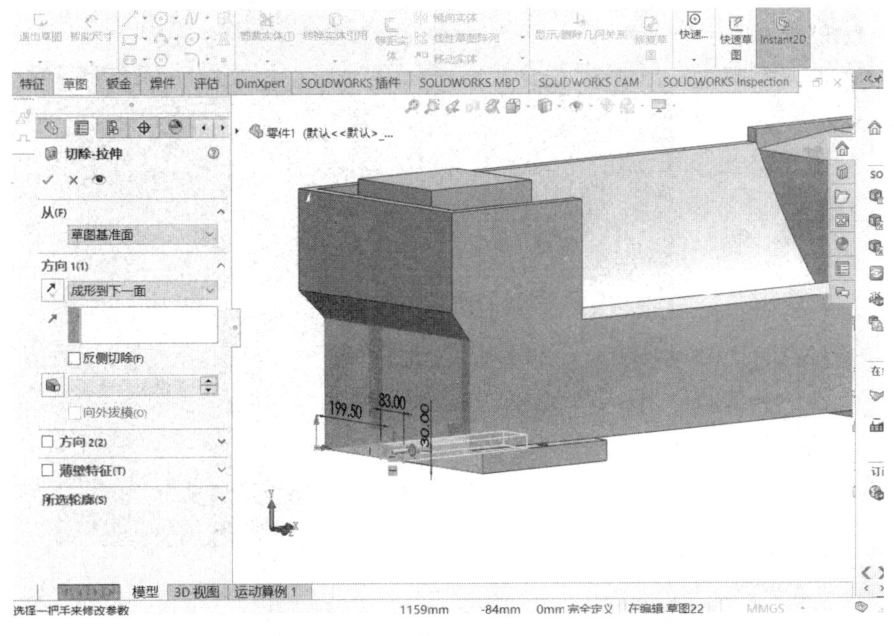

图 1-83

13.8 拉伸切除。选择图 1-84 所示面，点击草图绘制，点击，绘制图1-85 所示图形，使用进行标注。退出草图，选择特征 特征，点击拉伸切除，选择成形到下一面 成形到下一面，点击。如图 1-86。

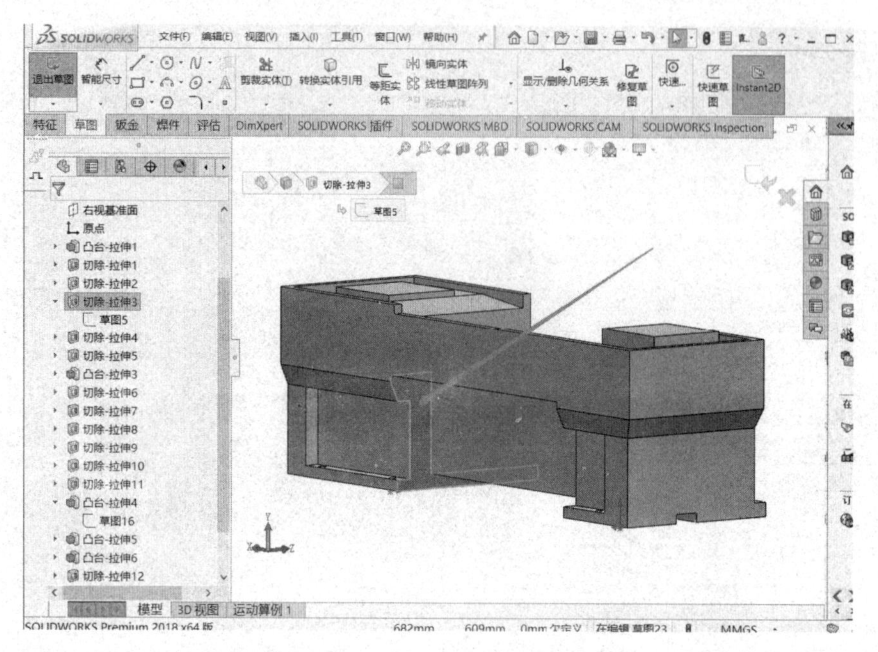
SOLIDWORKS
文件(F) 编辑(E) 视图(V) 插入(I) 工具(T) 窗口(W) 帮助(H)
退出草图
智能尺寸
剪裁实体(T)
转换实体引用
等距实体
镜向实体
线性草图阵列
显示/删除几何关系
修复草图
快速草图
Instant2D
特征 草图 钣金 焊件 评估 DimXpert SOLIDWORKS 插件 SOLIDWORKS MBD SOLIDWORKS CAM SOLIDWORKS Inspection
切除-拉伸3
草图5
右视基准面
原点
凸台-拉伸1
切除-拉伸1
切除-拉伸2
切除-拉伸3
草图5
切除-拉伸4
切除-拉伸5
凸台-拉伸3
切除-拉伸6
切除-拉伸7
切除-拉伸8
切除-拉伸9
切除-拉伸10
切除-拉伸11
凸台-拉伸4
草图16
凸台-拉伸5
凸台-拉伸6
切除-拉伸12
模型 3D 视图 运动算例 1
SOLIDWORKS Premium 2018 x64 版

图 1-84

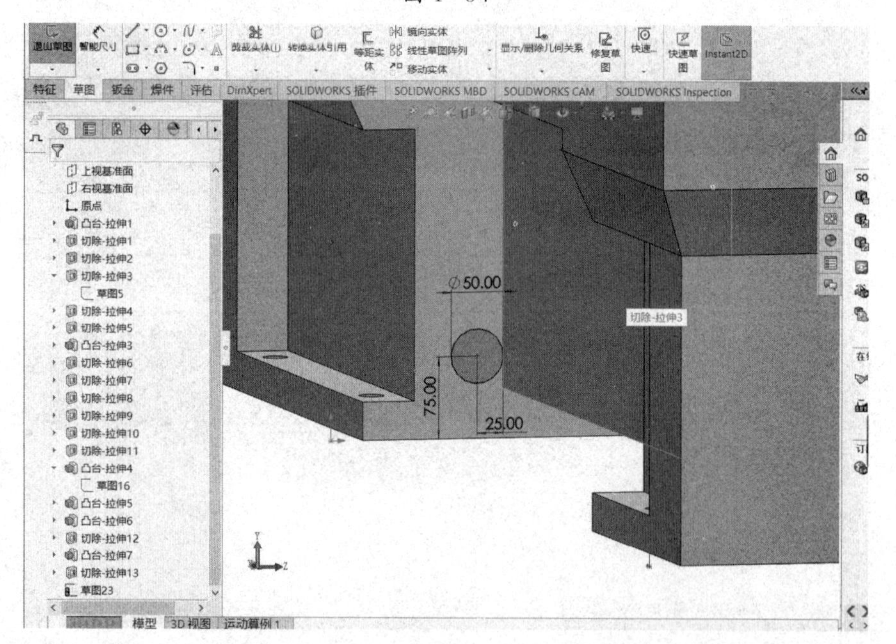
退出草图
智能尺寸
剪裁实体(T)
转换实体引用
等距实体
镜向实体
线性草图阵列
移动实体
显示/删除几何关系
修复草图
快速草图
Instant2D
特征 草图 钣金 焊件 评估 DimXpert SOLIDWORKS 插件 SOLIDWORKS MBD SOLIDWORKS CAM SOLIDWORKS Inspection
上视基准面
右视基准面
原点
凸台-拉伸1
切除-拉伸1
切除-拉伸2
切除-拉伸3
草图5
切除-拉伸4
切除-拉伸5
凸台-拉伸3
切除-拉伸6
切除-拉伸7
切除-拉伸8
切除-拉伸9
切除-拉伸10
切除-拉伸11
凸台-拉伸4
草图16
凸台-拉伸5
凸台-拉伸6
切除-拉伸12
凸台-拉伸7
切除-拉伸13
草图23
⌀50.00
75.00
25.00
切除-拉伸3
模型 3D 视图 运动算例 1

图 1-85

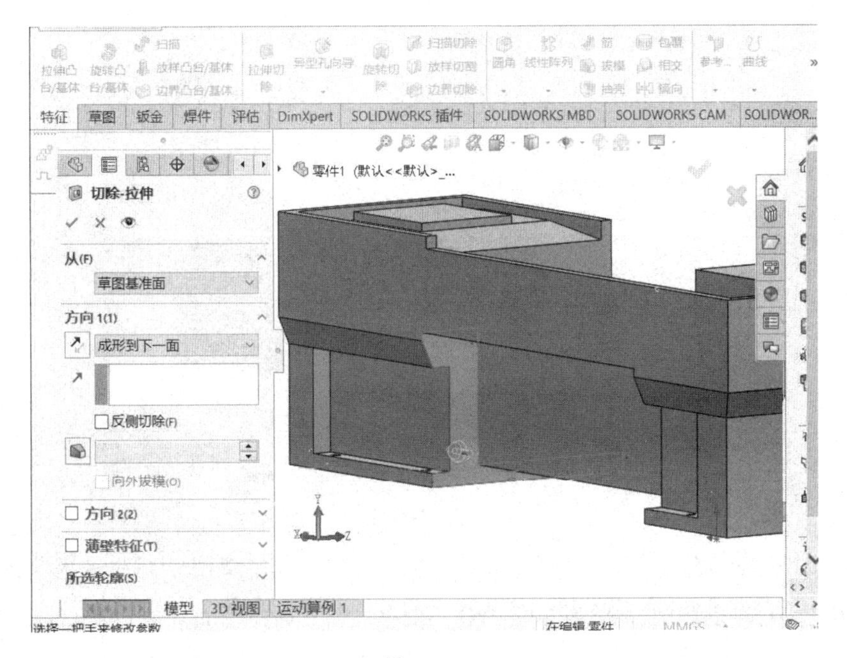

图 1-86

13.9 拉伸切除。选择图 1-87 所示面。点击草图绘制，绘制图 1-88 所示的圆，并标注，点击退出草图，，选择特征 特征，点击拉伸切除，选择给定深度，输入深度 20mm，点击。如图 1-89。

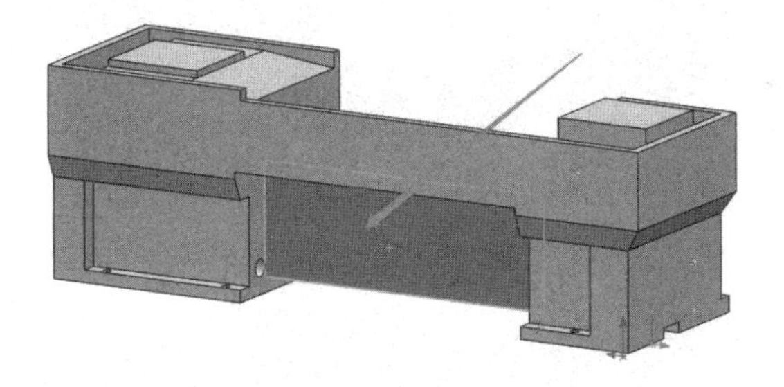

图 1-87

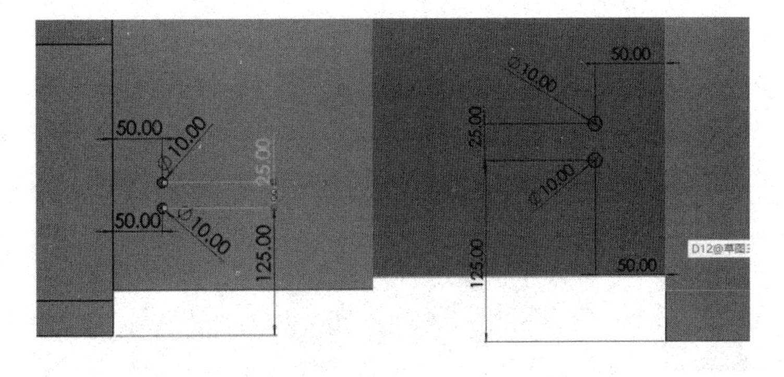

图 1-88

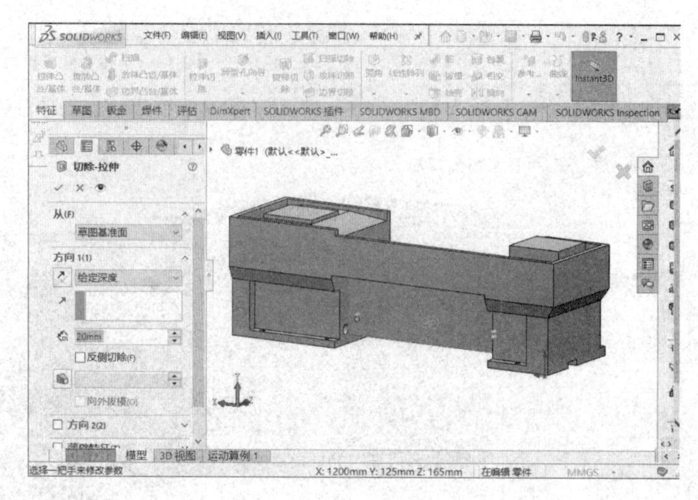

图 1-89

13.10 拉伸切除。点击图 1-90 圆孔所示位置，选择草图绘制，进入草图界面绘制图 1-91 所示草图，点击退出草图，选择特征 特征，点击拉伸切除，选择给定深度，输入深度 20mm，点击 ✔。如图 1-92。

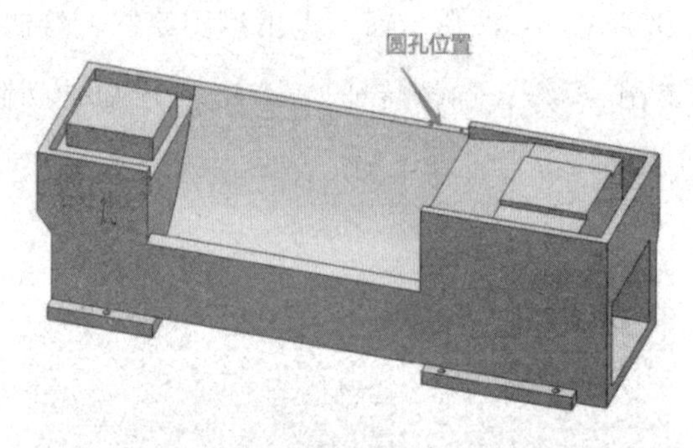

图 1-90

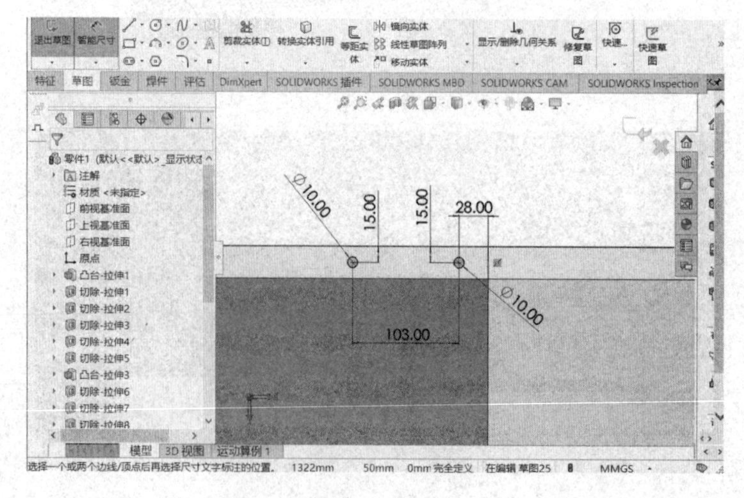

图 1-91

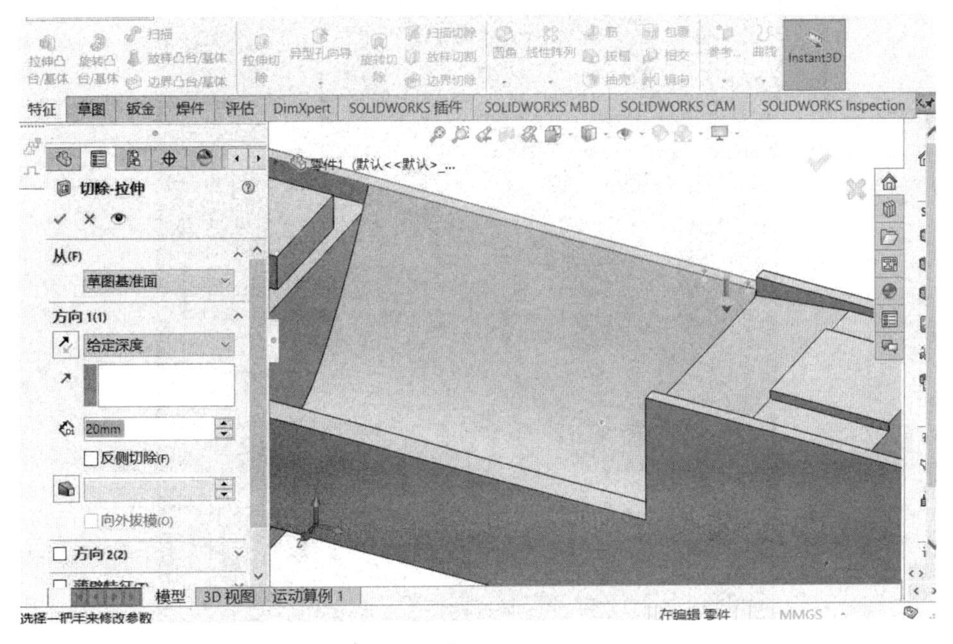

图 1−92

13.11 拉伸切除。如图 1−93 所示的面为基准面，选择草图绘制，进入草图界面绘制图 1−94 所示草图，点击退出草图，输入尺寸 10mm，点击✔。如图 1−95。

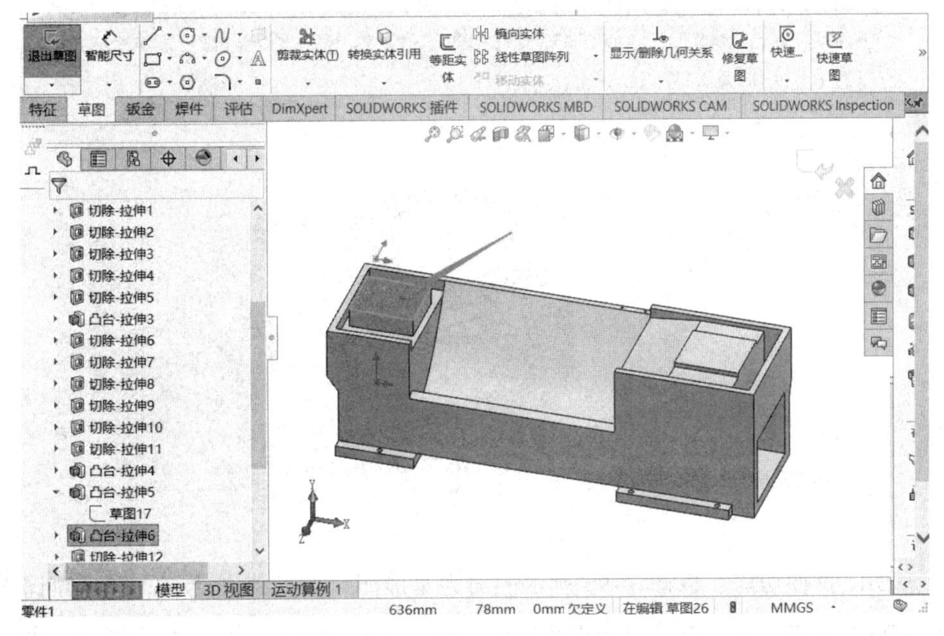

图 1−93

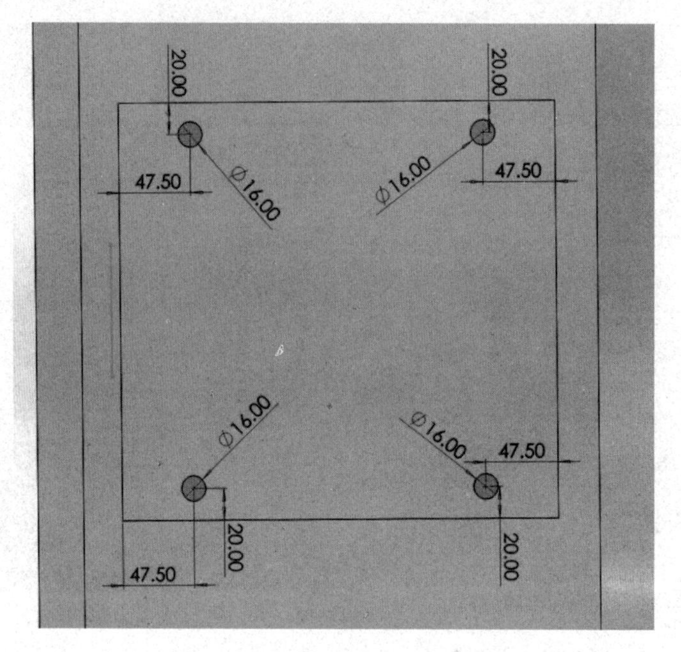

图 1-94

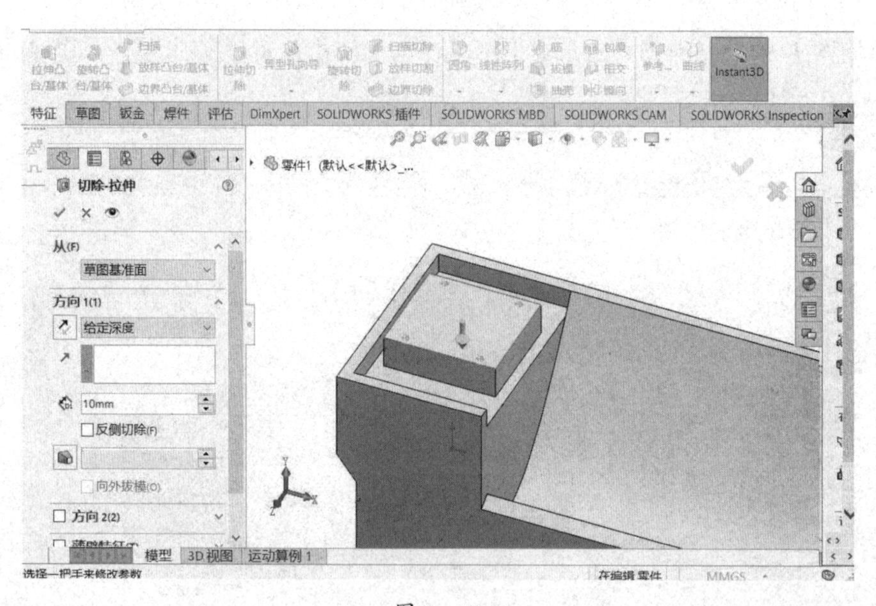

图 1-95

13.12 拉伸切除。以图 1-96 所示的面为基准面，选择草图绘制，进入草图界面绘制图 1-97 所示草图，点击退出草图，输入尺寸 10mm，点击 。如图 1-98。

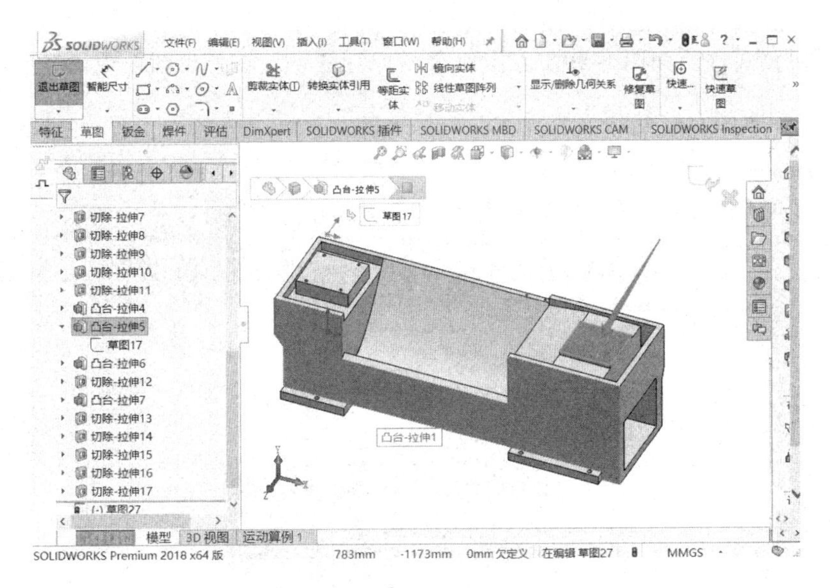

图 1−96

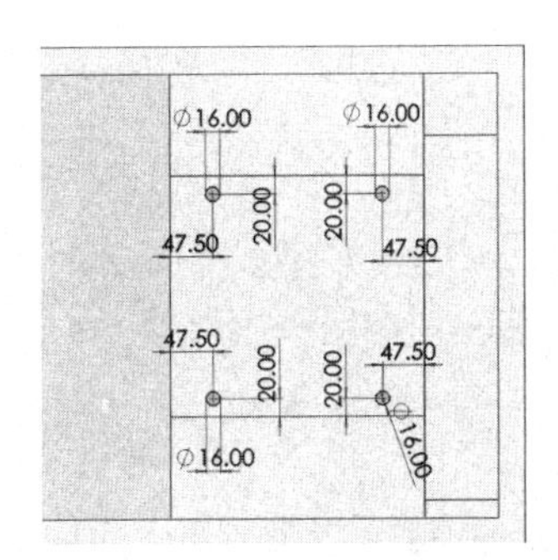

图 1−97

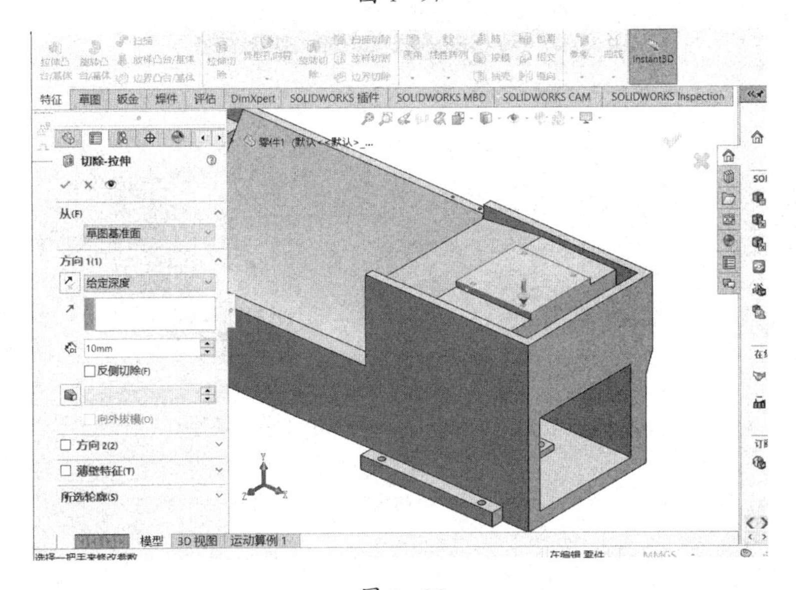

图 1−98

14保存文件。如图1-99，点击保存图标，在弹出图框中选择所需存放的文件夹，对零件进行改名，点击保存。如图1-100。

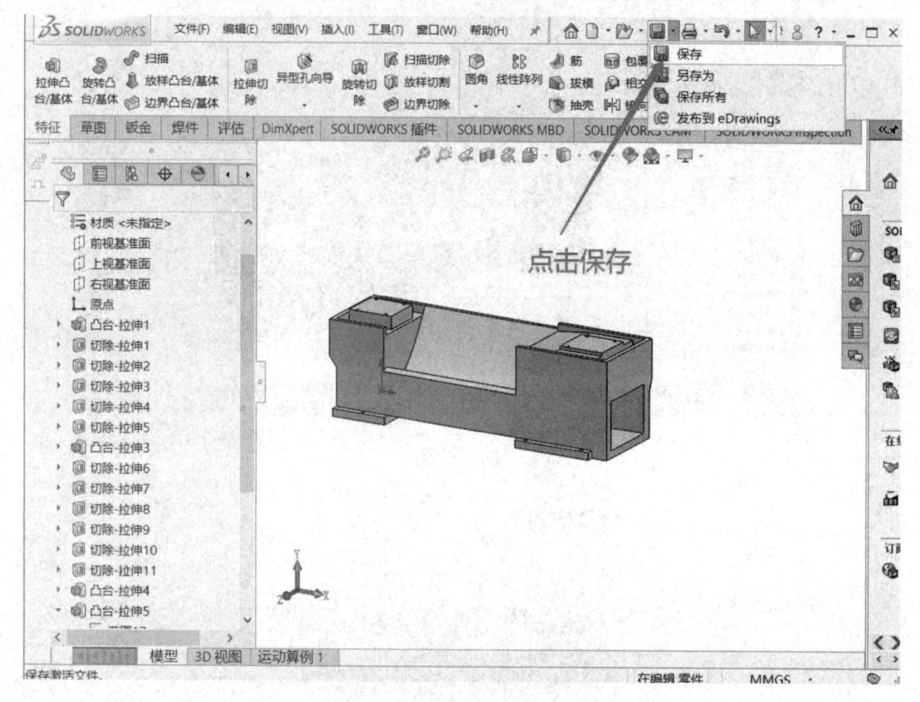

图 1-99

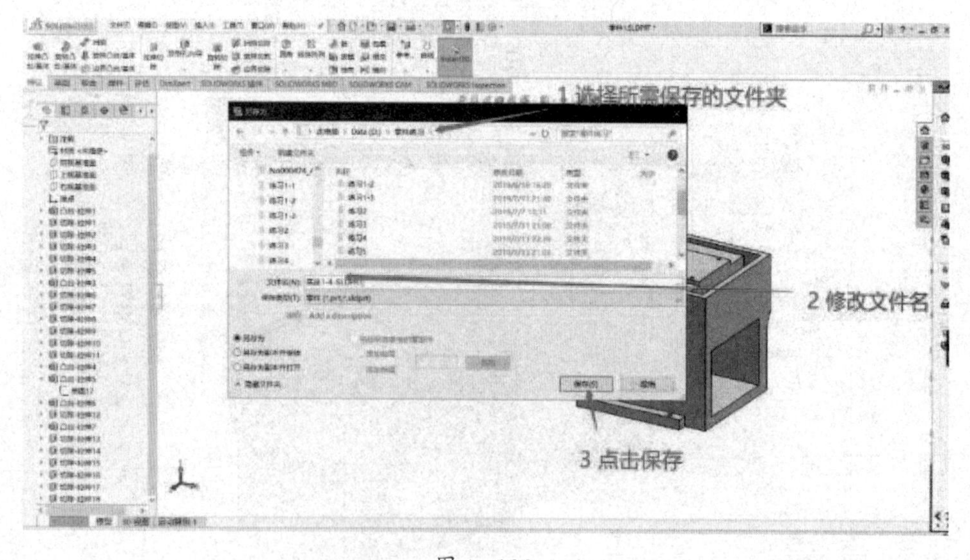

图 1-100

任务四　床身装配设计

一、任务概述。完成床身装配图如下图。

项目号	零件号	说明	数量
1	底座		1
2	工作台		1
3	挡板		1
4	垫脚		6
5	GB_HEXAGON_TYPE10B M24X2-N		6
6	螺丝		16
7	启动装置		1
8	丝杆固定器		1

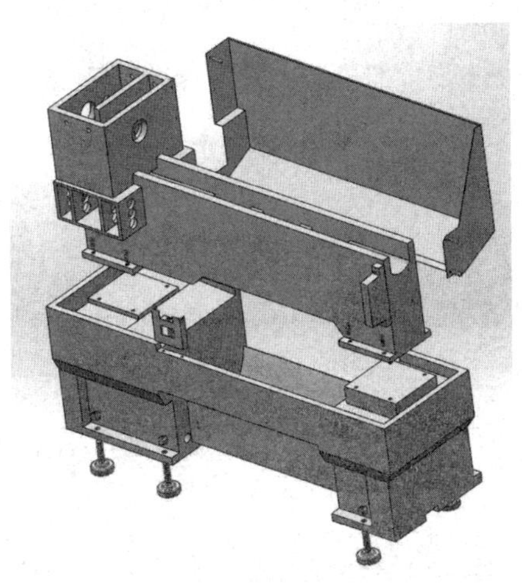

二、操作步骤。

1 新建装配体。选择 ，单击 确定 ，如图 2–1。

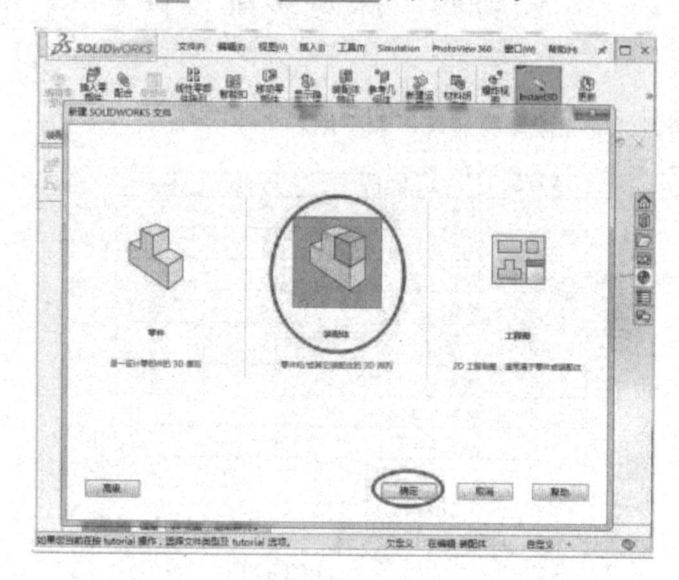

图 2－1

2 选择需装配的零件。单击 浏览(B)... ，在弹出的对话框中选择需要进行装配的零件“床身”，单击 打开 ，如图 2–2。

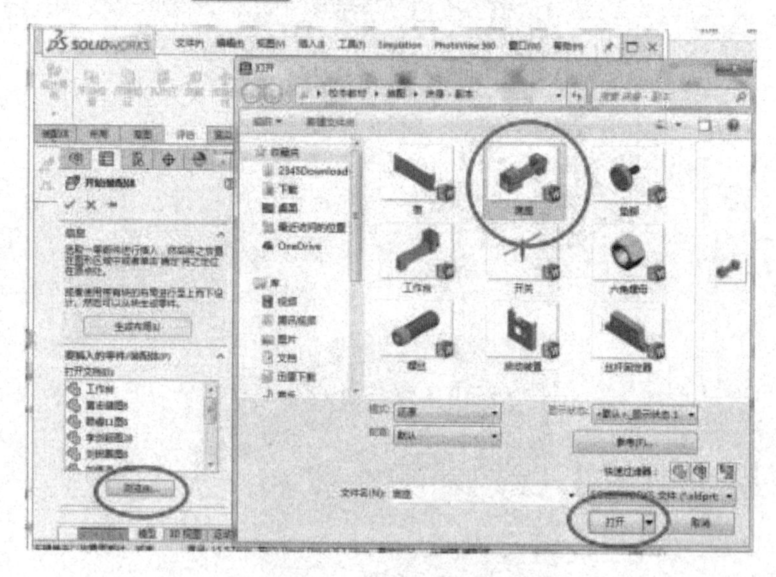

图 2－2

3.放置零件。在绘图区适当位置单击左键放置零件，或单击 ✓ 放置零件。如图 2–3。

单击左键，零件放置在点击鼠标的位置；单击 ✓ ，零件放置在坐标系原点位置！

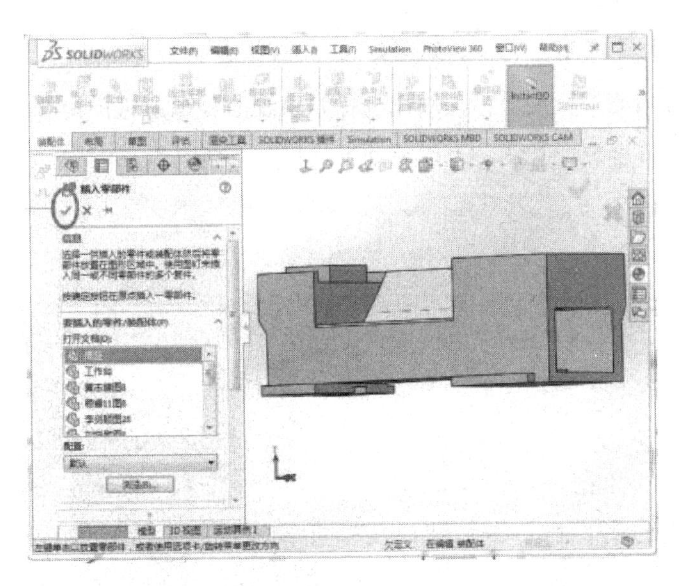

图 2-3

4 添加新零件。单击 ，在弹出的对话框中单击 ，在文件保存位置选择要添加的零件“底座”，单击 ，再在绘图区合适位置单击左键放置零件，如图 2-4。

第一个装配体默认是固定的！

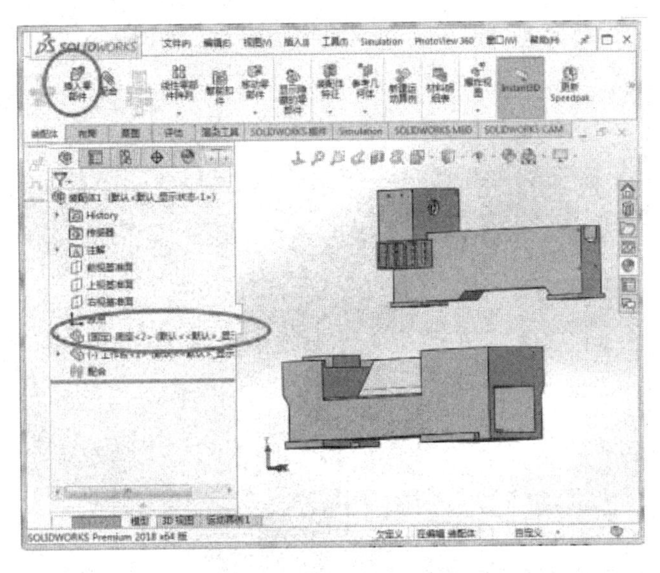

图 2-4

5 装配工作台。

5.1 添加装配关系-重合。单击 ，在弹出的对话框的“配合选择（S）”分别选择需要建立配合关系的零件 2 个配合面，在“标准配合（A）”下选择“重合”，单击，完成重合配合，如图2-5。

标准配合项的配合关系一般不用选择，系统会根据所选的配合特征自动匹配，如自动匹配不符合装配意图，也可手动更改！

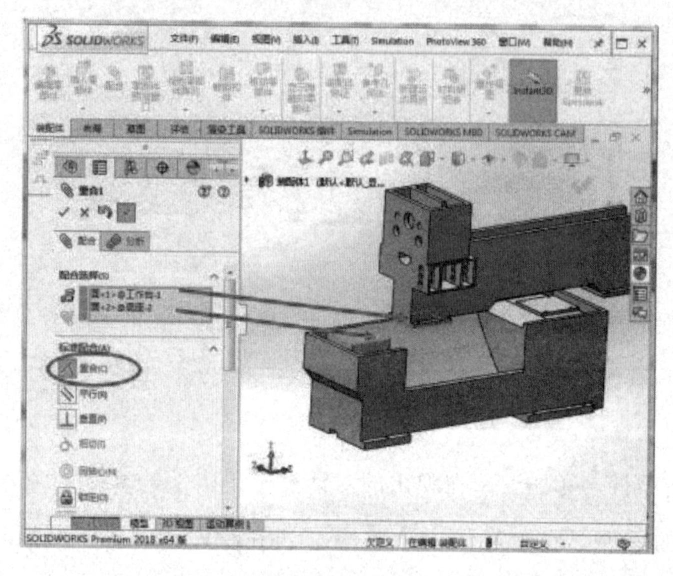

图 2-5

5.2 添加装配关系-同轴心。选择工作台边上的一个螺纹孔和底座的一个螺纹孔的内圆面作为配合面，单击，完成同轴心配合，如图2-6。

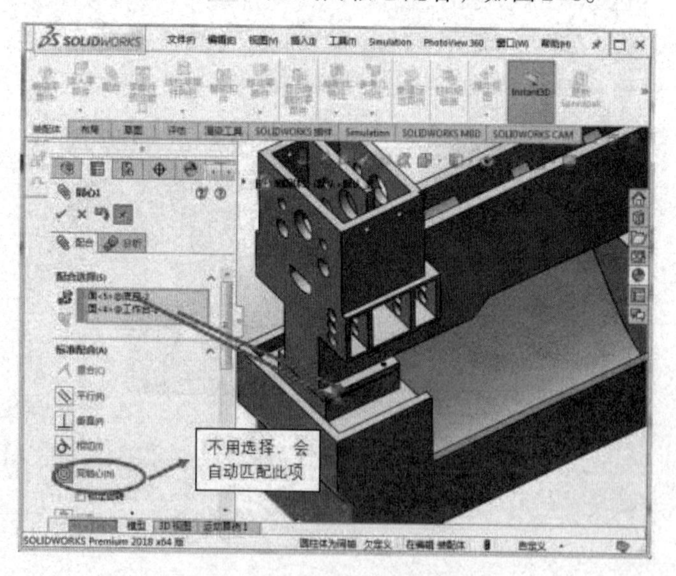

图 2-6

5.3 添加装配关系-重合。单击，在弹出的对话框的“配合选择（S）”分别选择需要建立配合关系的零件2个配合面，2次单击，完成工作台装配，如图

2–7。

完成装配后，下方的状态栏应显示为“完全定义”！

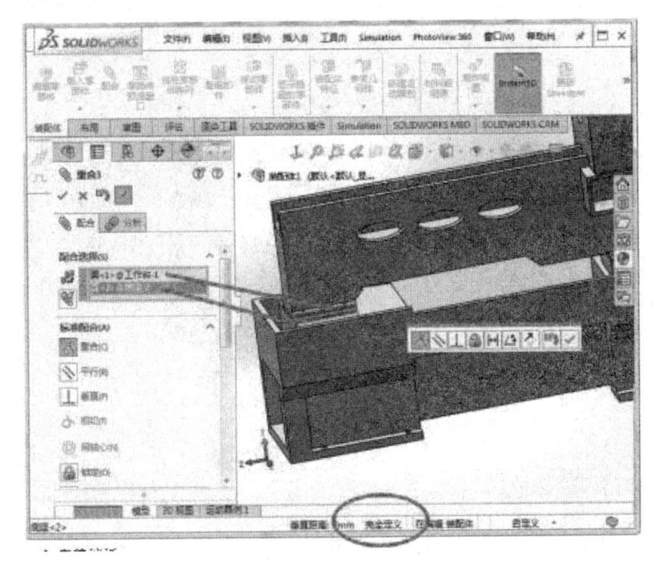

图 2–7

6 安装挡板。

6.1 添加挡板。单击，在弹出的对话框中单击 浏览(B)... ，在文件保存位置选择要添加的零件“挡板”，单击 打开 ，再在绘图区合适位置单击左键放置零件，如图 2–8。

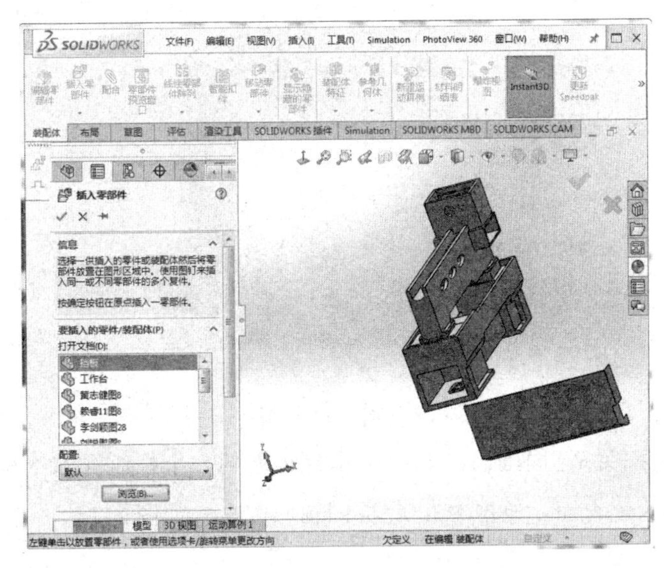

图 2–8

6.2 移动、旋转挡板。单击，选择 移动零部件 ，移动挡板，选择

旋转零部件 可以选择挡板，通过选择和移动，挡板移动到合适位置，如图2-9。

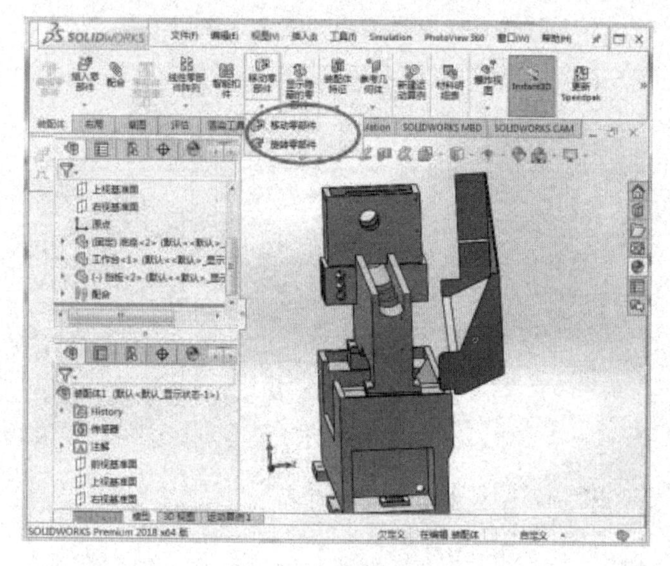

图 2-9

6.3添加装配关系-重合。单击配合，在弹出的对话框的“配合选择（S）”分别选择需要建立配合关系的零件2个配合面，单击✓，完成重合配合，如图2-10。

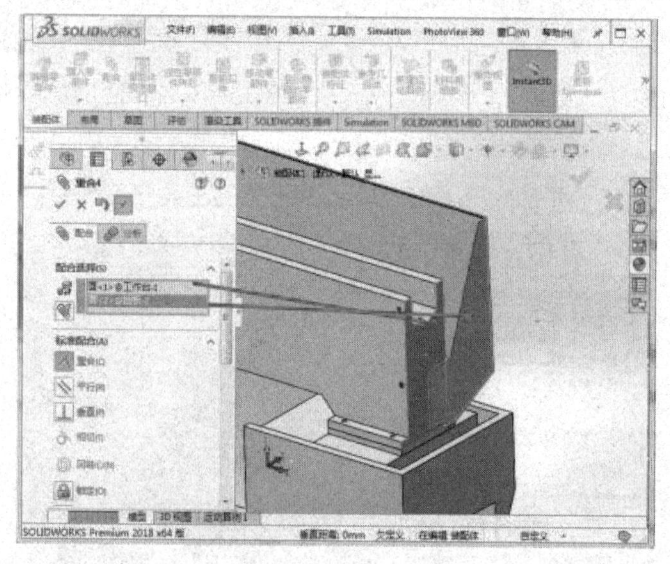

图 2-10

6.4添加装配关系-同轴心。选择工作台边上的一个螺纹孔和挡板的一个螺纹孔的内圆面作为配合面，单击✓，完成同轴心配合，如图2-11。

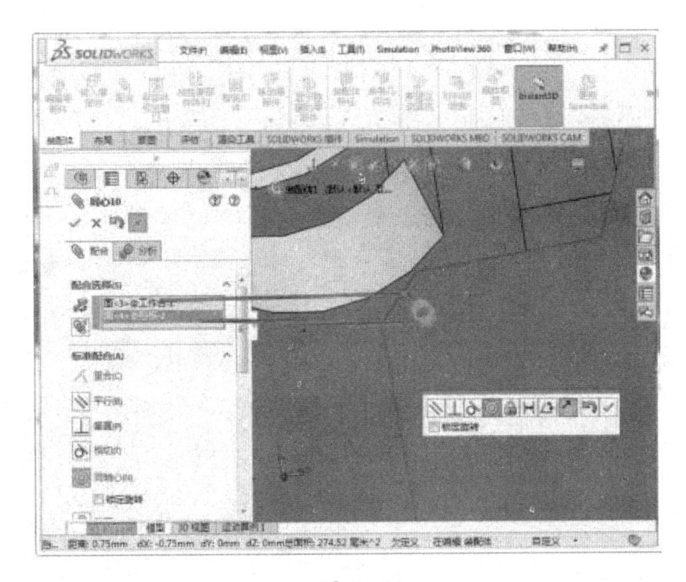

图 2－11

6.5添加装配关系–同轴心。依次完成另外三个螺纹孔的同轴心装配，如图2–12。

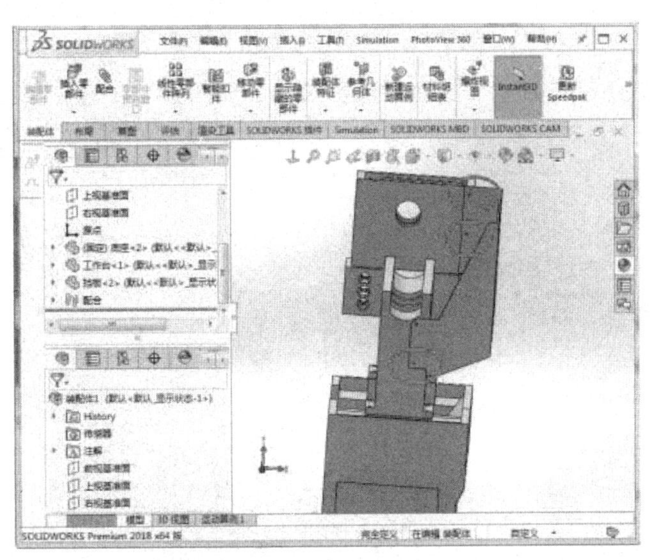

图 2－12

7添加零件。将其余需要装配的零件一次性添加完，单击，在弹出的对话框中单击 浏览(B)... ，在文件保存位置将要添加的5个零件全部选上，单击 打开 ，再在绘图区不同位置单击5次左键放置零件，如图2–13。

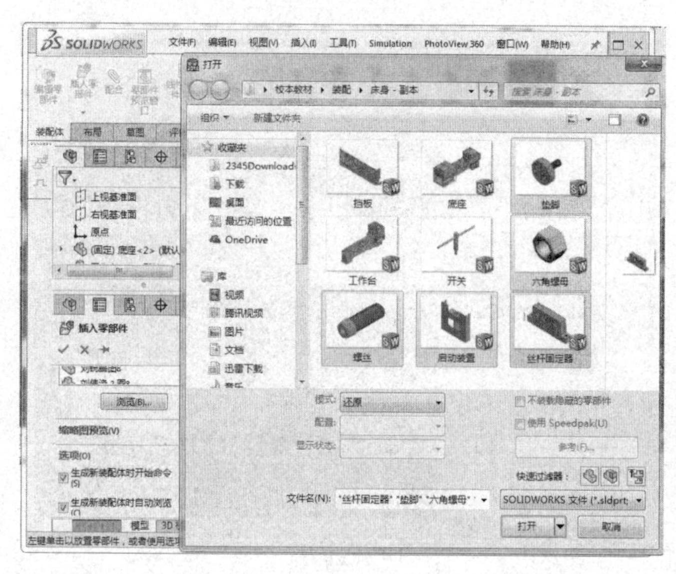

图 2-13

8 安装丝杆固定器。

8.1 添加装配关系-同轴心。现将丝杆固定器移动到合适位置，选择工作台正面的一个螺纹孔和丝杆固定器一个螺纹孔的边线作为配合圆，单击✓，完成同轴心配合，同样的方法完成另一个同轴心的装配，如图2-14。

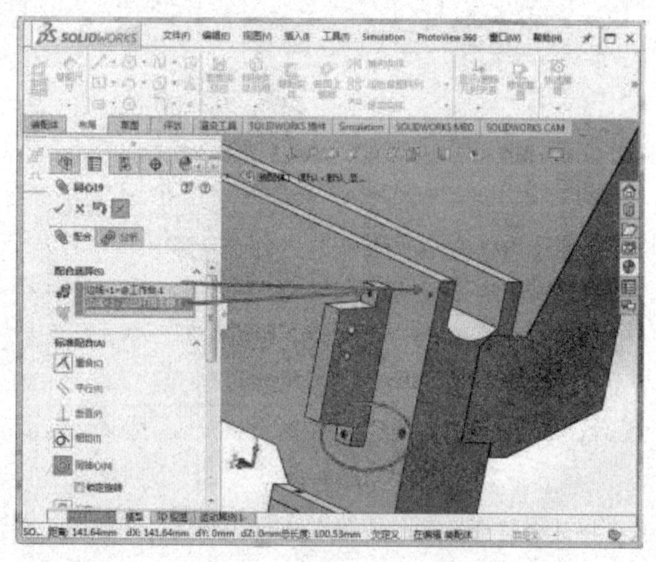

图 2-14

8.2添加装配关系-重合。继续选择需要建立配合关系的零件2个配合面，2次单击✓，完成丝杆固定器的装配，如图2-15。

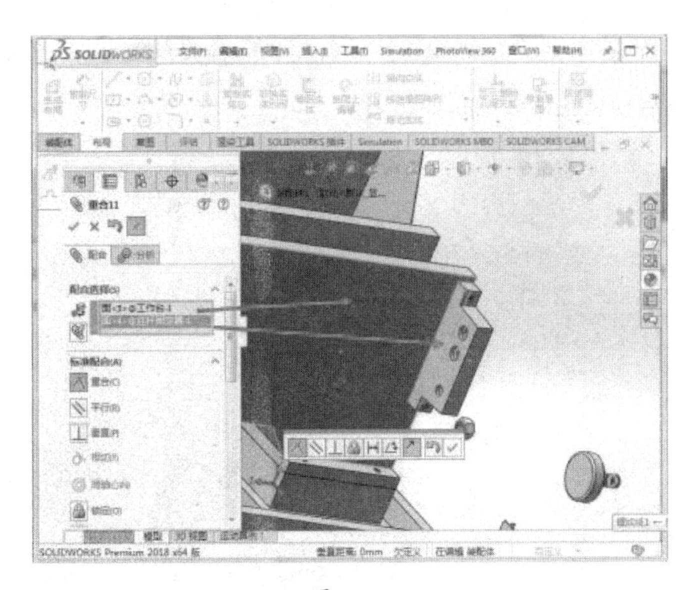

图 2-15

9 安装启动装置。

9.1 添加装配关系-同轴心。现将启动装置移动到合适位置，完成底座上 2 个螺丝孔位同启动装置对应孔位同轴心配合，如图 2-16。

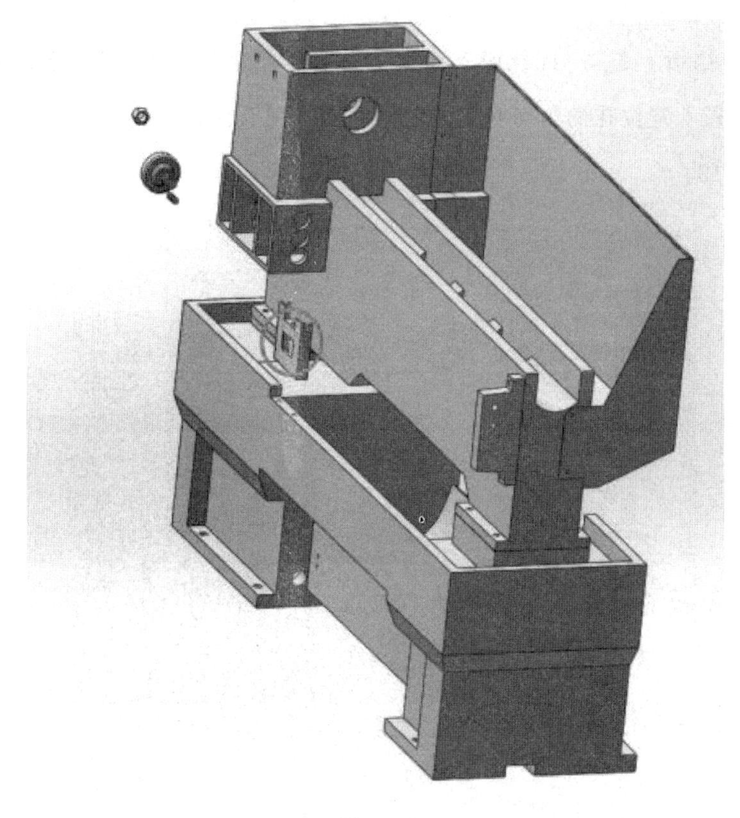

图 2-16

9.2 添加装配关系-重合。继续选择需要建立配合关系的零件2个配合面，2次单击✓，完成启动装置的装配，如图2-17。

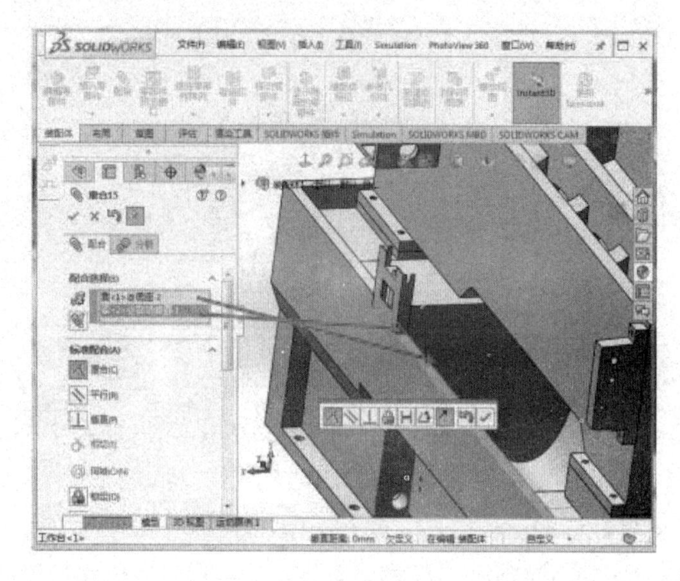

图 2-17

9 安装挡板螺丝。

9.1 安装挡板上的第1颗螺丝。添加“同轴心”配合，先将螺丝移动到合适位置，选择挡板上定位孔的内面和螺丝的外圆面为配合面，单击✓，完成同轴心配合，如图2-18。

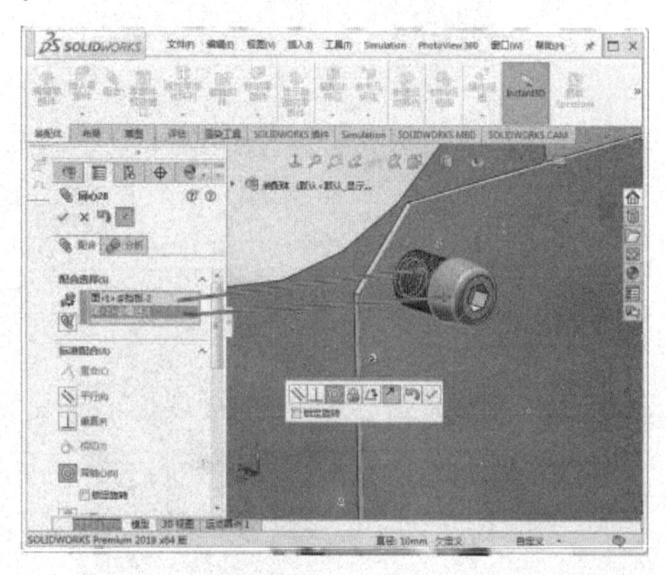

图 2-18

9.2 添加配合关系-重合。继续选择挡板的1个面和螺丝螺帽的1条边为配合对象,，2次单击 ✓ ，完成螺丝的装配，如图2-19。

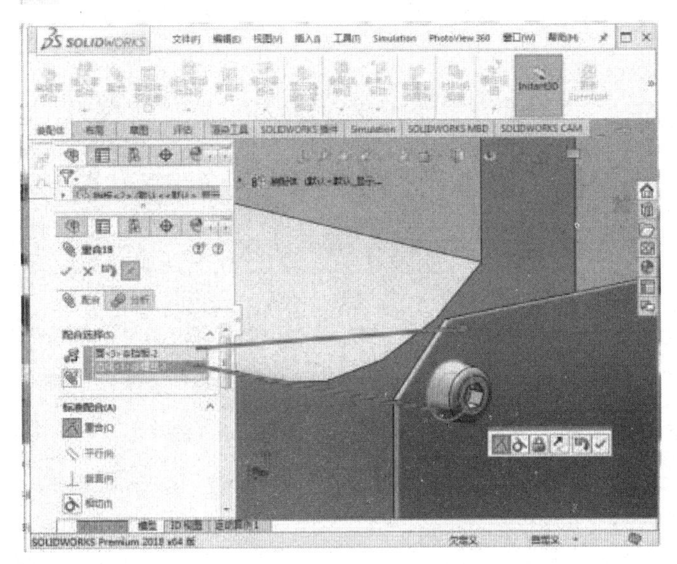

图 2-19

9.3 安装第2颗螺丝。单击 插入零部件，选择 随配合复制 ，如图2-20。

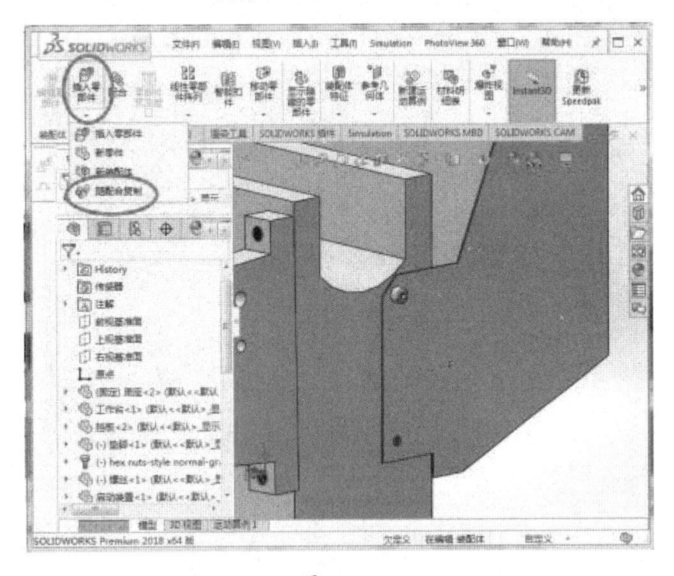

图 2-20

选择所要复制的零件，然后单击 下一步，如图2-21。

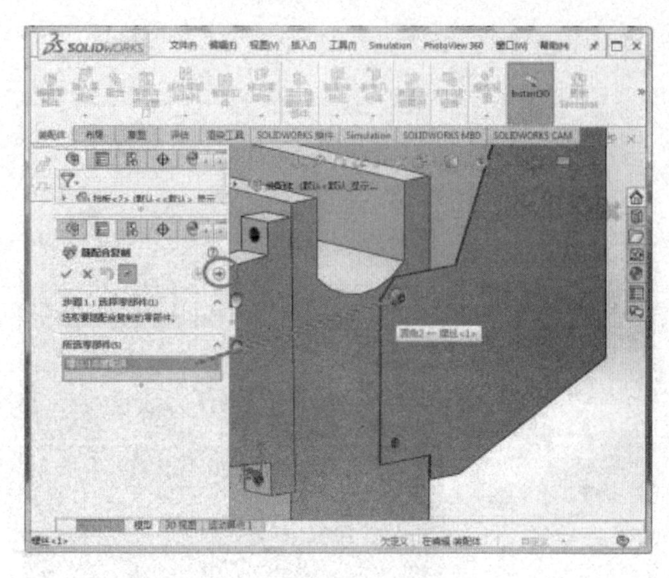

图 2–21

在弹出的对话框 配合(M) 同心28 选择挡板定位孔内圆柱面，如图2–22。

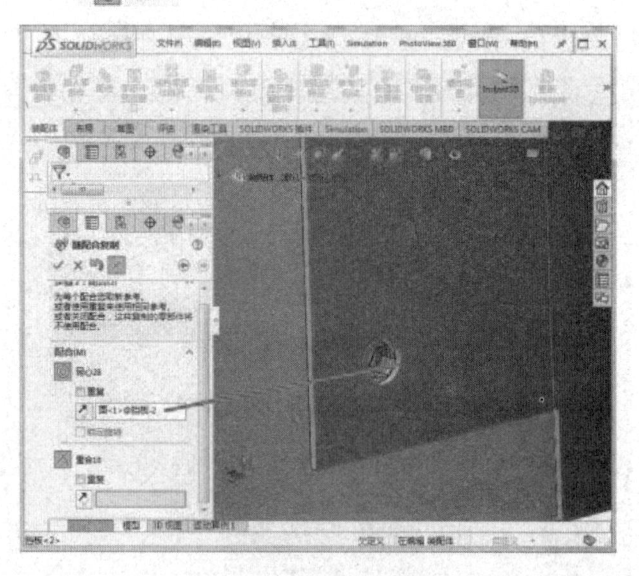

图 2–22

在 重合18 重复 处，勾选“重复”复选框，即与第1颗螺丝同样的面，完成后单击 ✖，完成第2课螺丝装配，同样方法完成挡板其余2颗螺丝安装，如图2–23。

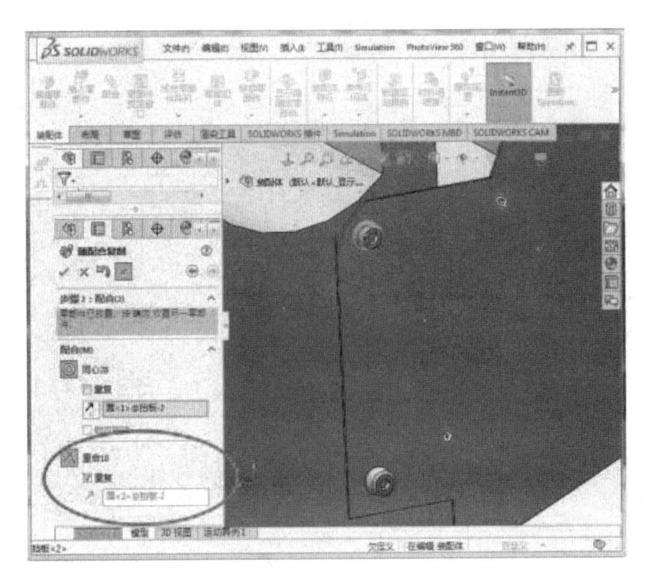

图 2−23

10 安装底座与工作台的固定螺丝。

10.1 安装第 1 颗螺丝。选择 随配合复制 ，如图 2−24。

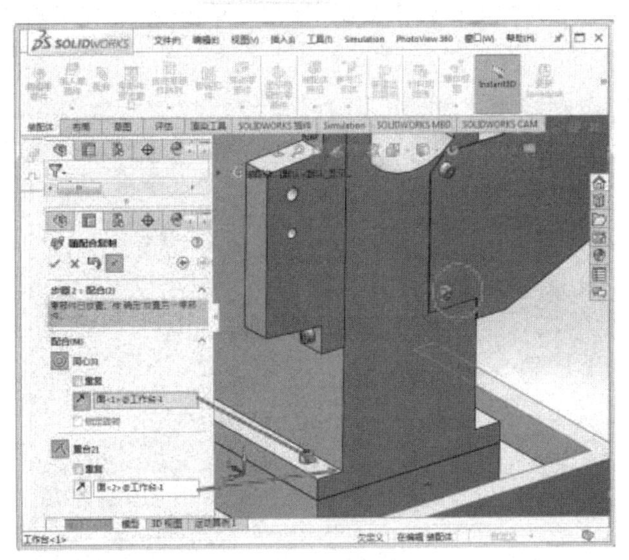

图 2−24

10.2 安装剩余 3 颗螺丝。选择 线性零部件阵列 ，在弹出的对话框中选择相应的条件并输入准确的距离 224 和 190，输入负责个数 2，单击 ✓ ，完成螺丝安装，如图 2−25。

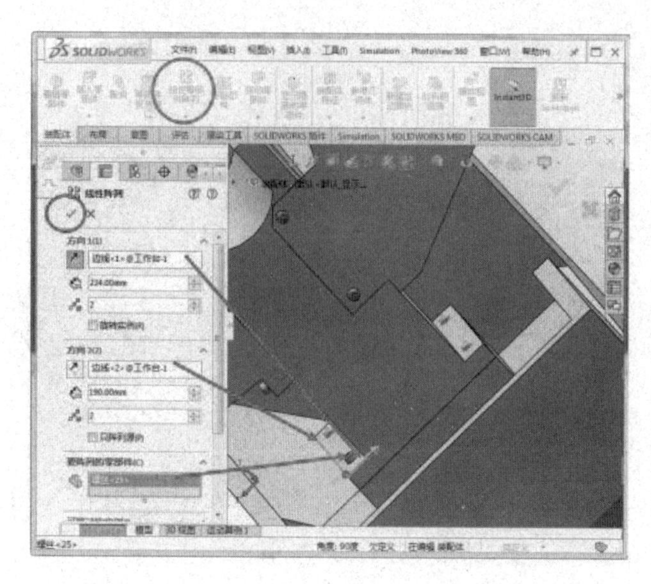

图 2-25

11.安装工作台另一端的定位螺丝。选择 线性零部件阵列，在弹出的对话框中选择相应的条件并输入准确的距离1445，输入复制个数2，单击 ✓ ，完成螺丝安装，如图2-26。

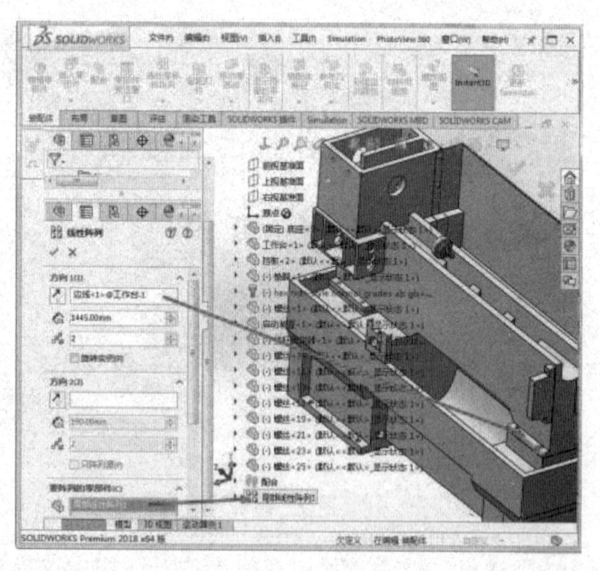

图 2-26

12.安装底座垫脚。

12.1 安装第1个垫脚。添加“同轴心”配合，先将垫脚移动到合适位置，选择底座上定位孔的内面和垫脚的外圆面为配合面，单击 ✓ ，完成同轴心配合，如图2-27。

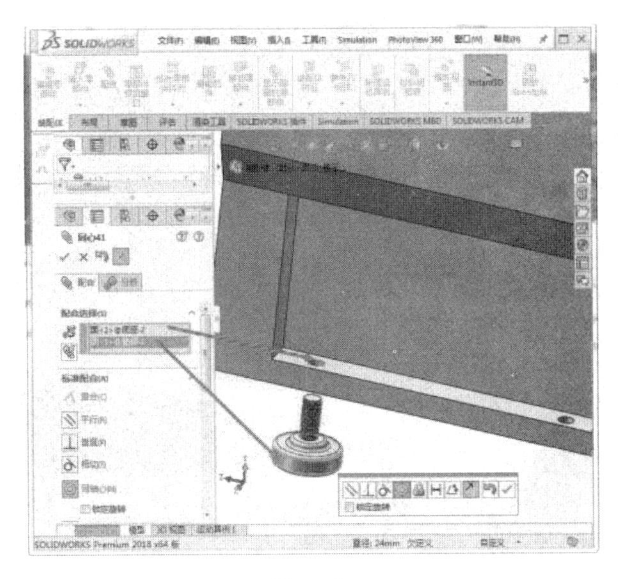

图 2-27

12.2 设置垫脚可调节范围。单击配合，在弹出的对话框选择 高级配合(D) ，再选择配合类型为距离，选择好配合面，在距离编辑框分别输入“0”和“40”，单击，完成距离配合，完成配合后，垫脚可在0–40的范围内调节，如图2-28。

高级配合一定要先选择配合类型，再选择配合面！

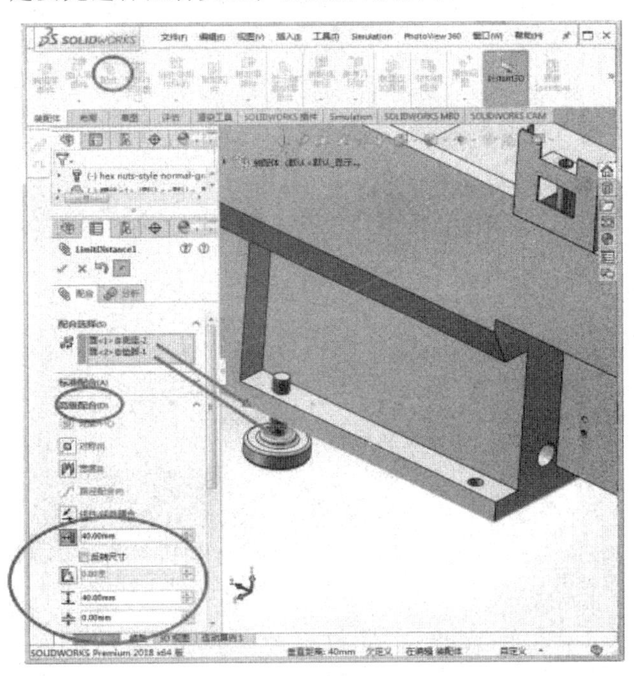

图 2-28

12.3 安装锁紧螺母。添加“同轴心”配合，如图2-29。

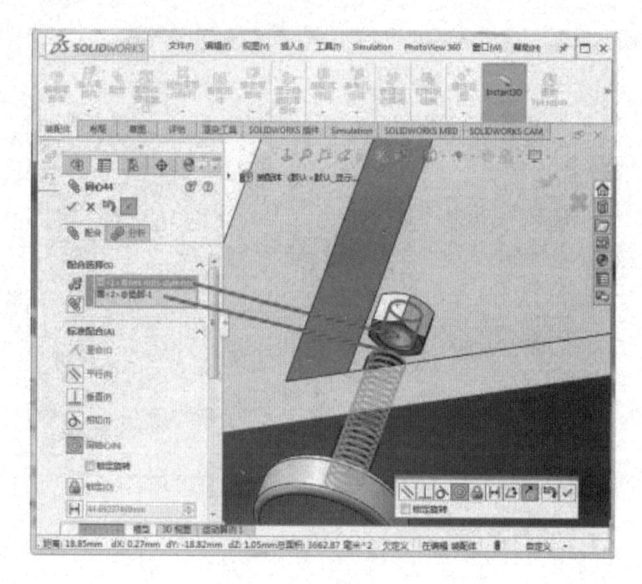

图 2-29

12.4 添加螺旋配合。对话框选择 机械配合(A) ，再选择配合类型为螺旋 螺旋(S) ，选择好配合面，单击 ，完成螺旋配合，如图2-30。

机械配合一定要先选择配合类型，再选择配合面！

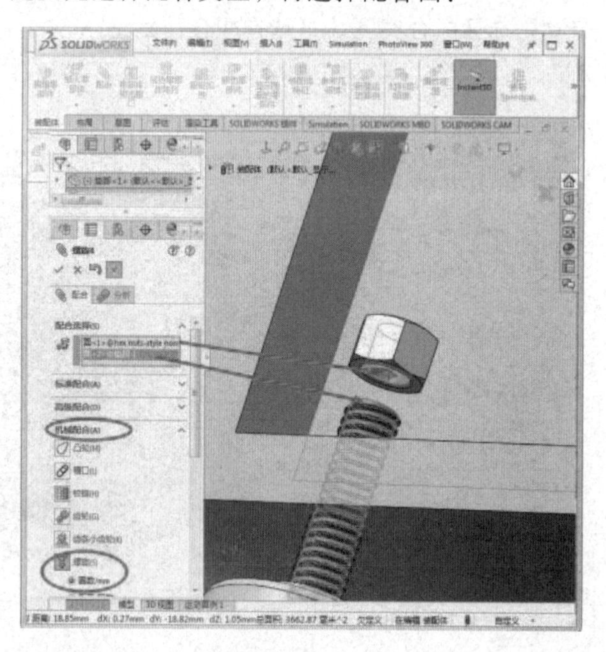

图 2-30

12.5添加配合关系-重合。选择配合面，2次单击 ，完成锁紧螺母装配，如图2-31。

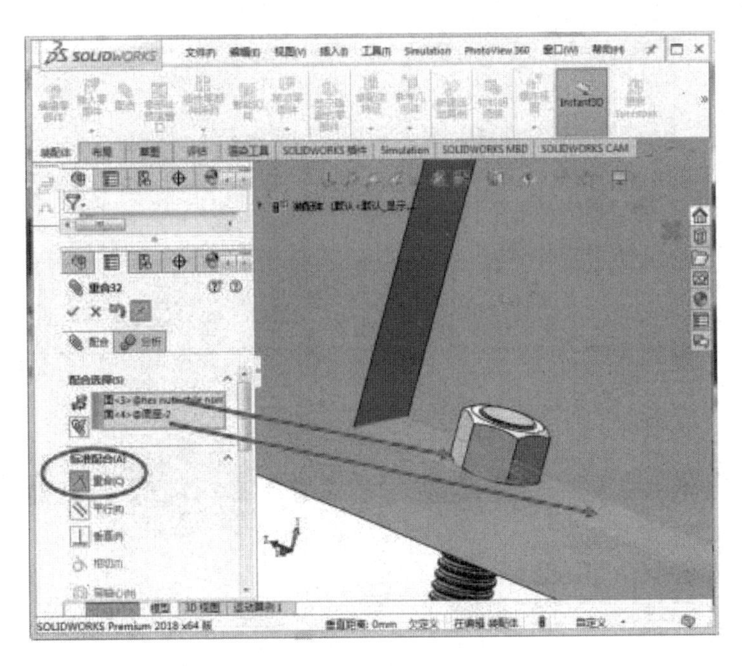

图 2-31

13.使用，完成主轴端剩余3个垫脚安装，距离为“380”和“520”，阵列数目为2个，如图2-32。

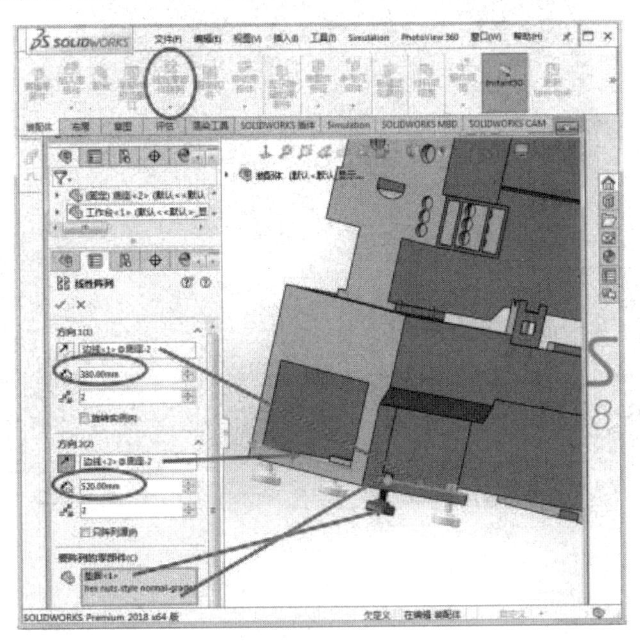

图 2-32

14 使用，完成尾架剩余2个垫脚安装，距离为“1120”，数目为2个，如图2-33。

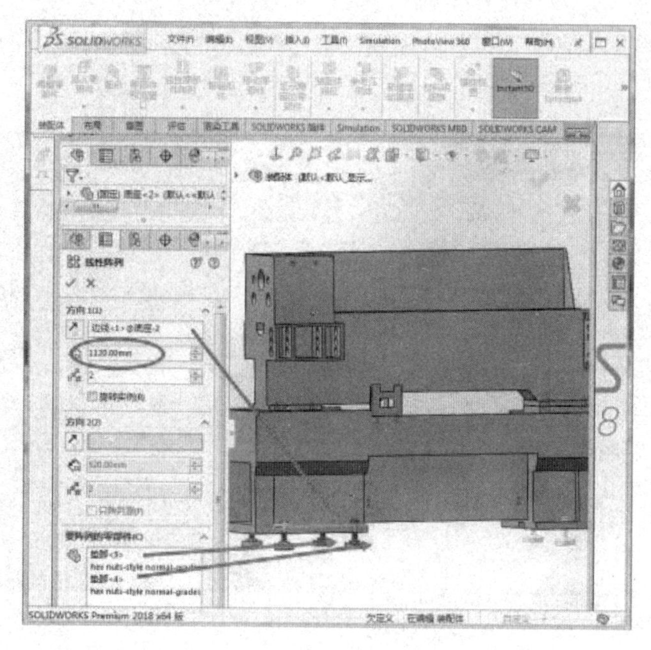

图 2-33

15 完成床身装配。如图 2-34。

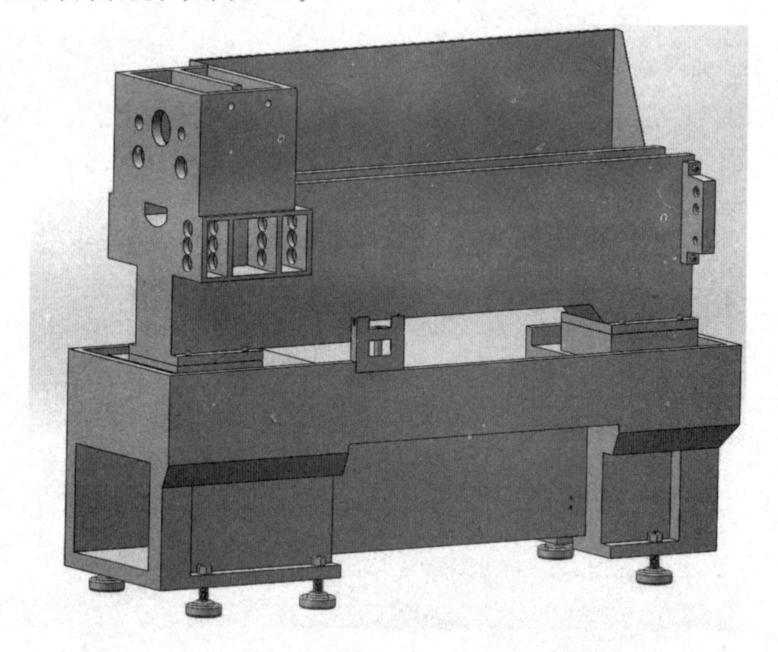

图 2-34

16 保存。

项目二之任务七　传动轴爆炸图设计

一、任务概述。完成传动轴的爆炸图设计如下图。

二、操作步骤。

1 单击 文件(F) 。在下拉菜单单击 打开(O)... ，找到传动轴装配文件，单击 打开 ，如图 7-1。

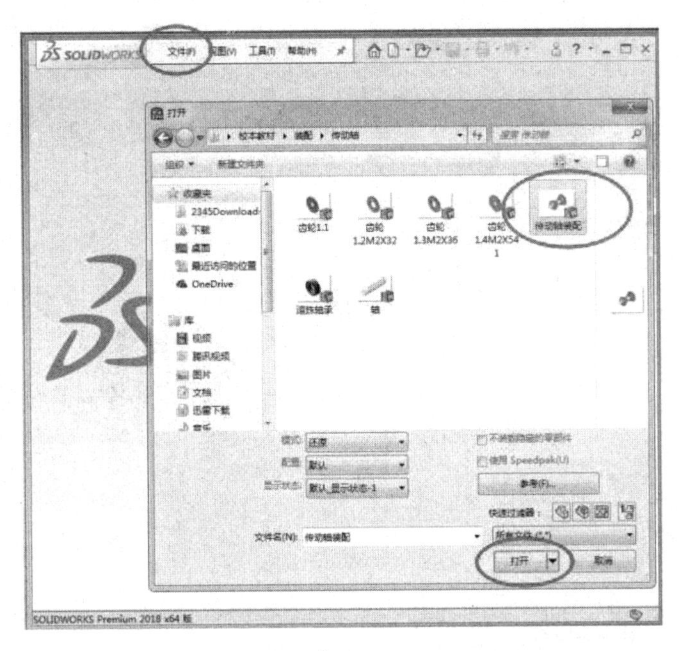

图 7-1

2 爆炸左侧滚珠轴承。单击“装配”工具栏中的“爆炸视图”按钮，在左边的对话框里选择爆炸步骤类型，选择左侧的滚珠，选择坐标系Z轴，设置爆炸距离为“200”（单击可改变爆炸方向），单击应用按钮，再单击完成按钮，如图 7-2。

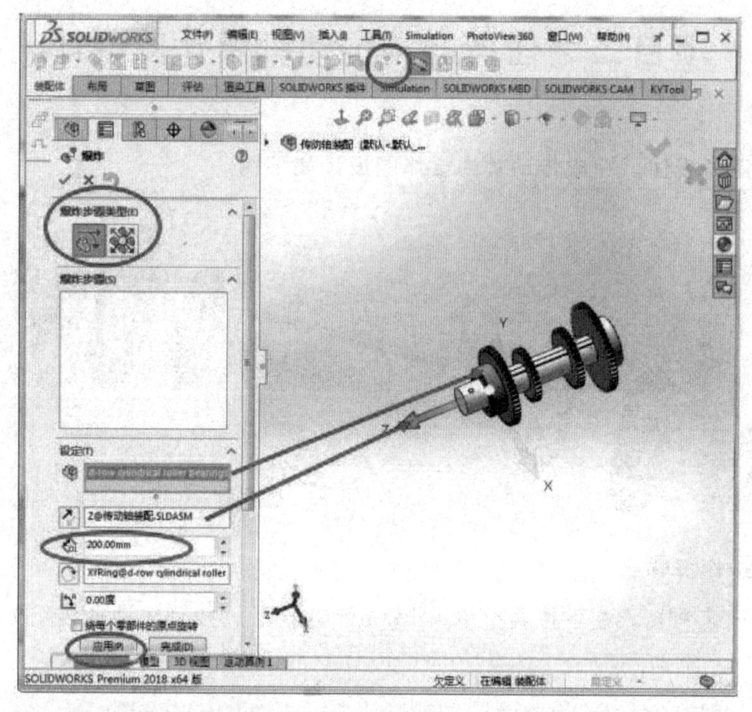

图 7-2

3 爆炸齿轮 1.1。选择齿轮 1.1,，选择坐标系 Z 轴，设置爆炸距离为“150”

（单击 ↗ 可改变爆炸方向），单击应用按钮，再单击完成按钮，如图 7–3。

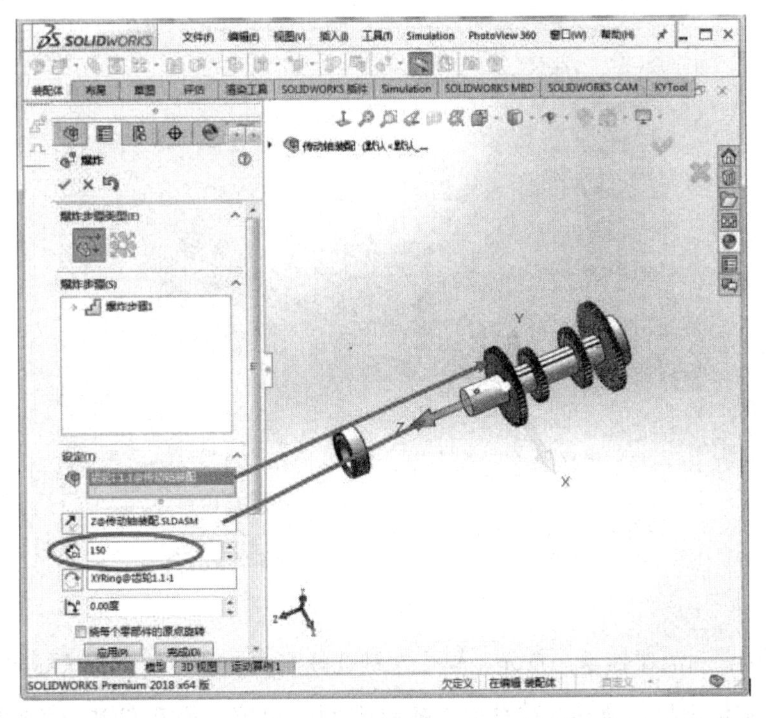

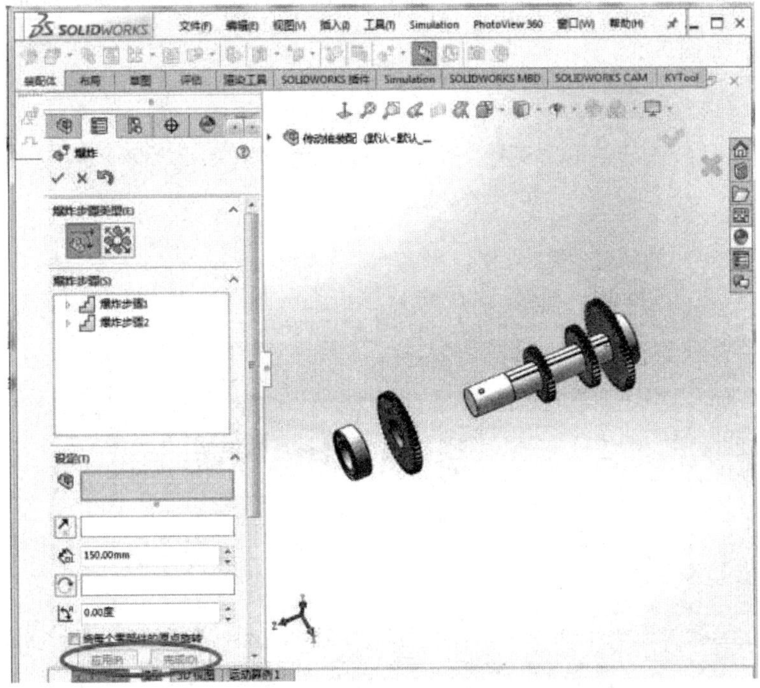

图 7−3

4 爆炸齿轮 1.2M。爆炸距离“120”，如图 7–4。

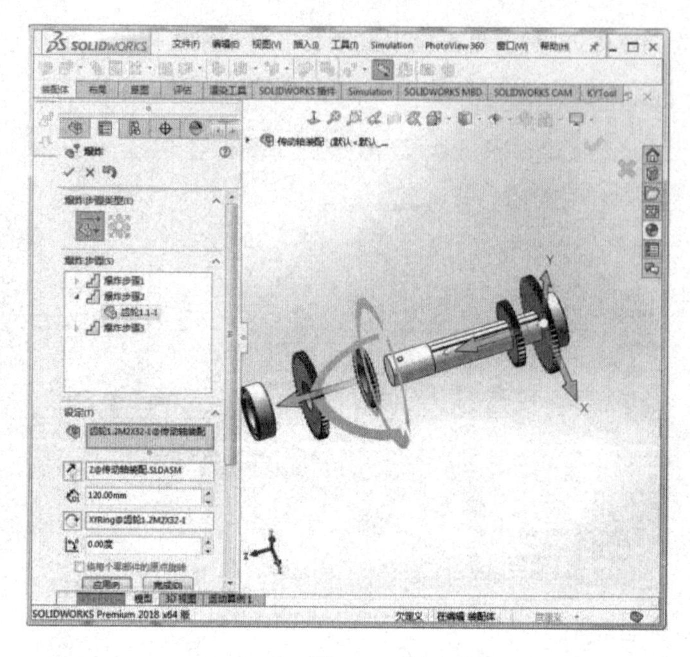

图 7-4

5 爆炸右侧滚珠轴承。首先，单击左键选择滚珠轴承，然后，鼠标放置在Z轴上，按住左键不放，拖动滚珠轴承，拖到“200”刻度，松开左键，完成右侧滚珠轴承爆炸。如图 7-5

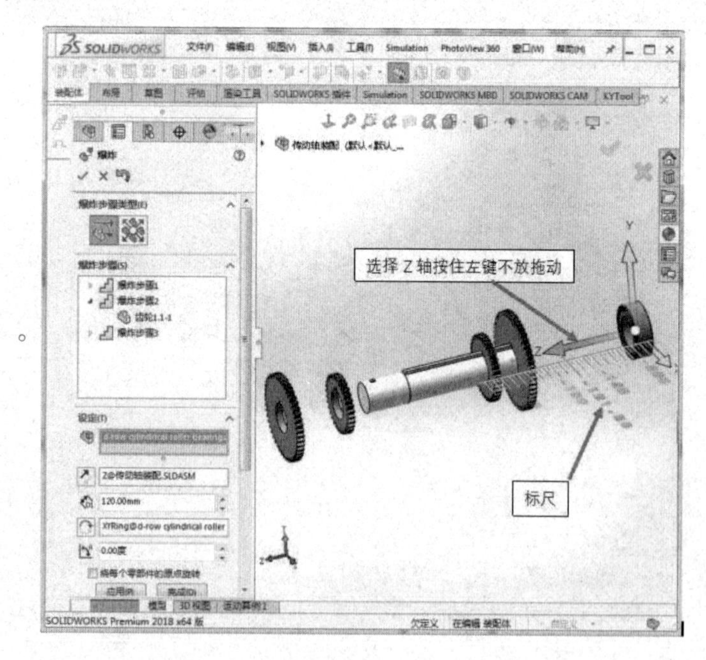

图 7-5

6 同样操作爆炸右边另外 2 个齿轮。单击 ✓ ，完成爆炸图设计，如图 7-6。

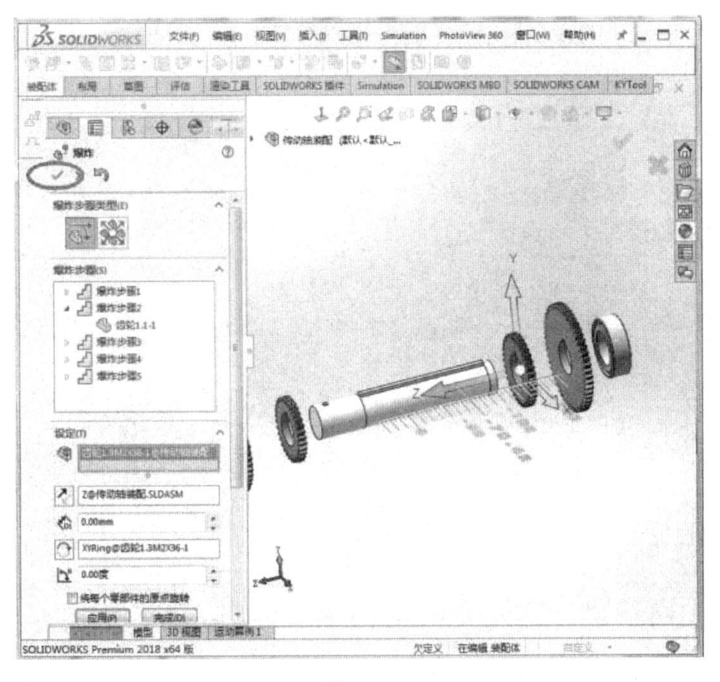

图 7-6

7 查看爆炸图。在左侧模型树上方选择 ，依次点击 传动轴装配 配置，默认［传动轴装配］左边的小三角型，右键单击 爆炸视图1 ，在弹出的对话框选择 爆炸(A) ，装配零件即按爆炸设计的路径炸开，如图 7-7。

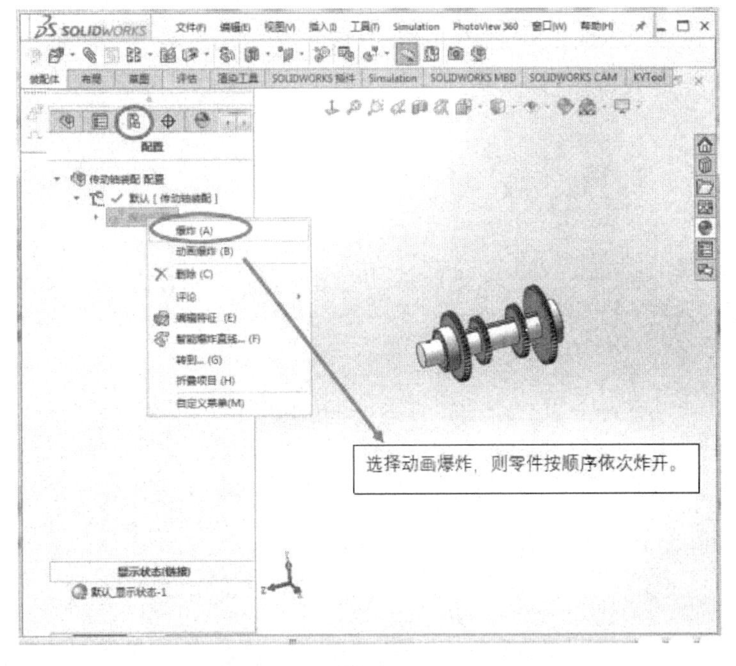

图 7-7

8 解除爆炸图。同样的操作，选择 解除爆炸 (A) ，即可恢复原装配位置，如图 7-8。

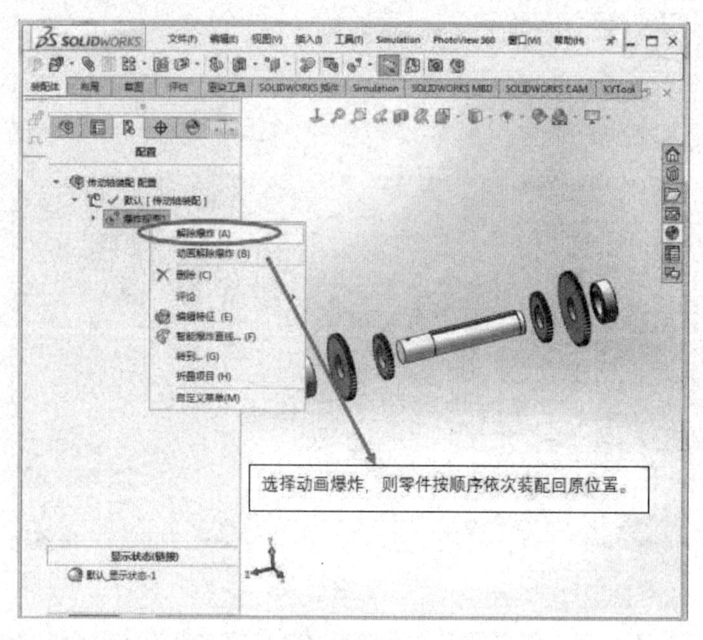

图 7-8

8 保存。

项目四之任务七 传动轴爆炸动画仿真

任务七　传动轴爆炸动画仿真

一、任务概述。完成传动轴的爆炸动画，其爆炸效果如下图。

二、操作步骤

1 打开装配好的传动轴。如图 1-1。必须要已经设计好爆炸图。

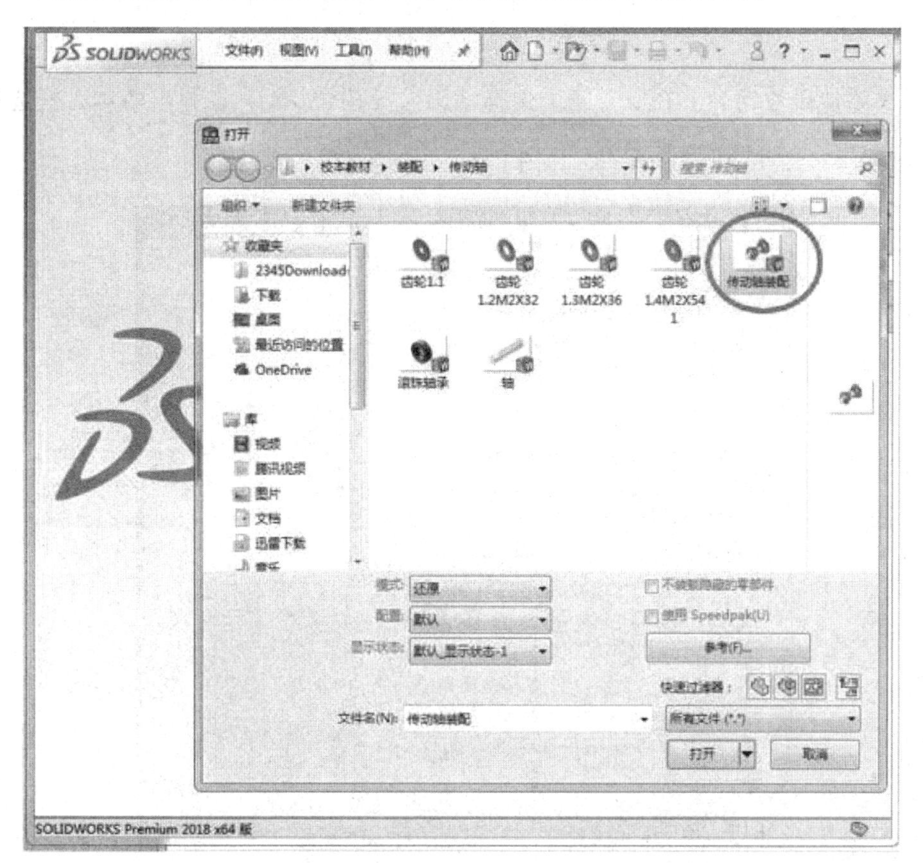

图 1-1

2 选择左下角的 动画 ▾ ，再选择类型为 运动算例1 ，如图1–2。

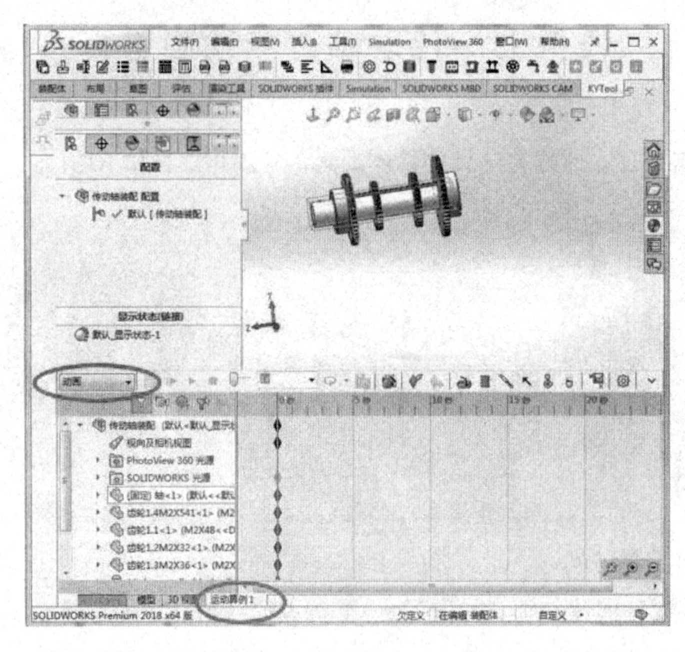

图 1–2

3 添加爆炸动画。在工具条上选择动画向导按钮，在弹出的对话框选择 ◉爆炸(E) ，单击 下一步(N) > ，如图1–3。

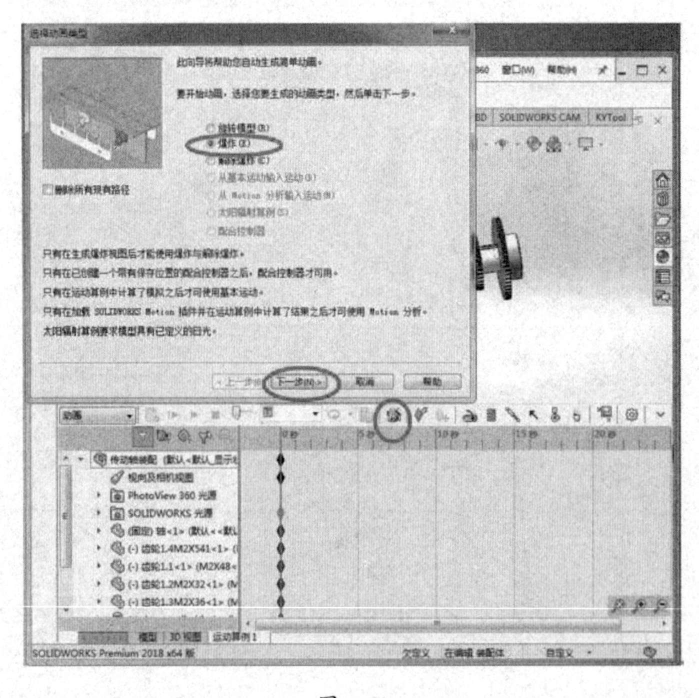

图 1–3

4 设置时间长度为“6”，开始时间为“0”，单击完成。如图图 1-4。

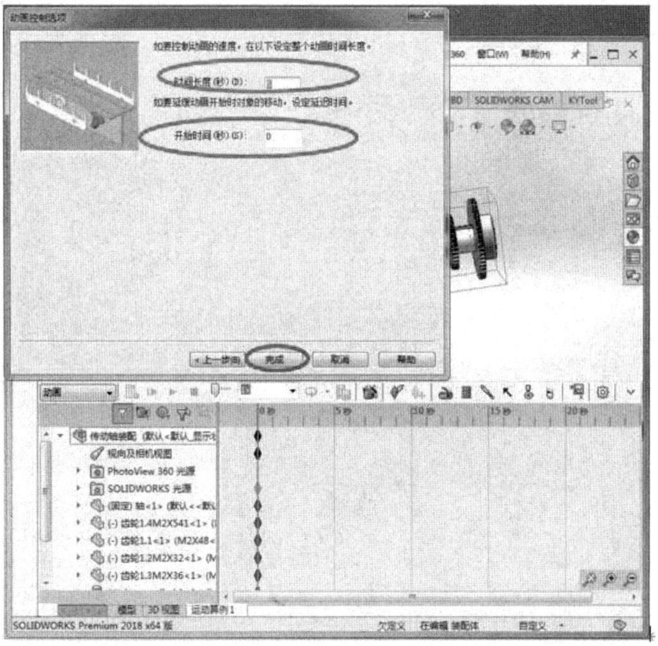

图 1-4

5 单击计算按钮 。零件即可按爆炸设计时的顺序依次炸开，时间为 6，如图 1-5。

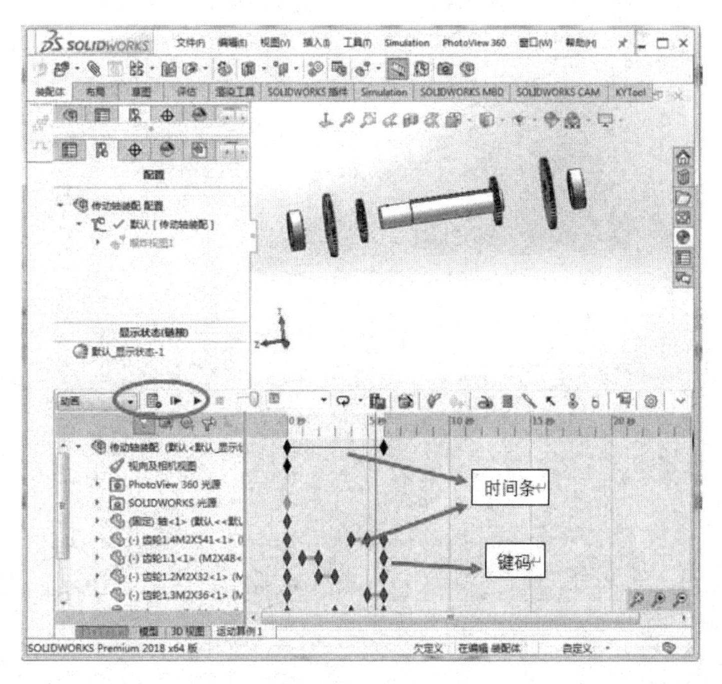

图 1-5

6 添加解除爆炸动画。在工具条上选择动画向导按钮，在弹出的对话框选择 解除爆炸(C)，单击 下一步(N) >，如图 1-6。

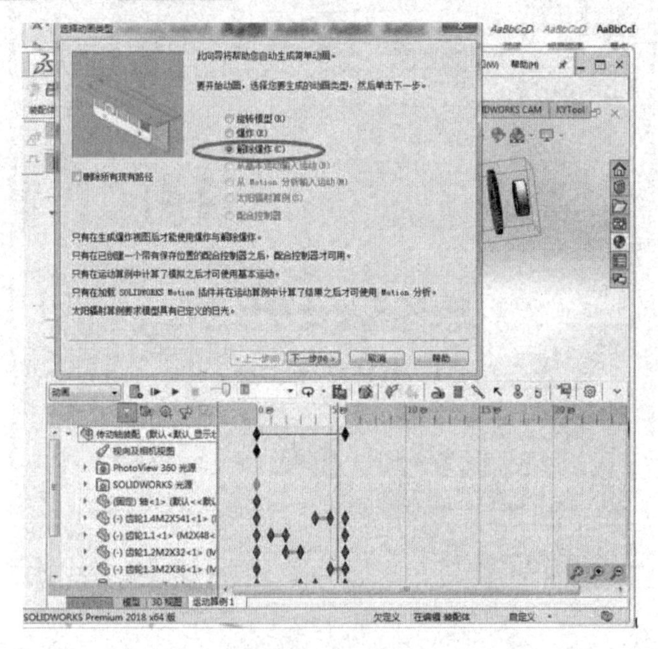

图 1-6

7 设置时间长度为“6”。开始时间为“6”，单击完成，如图 1-7。

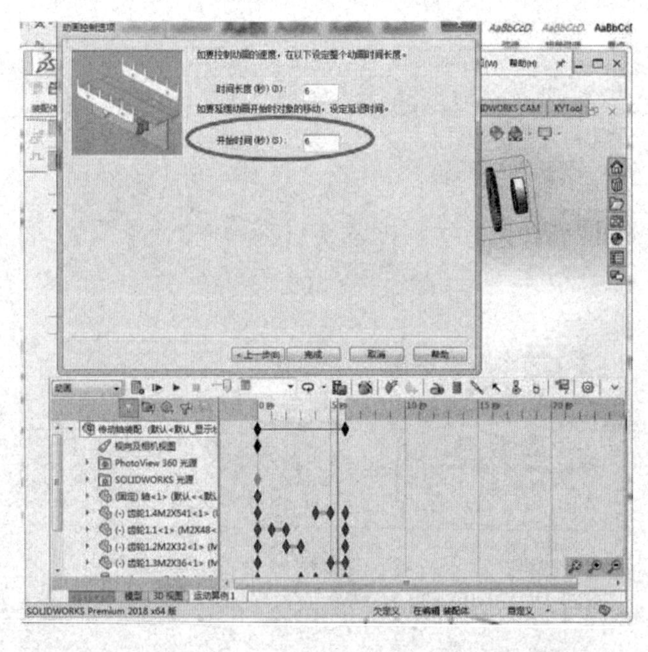

图 1-7

8 单击计算按钮。零件即可按爆炸设计时的顺序依次装配回原安装位置，时间为6，爆炸与解除爆炸总时长为“12”，其播放模式速度等在 操作，如图1-8。

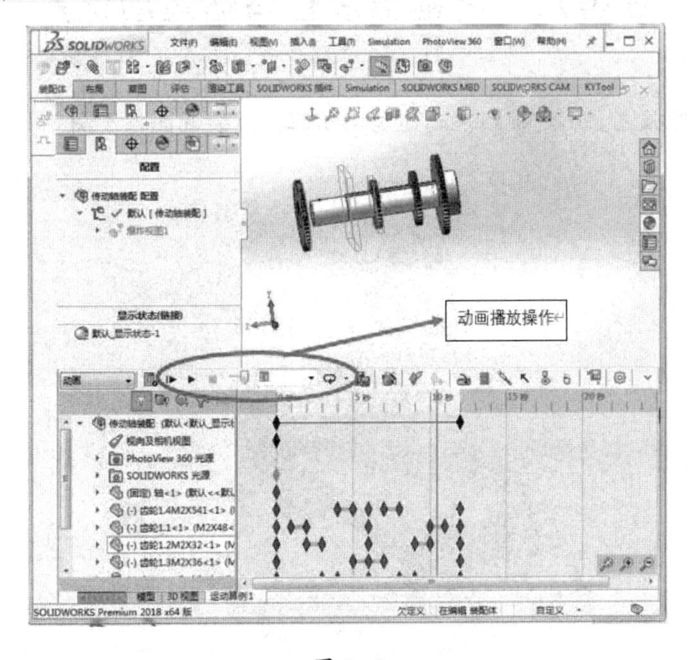

图 1-8

9 保存动画。单击 ，在弹出的对话框设置好参数和保存目录，点击 保存(S) 即可，如图图1-9。

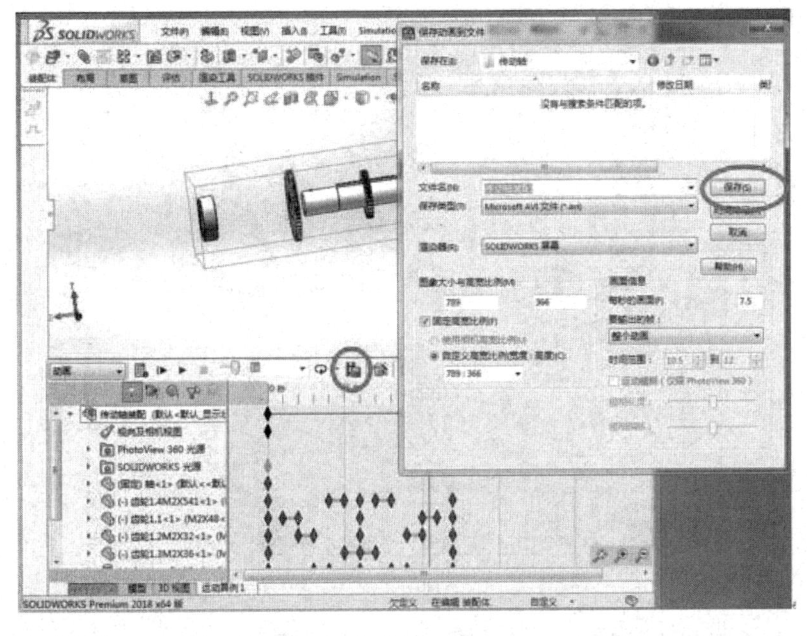

图 1-9

任务八　小拖板线性马达运动仿真

一、任务概述。小拖板线性马达运动仿真。其装配图如下图。

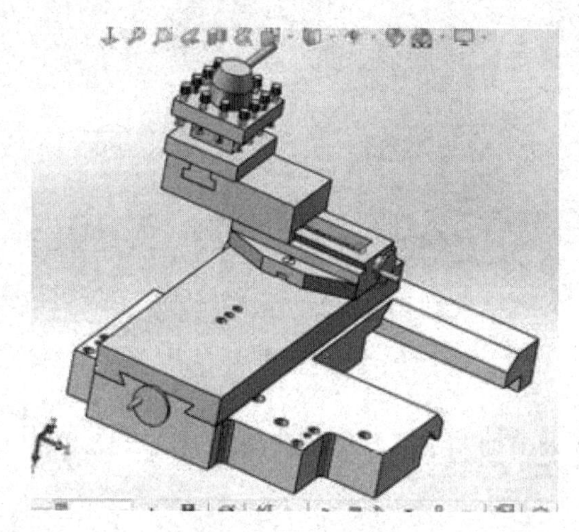

二、操作步骤。

1 打开装配好的中小拖板。如图 5-1。

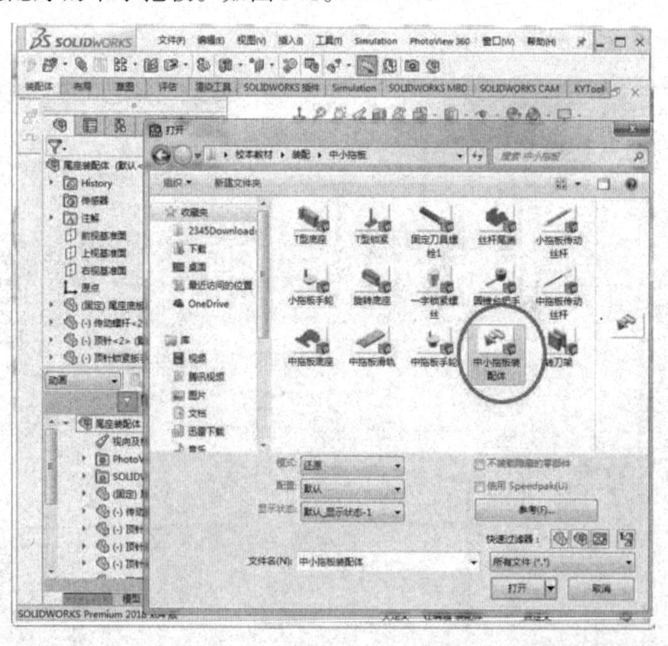

图 5-1

2 选择左下角的 动画 ，再选择类型为 运动算例1 ，如图 5-2。

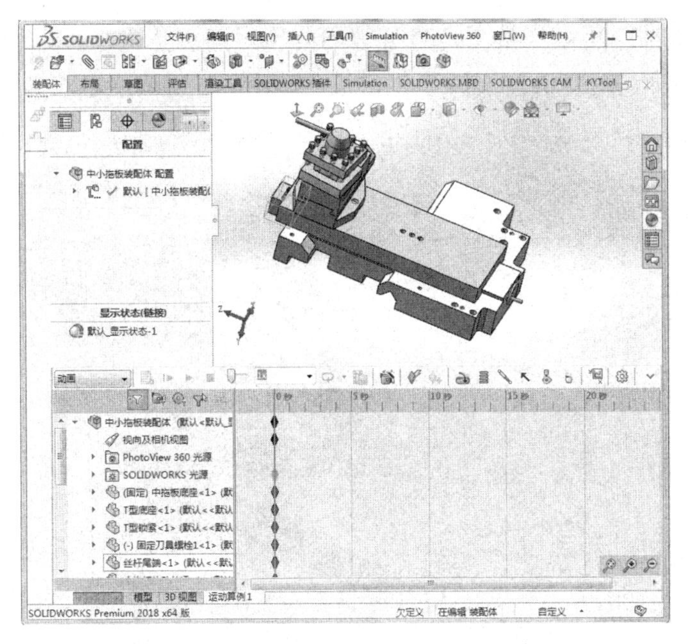

图 5-2

3 调整好模型方向。调整模型到便于观察的方位，将时间线调整到“0”秒位置，右键单击 视向及相机视图 在“0”秒位置的键码，在弹出对话框选择 替换键码(K) ，如图 5-3。

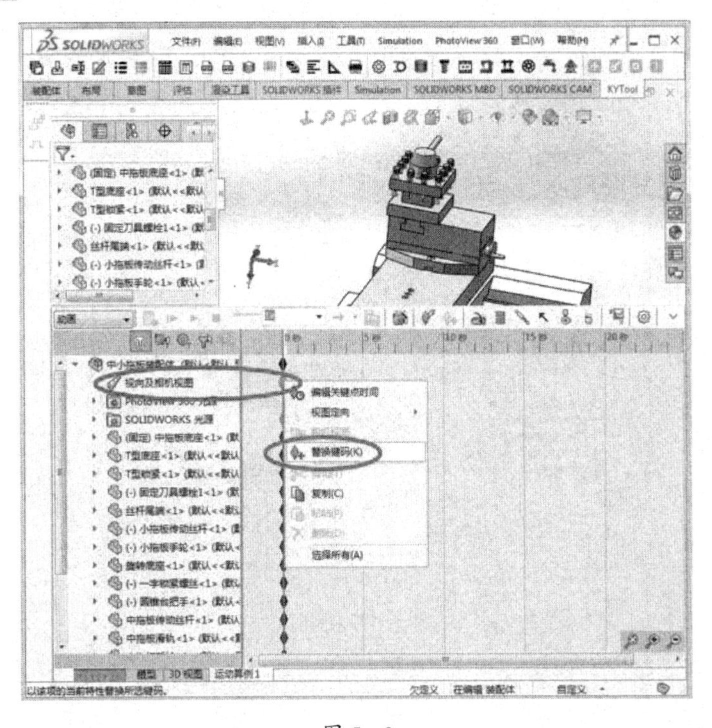

图 5-3

4 添加线性马达。先把中拖板移动到起始位置，在工具栏中单击马达图标，在左边弹出的对话框选择 线性马达(驱动器)(L)，并设置好参数，速度20mm/s，需要改变方向可单击反向图标进行更改，单击确定，如图5-4。

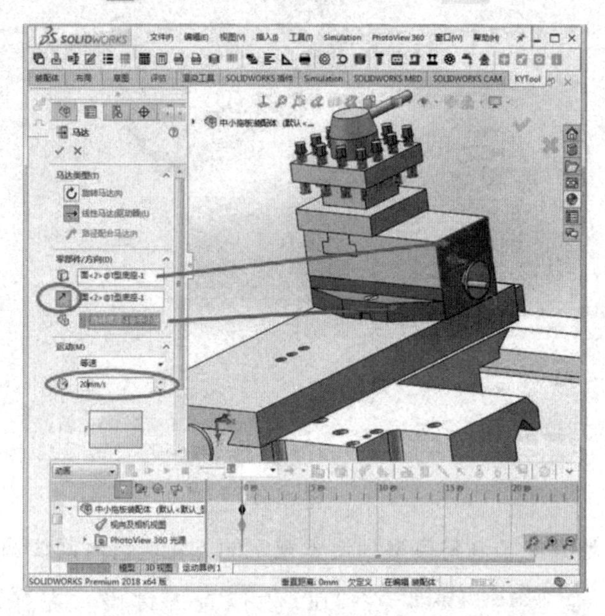

图 5－4

5 计算。单击计算按钮，小拖板向元离手轮方向直线运动，5秒后停止，如图5-5。

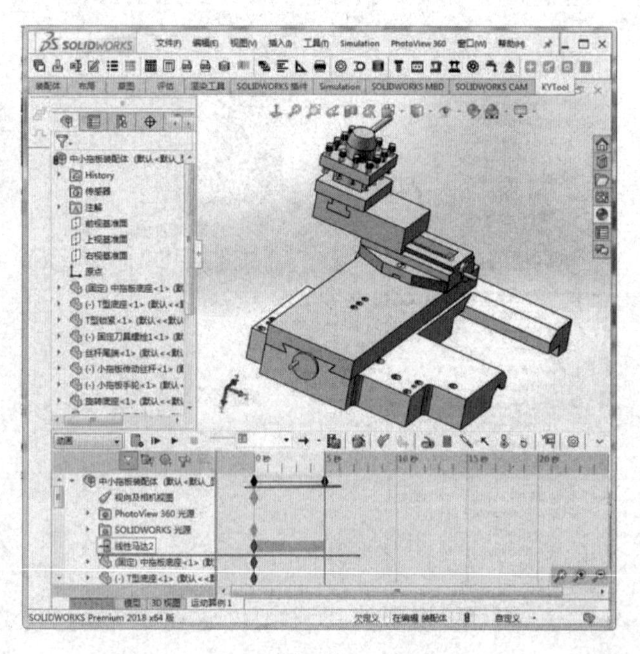

图 5－5

6 添加第 2 个线性马达。同样位置添加第 2 个马达，将方向改为向接近手轮方向运动，如图 5-6。

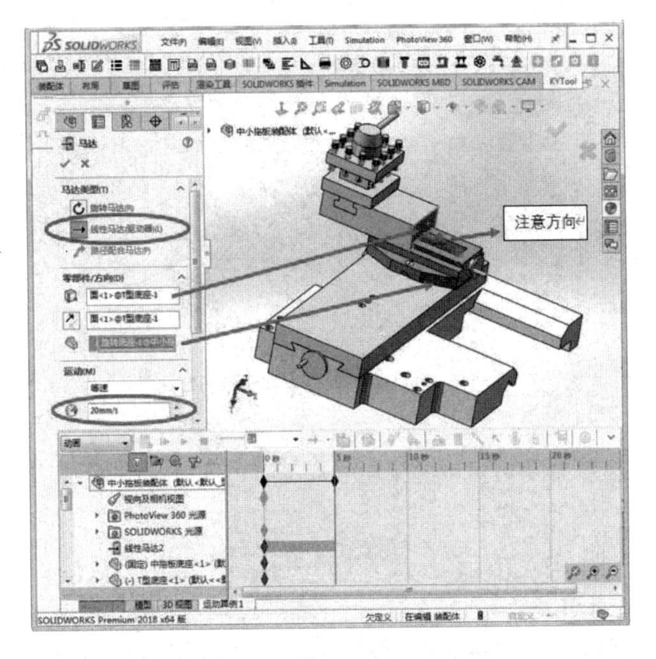

图 5-6

7 放置键码。在旋转马达 3 对应 5 秒时间线单击右键 放置键码(K) ，单击，如图 5-7。

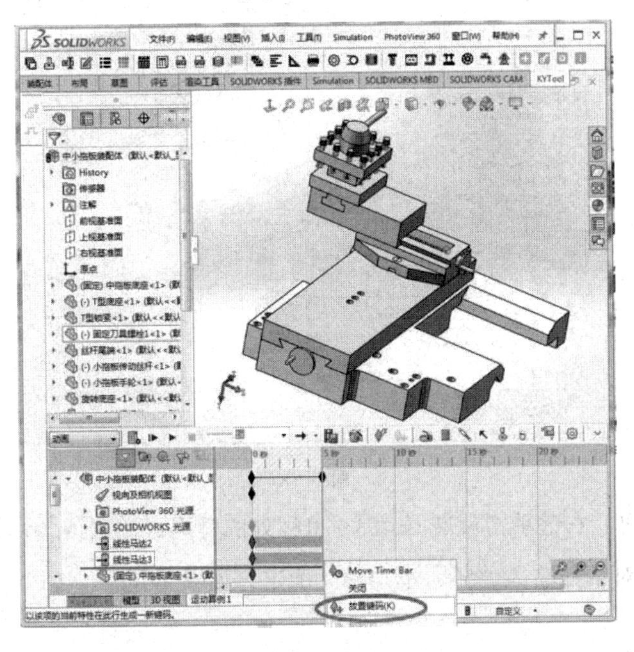

图 5-7

8 调整时间。右键单击旋转马达3在5秒处的键码，单击编辑关键点时间，在弹出的编辑时间对话框输入“10”，单击✓确定，如图5-8。

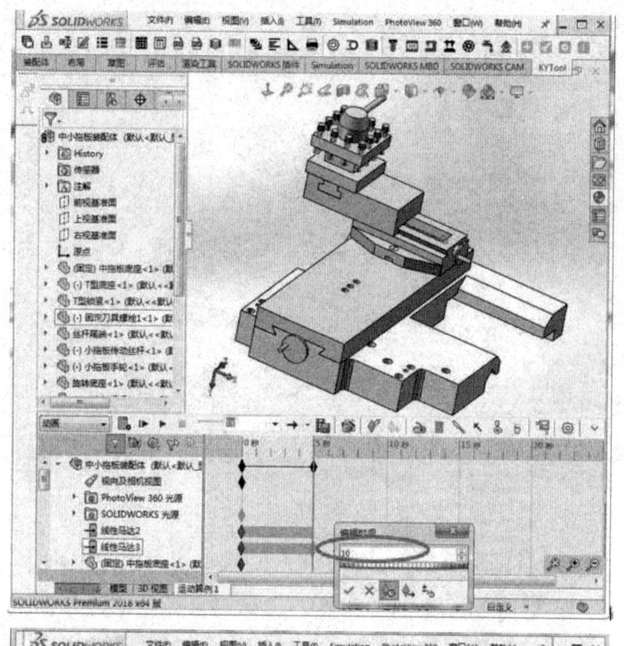

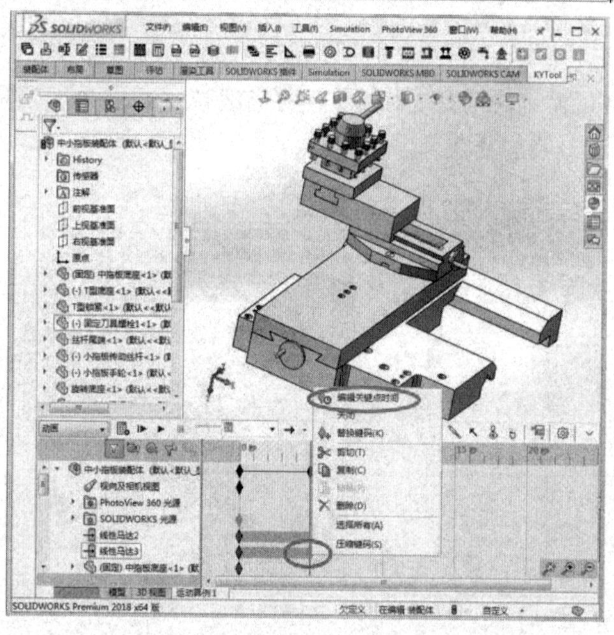

图 5-8

9 调整时间。右键单击旋转马达3在0秒处的键码，单击编辑关键点时间，在弹出的编辑时间对话框输入“5”，单击✓确定，如图5-9。

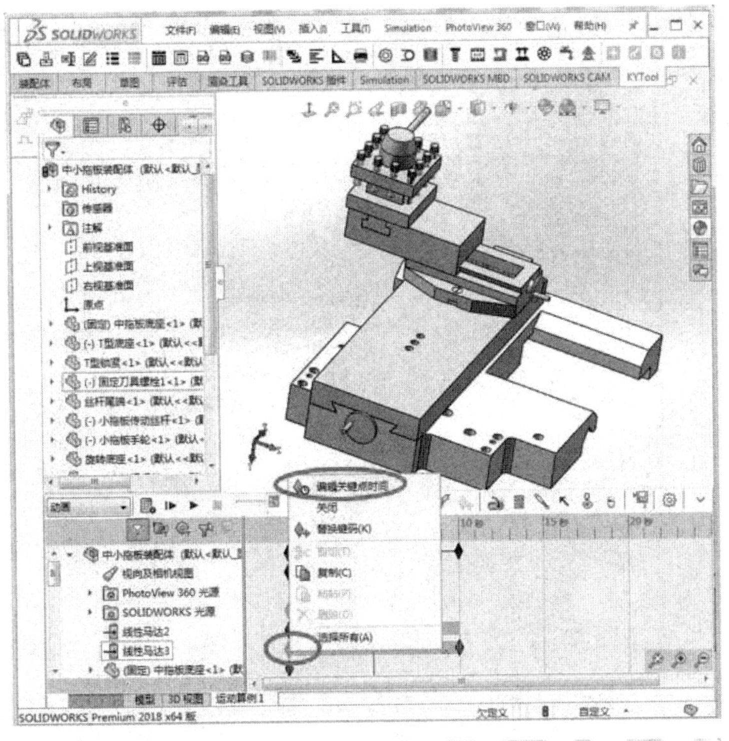
SOLIDWORKS
文件(F)
编辑(E)
视图(V)
插入(I)
工具(T)
Simulation
PhotoView 360
窗口(W)
帮助(H)
装配体
布局
草图
评估
渲染工具
SOLIDWORKS 插件
Simulation
SOLIDWORKS MBD
SOLIDWORKS CAM
KYTool
History
传感器
注解
前视基准面
上视基准面
右视基准面
原点
编辑关键点时间
关闭
替换键码(K)
复制(C)
选择所有(A)
动画
视向及相机视图
PhotoView 360 光源
SOLIDWORKS 光源
线性马达2
线性马达3
模型
3D 视图
运动算例1
SOLIDWORKS Premium 2018 x64 版

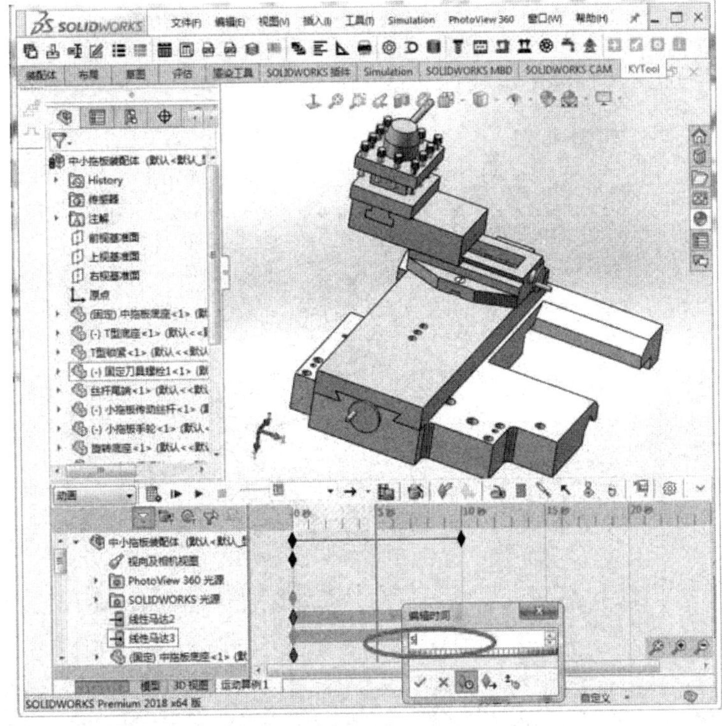
SOLIDWORKS
文件(F)
编辑(E)
视图(V)
插入(I)
工具(T)
Simulation
PhotoView 360
窗口(W)
帮助(H)
KYTool
History
传感器
注解
前视基准面
上视基准面
右视基准面
原点
动画
视向及相机视图
PhotoView 360 光源
SOLIDWORKS 光源
线性马达2
线性马达3
编辑时间
模型
3D 视图
运动算例1
SOLIDWORKS Premium 2018 x64 版

图 5-9

10 关闭马达 2。先在线性马达 5 秒处放置键码，右键单击线性马达 2 在 5 秒处的键码，单击 关闭 ，马达 2 在 5 秒处被关闭，如图 5-10。

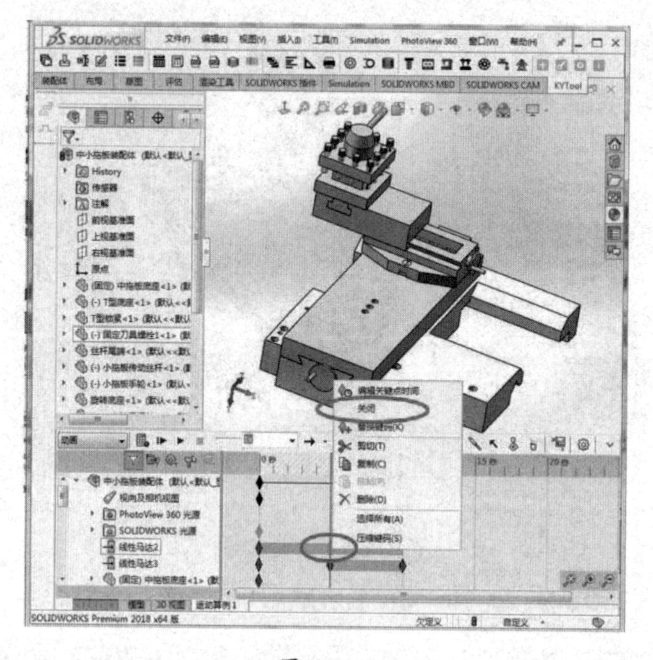

图 5-10

11 关闭马达 3。右键单击线性马达 3 在 10 秒处的键码，单击 关闭 ，马达 3 在 10 秒处被关闭，如图 5-11。

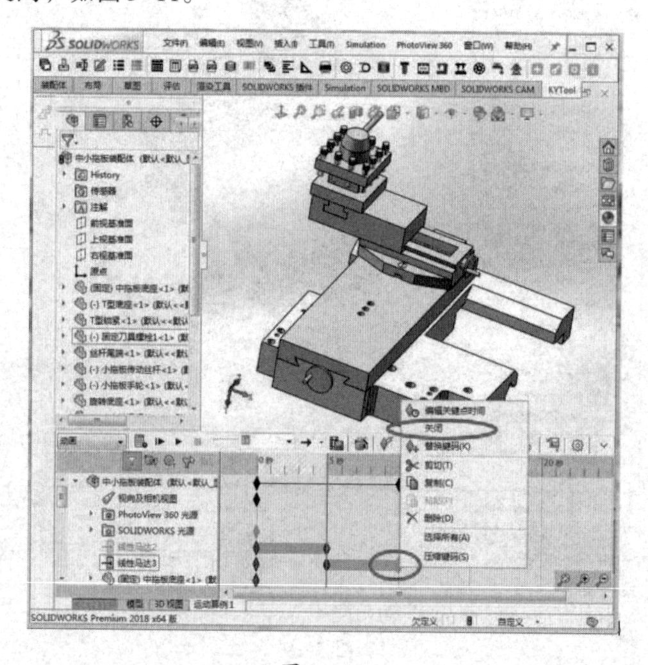

图 5-11

12 计算。单击计算按钮，小拖板在0—5秒向远离手轮方向直线移动，在5—10秒向接近手轮方向直线移动，10秒为1个往返，如图5-12。

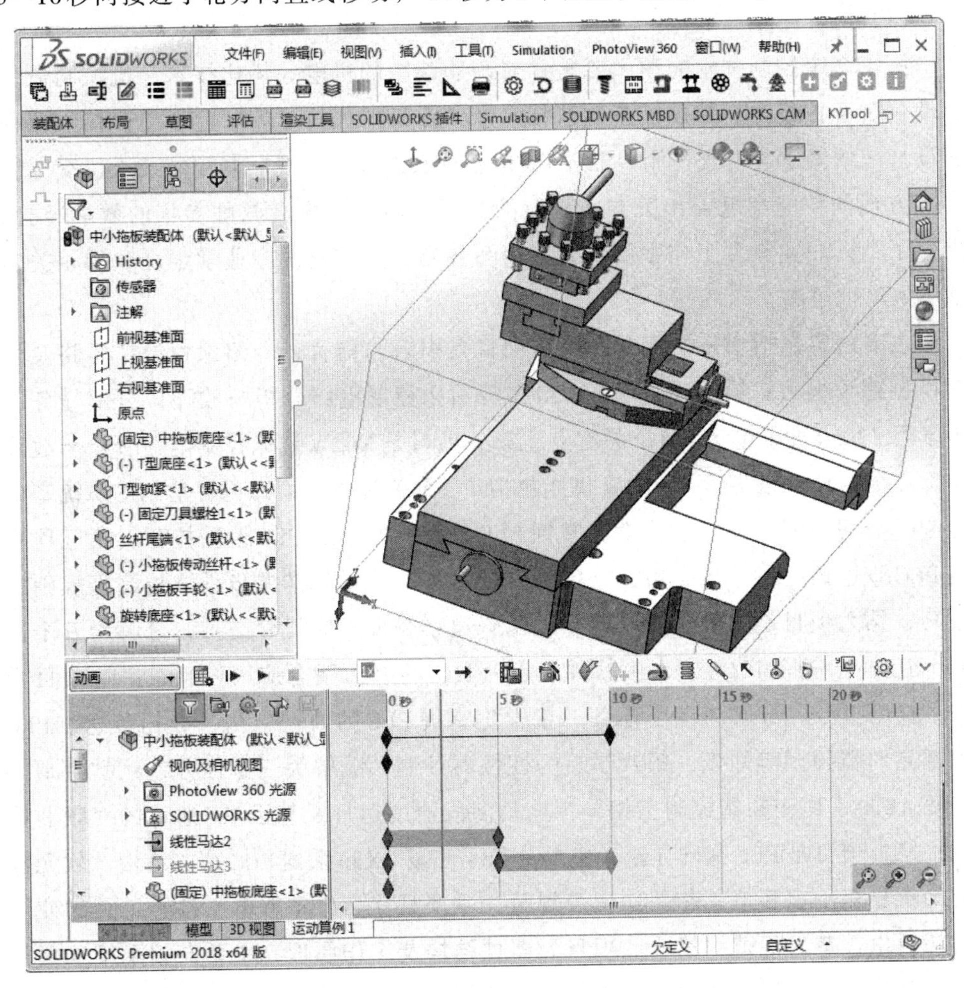

图 5-12

13 保存动画。

2）机电系统控制技术

（1）内容简介

机电系统控制技术应用主要是针对高职院校的机电一体化技术、机械制造及自动化、数控技术、智能装备制造技术及工业机器人技术等制造类专业核心课程而设计，培养学生电气控制、三菱FX3u系列PLC控制、变频器控制及人机交互设计等方面的技能和电工相关方面规范的素质。融合了多名教师多年的教学经验，借鉴了德国职业教育工作手册式教材编写技巧，力争解决专业学生反映的相关知识不好学的难题。

主要内容包括十一个部分：第一项目是引言与前言，介绍课程设计思路及学习模型建设方法；第二项目是Z3050摇臂钻床控制电路分析与故障，分解任务逐步学习Z3050机床包括了4个关键点；第三项目是X62W铣床控制电路分析与故障排除，分解任务逐步学习X62W机床包括了3个关键点；第四项目是PLC系统基础控制，分解为五个任务，让学生掌握PLC的基础知识和PLC编程技巧；第五项目是PLC步进顺控指令与应用，分解为三个任务，让学生掌握步进顺控编程规则及技巧；第六项目是人机界面设计，以昆仑通泰触摸屏为硬件支持，分解为五个任务，让学生掌握MCGS嵌入版软件应用及MCGS+PLC联合应用控制；第七项目为PLC应用指令，分解为三个任务，让学生掌握PLC的数据结构、数据传送、PLC内部定时器控制等知识；第八项目为变频器控制，分解为三个任务，让学生掌握三菱A800系列变频器控制三相异步电动多段速度运行及基于485通讯的变频器控制；第九项目是PLC基础导论，主要介绍了三菱FX3u系列PLC基本结构、软元件等知识；第十项目电工相关知识及规范，主要是让学生掌握电工基本工具的使用技巧及电工基础规范；第十一项目元器件结构及工作原理，主要介绍了第二项目中电气控制中元器件结构及工作原理、选择方法和安装注意事项。教材内容结构思维导图如图1所示。我们将呈现二部分内容：一是前言与引言，介绍我们设计此活页教材的思路；二是触摸屏中的一个项目，分二种基于不同硬件的设计。

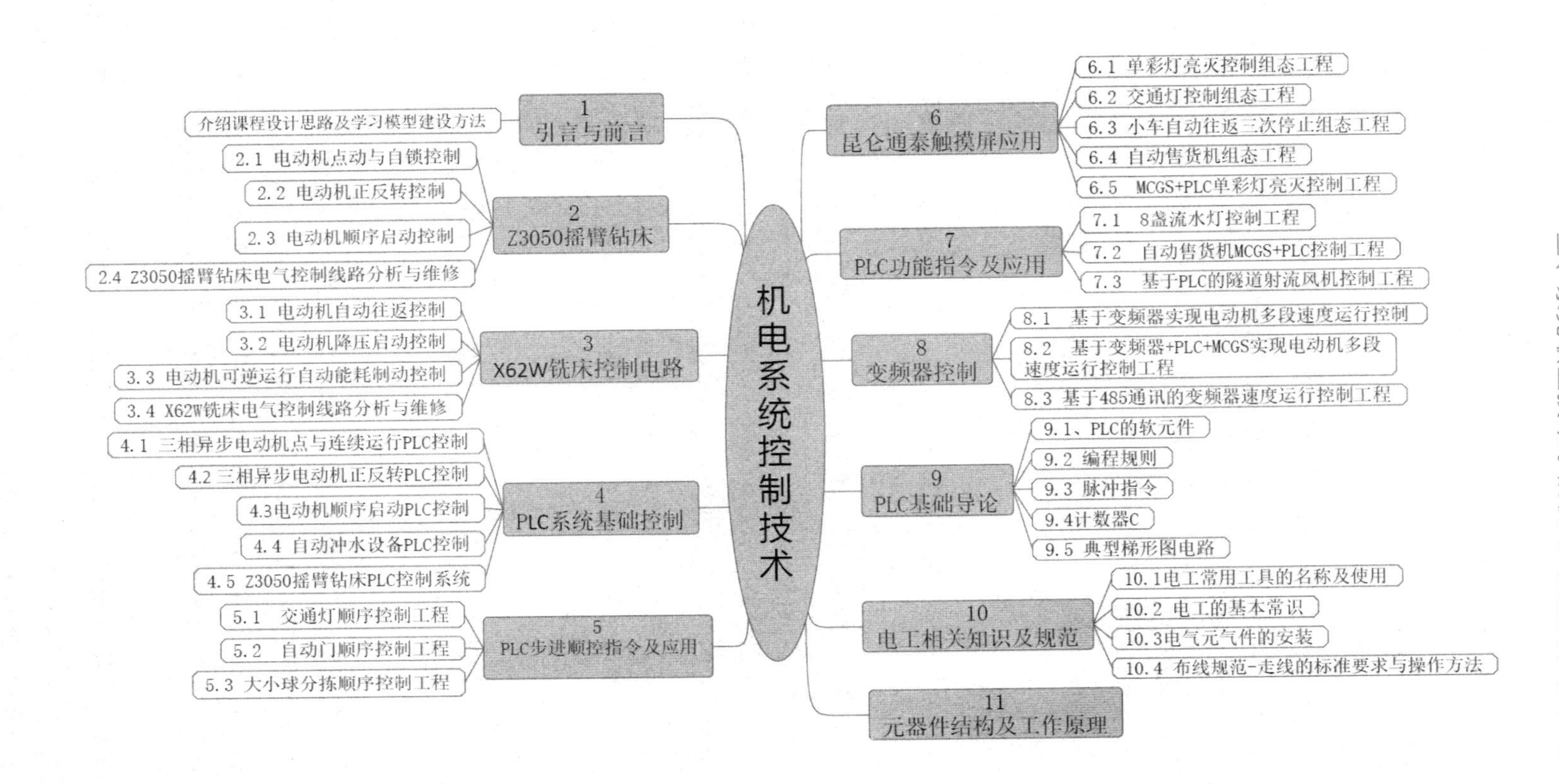
机电系统控制技术
1 引言与前言
介绍课程设计思路及学习模型建设方法
2 Z3050摇臂钻床
2.1 电动机点动与自锁控制
2.2 电动机正反转控制
2.3 电动机顺序启动控制
2.4 Z3050摇臂钻床电气控制线路分析与维修
3 X62W铣床控制电路
3.1 电动机自动往返控制
3.2 电动机降压启动控制
3.3 电动机可逆运行自动能耗制动控制
3.4 X62W铣床电气控制线路分析与维修
4 PLC系统基础控制
4.1 三相异步电动机点与连续运行PLC控制
4.2 三相异步电动机正反转PLC控制
4.3电动机顺序启动PLC控制
4.4 自动冲水设备PLC控制
4.5 Z3050摇臂钻床PLC控制系统
5 PLC步进顺控指令及应用
5.1 交通灯顺序控制工程
5.2 自动门顺序控制工程
5.3 大小球分拣顺序控制工程
6 昆仑通泰触摸屏应用
6.1 单彩灯亮灭控制组态工程
6.2 交通灯控制组态工程
6.3 小车自动往返三次停止组态工程
6.4 自动售货机组态工程
6.5 MCGS+PLC单彩灯亮灭控制工程
7 PLC功能指令及应用
7.1 8盏流水灯控制工程
7.2 自动售货机MCGS+PLC控制工程
7.3 基于PLC的隧道射流风机控制工程
8 变频器控制
8.1 基于变频器实现电动机多段速度运行控制
8.2 基于变频器+PLC+MCGS实现电动机多段速度运行控制工程
8.3 基于485通讯的变频器速度运行控制工程
9 PLC基础导论
9.1、PLC的软元件
9.2 编程规则
9.3 脉冲指令
9.4计数器C
9.5 典型梯形图电路
10 电工相关知识及规范
10.1电工常用工具的名称及使用
10.2 电工的基本常识
10.3电气元气件的安装
10.4 布线规范-走线的标准要求与操作方法
11 元器件结构及工作原理

（2）教材引言

1 引 言

1.1 完整行动模型

1.综述

专业能力必然地与企业的应用、技术的进步紧密联系。这是专业发展的动力，也是专业应用放飞的空间。如今社会进入工业4.0时代，“专业能力”要赋以新的内涵，新加入了以下要素：

1）独立行动的能力

2）按计划行动的能力

3）注重质量

4）社会能力

5）家国情怀

这些是进一步的综合的素质衡量的指标，有了这些指标，我们就建立了“超越自我”的基础。我们应当直面前进道路中的困难，采取合适的措施，更加自信地追求美好生活，更好地面对未来的要求。在家庭生活、学习阶段和工作以及社会交往中，这些措施都得以实施。

本项目工作可以帮助同学们在学习过程中适应当今社会所提出的要求，所以，以行动能力为导向的学习和活动就可以与完整的行动模型结合起来。

确切地讲，这样设计的意义在于，它可以使学生们从学校到步入职场到退出职场，即在整个学习和职业生涯中，在各种岗位上的对工作任务的“预处理”和“后处理”过程中，都形成很好的“内芯均匀，外层坚硬”的结构特质，能够圆满地完成工作任务。

这一行动集合包含如下分支：（1）信息；（2）计划；（3）决策；（4）实施（5）质量监察；（6）反馈；（7）质量保证。

2.信息

学生们应当从根本上获取关于工作任务及其相关背景的资讯。对此，项目工作页中应当有完整的技术笔记，并进一步附有补充性的解释说明。这些材料都应按照要求撰写，并附有相应的任务列表。为使课程更好地开展，在重要岗位上还将会适当地引入相关问题。这些问题自然将由相关人员自行处理。

3.计划

在上述要求下圆满完成了信息这一阶段以后，学生们将依据所有必要环节循序激进地展开任务计划。

在这个过程中，还需要考虑到以下几个方面：

1）生产流程以及一切预处理、后处理工作

2）企业经济方面

3）生态方面

4）安全技术方面

针对这一任务内容，应当撰写书面的计划材料以及生产安装进度表。此外，还需做出与以下内容相关的选择：

1）需要使用的材料

2）工具

3）辅助及测试手段

4）工艺规范

4.决策

对材料的使用、对工具的选择、需要运用的能力等等一切，都说明需求的多样性影响着完整行动的方式。

学生们确定了计划之后，应当就所掌握内容与教师进行讨论。此时学生们当然可以提出相关问题要求解答，教师所给出的解释也是很重要的，直接影响学生们的结果和兴趣。

最终将（由学生和教师）共同敲定的关于加工方式（工作计划）的决策。

重新考量已经设想好的工作计划在某些情况下也会是必要的。

只有这样，经验寻求者（学生）与经验拥有者（教师）之间的联系才能得到保障。

5.实施

所需产品将通过行动进行系统化的生产。之所以说系统化，是因为行动本身是与工作计划对应转化为实践的。

在小组中，分工是富有意义的，在最开始便应当加以考虑。

6.质量监察

产品生产（工作任务及子任务）完成之后，产品应由学们根据制定的标准进行检测，并必须接受质量监察。

质量监察的结果应填入对应的表格，同时形成档案文件。此文件还应加入项目工作页中。由于在检查和评分表中，相应的标准已经事先给 出，从而实现了对产品评价的客观性以及产品之间比较的可能性，这样 的文件也就是有意义的。

同时，自我测评和外部测评也有其优势。通过这样的行为方式，错误可以得到减少和控制，质量监察也会更具有客观性。

这样严格的流程下，学生、教师以及事先指定的、独立的可信任人员便可以完成对成品的质量监察工作。

7.反馈

反馈在很大程度上包含的是一种反思。也就是说，所有受产品制约和影响的因素，都应该在在学习小组中再次商讨，并同时将特殊情况纳入考虑范围。在这个过程中，检查和评分表也就有了重要的意义。

在再次审视产品或者生产过程的过程中，学员应对所获得的所有经验通过再一次的思考进行反思，并在适当的情况下加以运用，从而最大程度地避免重复犯错。

反馈的情况应当记录在专门为之撰写的文件（项目材料）中。

8.质量保证

这一概念指的是企业内部的一般程序，该程序确保产品达到了预定的质量水平，并能够保持下去。

质量保证的要求是，由质量管理人员（例如工作小组）所制定的措施可以得到保持。

显然，这一环节能够取得多大的效果，取决于其真正付诸实践的可能性有多大，并与企业内部的种种状况直接相关。

1.2课程设计思路

1.课程设计理念

本课程遵循职业性、实践性、开放性和创新性为课程开发理念，按照机电系统控制技术领域、机电系统控制职业岗位群所需要的知识、能力、素质要求选取课程内容；按照“项目驱动、实践导向”的设计理念，以学生职业能力、素质培育为目标，融入课程思政元素，与机电设备生产行业企业合作进行开发、设计课程学习项目、任务。

2.课程设计思路

对接机电系统控制职业岗位标准、自动机自动线生产过程，设计电气与PLC控制等学习情境，实施“课堂与车间合一”“线上线下结合”“三个课堂（线下课堂、线上课堂、企业课堂）”等教学模式，以真实的工作项目为导向，以Z3050机床控制等典型工作任务载体，以电气控制与PLC控制等操作技术为核心，以学习成果为导向，让学生在完成如Z3050机床控制等工作任务过程中，学习相关知识，发展综合职业能力，满足就业创业与职业发展的需要。

1.2课程目标

1.知识目标

1）掌握电气元件的工作原理及选择；

2）掌握二种典型机床电路的控制原理；

3）掌握PLC的工作原理及结构；

4）掌握三菱PLC基本指令；

5）掌握三菱PLC功能指令；

6）掌握变频器控制方式；

7）掌握人机交互设计；

2.能力目标

1）掌握电动机正反转、星三启动、能耗制动、顺序启动电气控制接线；

2）掌握Z3050、X62W等典型机床故障排除；

3）掌握三菱PLC梯形图编程和顺序功能图的编写；

4）掌握利用PLC控制电动机正反转、星三启动、能耗制动、3台电机顺序启动；

5）掌握运用PLC功能指令在电动机运行PLC控制、变频器控制中的应用；

6）掌握利用三菱变频器对电动机进行3－15段速度调节控制；

7）掌握触摸屏人机交到设计并应用到电动机运行PLC控制、变频器控制中。

3.思政与素质目标

1）了解可编程控制系统应用对国民经济的贡献；

2）了解机电系统控制技术发展过程中控制领域优秀人物及其奋斗的事迹；

3）培养5S管理及团队协作精神；

4）电气控制规范及规范查找与应用。

1.4教学实施与评价

1.教学方法与手段

1）教学方法

本课程具有很强的动手训练要求特点，故要求教师利用适合的逐步递进方式设置引导任务，需要采用项目教学法、任务驱动法、讲授法、引导教学法、案例教学法、情境教学法、实训作业法。

2）教学手段

课程教学过程中，利用乐学在线平台，让学生观看短视频了解元件动作原理、原理图控制过程，通过虚拟软件模拟接线过程。

2.学习考核评价

本课程采用过程性考核（60%）+终结性考核（40%）相结合的考核方式。其中过程性考核注重学习态度（20%，包括出勤、课堂表现、讨论等）、学习质量（60%，通过作业、任务、成果、竞赛、展示等考核知识与技能情况）和素质养成（20%，团结协作、吃苦耐劳、职业道德等）；终结性考核可分为期末考试或课程学习成果考核。

课堂表现注意考核表格的分值累计，在每项目任务书有体现，如“7.1 8盏流水灯控制”工程具体检查和评分表0.6-1。

检查和评分

项目：PLC功能指令及应用 任务：8盏流水灯控制工程			
检查者： 工位号： 日期：			
功能检测与目视检查 总分：			
序号	检查要点	附注	评分
1	根据任务要求分析，分配I/O	昆仑通泰触摸屏不能连接PLC的输入继电器	10—9—7—5—0
2	设计窗口界面		10—9—7—5—0
3	添加设备，连接变量参数	将PLC软件直接链接触摸屏变量	20—15—10—5—0
4	编写脚本（窗口操作函数、判断、按钮操作脚本等）	定时器时间判断，打开窗口函数相关参数（包括打开后的窗口放置的位置坐标、打开的窗口大小等）、按钮中的操作属性的“按1松0”等与脚本程序下赋值操作的区别	20—15—10—5—0
5	PLC编程	脉冲方式（MOVP）的使用	20—15—10—5—0
6	实际工作时间		10—9—7—5—0
7	功能是否实现、完整		10—9—7—5—0

1.5课程图书馆

1.课程图书馆建设说明

以下的资料是作为以行动为导向的项目工作的建议。这些建设可以根据学生的实际的情况，可能有所变化或做一些调整。

为营造一个高效的学习环境，培养一个良好的学习习惯，我们建立一个小的“课程或项目图书馆”。在这个图书馆里，有所有能为学生在处理课程项目任务时提供帮助的资料、参考文献、培训媒体和公式汇编等。以适合的方式独立了解和获得信息，是以行动为导向的职业培训的一个重要的组成部分，也是我国高职教育素质培养一项重要的组成部分，也是思政教育的重要组成部分。未来的工作能顺利完成，要求必须在其职业工作中不断地获得信息，以便完成分配给他的任务。

我们为您的学生专门整理了一些用于该课程项目的学习资料，有一些直接给出了资料，有个些是提供线索，需要学生自行查找。

在各个任务的讲解中对这些媒体进行了标记，以供参考。

2.实施建议方法与步骤

对于进行各个项目任务的实施，我们建议您使用下面的工作方法：

1）信息阶段

在该阶段请按以下方法进行：根据项目任务资料，学生需要获取得该任务完成目标，老师们要向学生介绍以行动为导向的项目工作方法。复习目前为止所要求的知识与技能，培养独立进行项目任务的计划、实施和检查的能力。指导学生参阅用于处理引导问题而提供的信息媒体。

2）计划阶段

在回答引导问题后，学员应当制订带有准备清单和工作时间的工作计划。引导问题对比提供了重要的信息。

3）决策阶段

在专业交谈中，学生应当向教师陈述引导问题回答、带有准备清单和处理时间的工作计划的理由。

老师向学生指出发现的缺陷或错误，并解释理由。任务的质量和成功主要取决于，怎样认真细致地进行专业谈话。

如果教师认为，所呈交的带有准备清单的工作计划和引导问题的回答不能满足所提出的要求，学员必须在重要对阶段I和II进行修改。

4）实施阶段

学生将根据所提交的如零件清单等材料。他必须根据他的工作计划自己整理工具和辅助设备。应该尽可能独立地实施。

教师充当顾问的角色，并且只当发现严重的错误或违反操作安全的行为时 才能进行干预。

5）检查阶段

教师要向学员解释怎样处理检查和评分表以及以侧重不同方面的评分标准。学生要检查其完成的子项目并将其成绩记录到检查和评分表中。学员应当 在无培训教师的帮助下进行独立的检查。

6）评分阶段

如下进行评分阶段：

教师应对项目任务和检查结果进行评分，并同时将其评分记录到检查评分表中。

在与学员的专业谈话中，确定两次检查之间的差别、指出可能的检查错误和陈述理由。

培训教师与学员共同思考，对于操作失误的地方，应当重复哪些相应的技能。此外，根据问题进行讨论，怎样能避免错误在以后的发生。

3.课程图书馆

项目图书馆			
序号	名称	编者等出版信息	编号
1	电气控制与PLC应用	郭艳萍，人民邮电出版社，ISBN：978-7-115-45219-1	
2	电气控制与PLC应用（三菱FX3U系列）	吴倩等，机械工业出版社，ISBN：978-7-111-66226-6	
3	维修电工实训	唐方红等，语言出版社，ISBN：978-7-5187-0069-1/	
4	MCGS嵌入版组态应用技术	刘长国等，机械工业出版社，ISBN：978-7-111-57289-3	
5	低压配电设计规范（中华人民共和国国家标准）	GB 50054-2011，中国计划出版社	

（3）教材内容第6项目部分--6昆仑通泰触摸屏应用

6.3 小车自动往返三次停止组态工程

6.3.1 任务说明

自动往返装卸料最终效果如图6.3-1、6.3-2、6.3-3所示。小车初始位置停在左侧，压着左侧行程开关；左右两个行程开关相距500米。按启动按钮后，开始装料，5S后左行程开关断开，小车右行；当到达右侧位置时，右侧行程开关闭合，并开始卸料；10S后卸料结束，小车开始左行；回到左侧起始位置时，左侧行程开关闭合，显示器显示循环计数一次。如此循环往复，自动循环3次后结束。按下复位按钮后，小车回到起始状态。系统设计运行界面如图6.3-2。

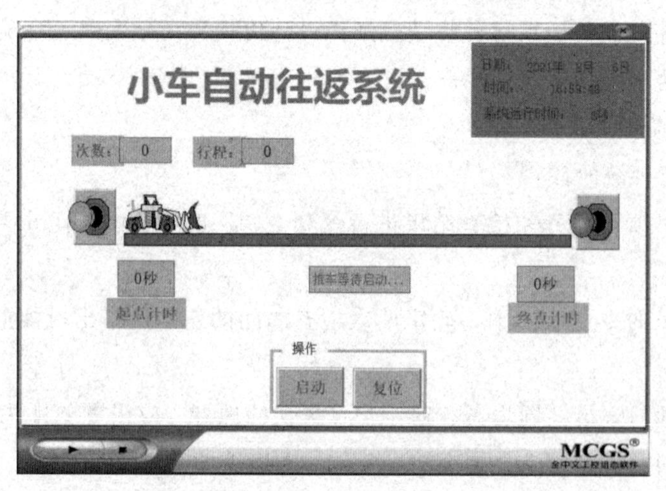

图6.3-1小车往返系统设计（未启动的界面）

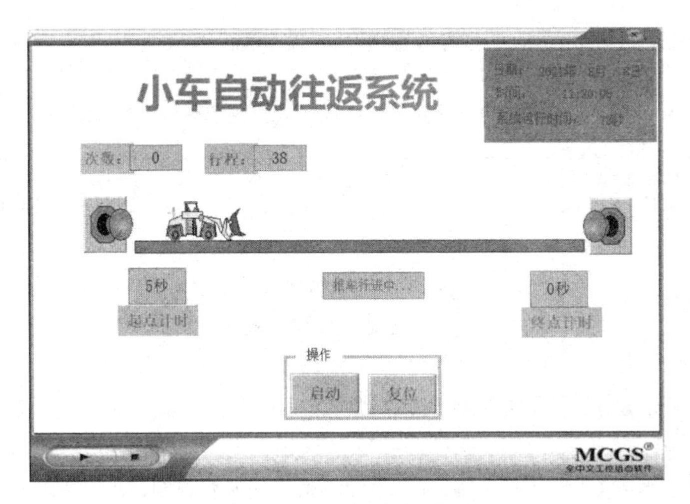

图 6.3-2 小车左行界面

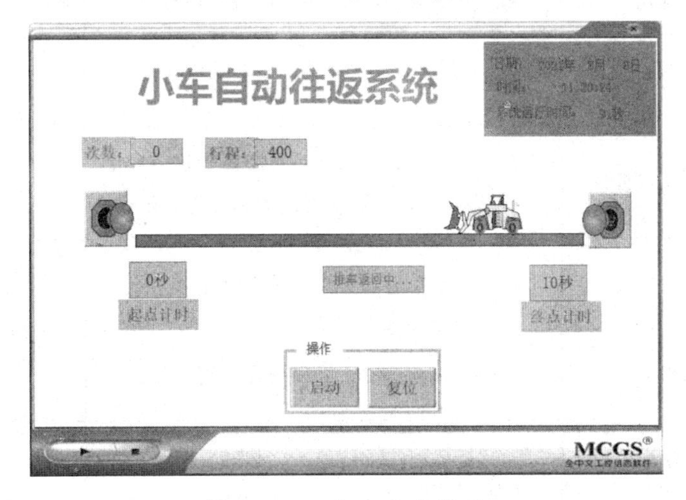

图 6.3-3　小车右行界面

6.3.2 元件清单

我们利用“MCGSE 组态”软件模拟运行完成本任务，故不需要硬件支持。

6.3.3 能力模块

1、屏中物体水平与垂直直线运动控制。

2、前进与后退控制的不同。

3.控制脚本编写逻辑。

6.3.4 引导问题

1、水平运动中几个参数变量之间的对应关系是什么？

2、运动速度由哪个变量控制？

3、左前进与右后退的控制本质是什么？如何区别这个运动的可见性？

6.3.5 工作计划

表 6.3-1 工作计划

项目：昆仑通泰触摸屏应用 任务：嵌入式组态TPC 的交通灯控制工程				
序号	工序	说明	计划时间	实际时间
1	整体设计	分析组态系统包括几个部分， 各部分实现方式		
2	时间显示设计	包括日期、时间、系统运行时间。		
3	小车水平运动设计	小车左右运行变量的变化及可见性控制；运动控制的本质；小车速度控制等		
4	行程开关	根据小车的左右位置它们的状态发生改变		
5	信息显示设计	包括起点计时、终点计时及小车行进或后退状态显示，小车往返次数和行程显示		
6	操作按钮设计	小车启动与复位按钮设计		
7	编写脚本	判断情况，实现变量控制		
8	系统调试	整个系统模拟调试，观察效果		
9	总结评价	总结工具应用，评价过程及实现效果		

6.3.6 任务实施

1、制作与设计系统标题及时间显示

启动MCGS软件，新建工程，新建窗口，名称为“小车往返”，如图6.3-4。

背景设置：双击“小车往返”空白处，打开窗口属性设置。在基本属性下的窗口背景中选择“白色”作为背景。

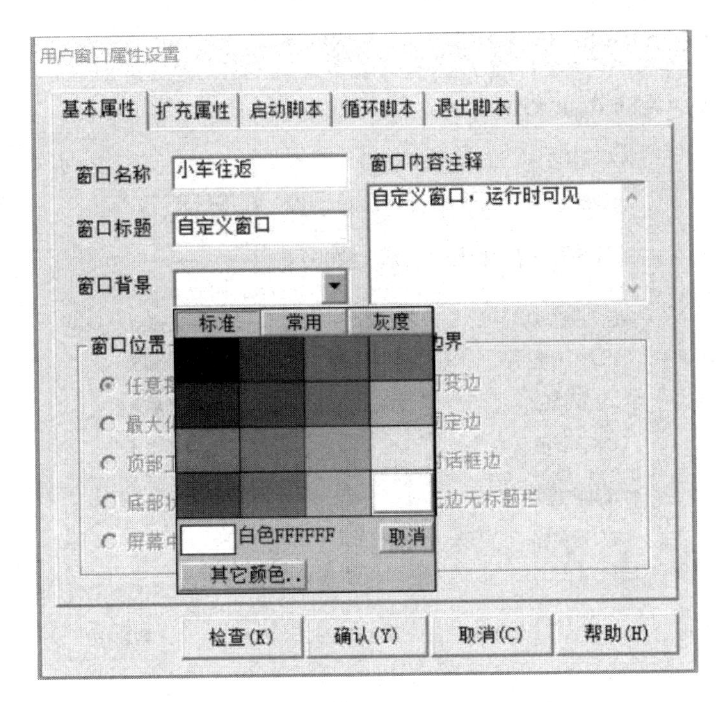

图 6.3-4

标题：点击“工具箱”中的“标签”工具，绘制矩形，双击矩形框，在扩展属性下输入“小车自动往返系统”，在属性设置下设置相应属性。再根据显示情况调整矩形框大小以合适显示标题，如图6.3-5、6.3-6。

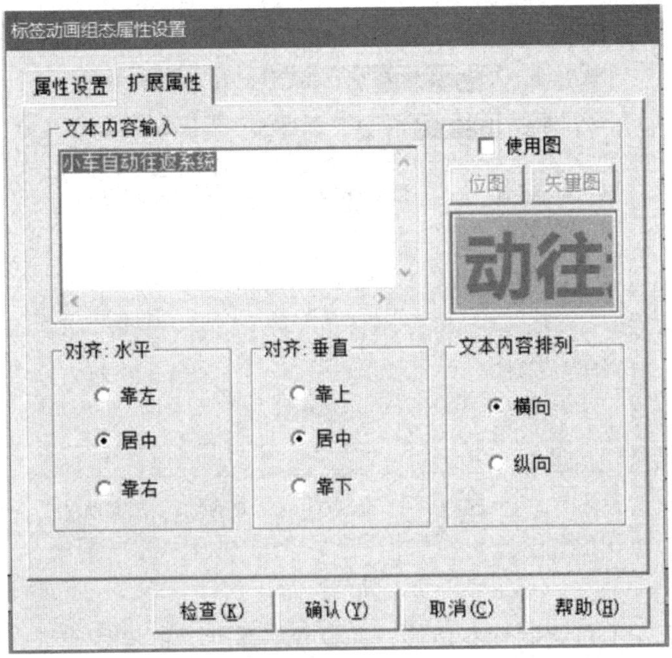

图 6.3-5

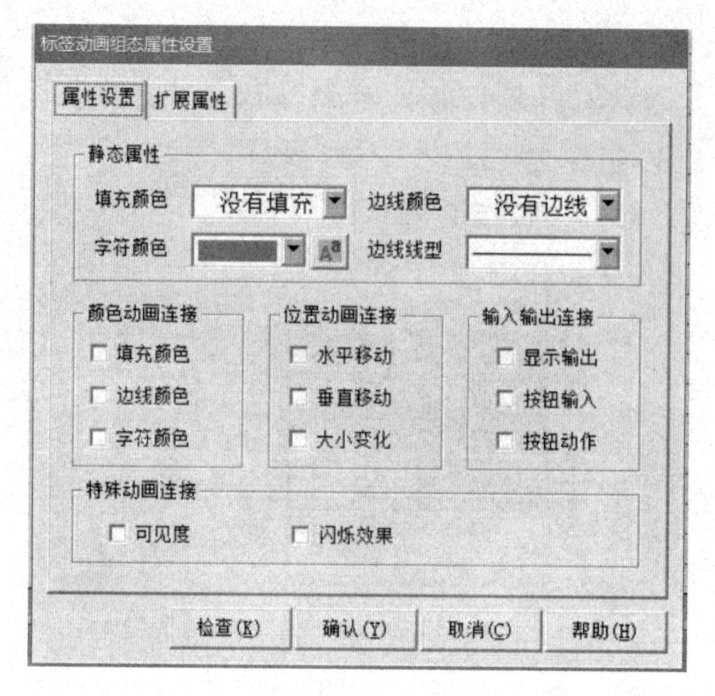

图 6.3−6

利用矩形工具，绘制大小为218*116的矩形，设置属性，图6.3−7。

动画组态属性设置
属性设置
静态属性
填充颜色
边线颜色
字符颜色
边线线型
颜色动画连接
填充颜色
边线颜色
字符颜色
位置动画连接
水平移动
垂直移动
大小变化
输入输出连接
显示输出
按钮输入
按钮动作
特殊动画连接
可见度
闪烁效果
检查(K)
确认(Y)
取消(C)
帮助(H)

图 6.3−7

在矩形框左上角绘制标签矩形，并设置好属性，链接好变量，图6.3−8、图6.3−9。

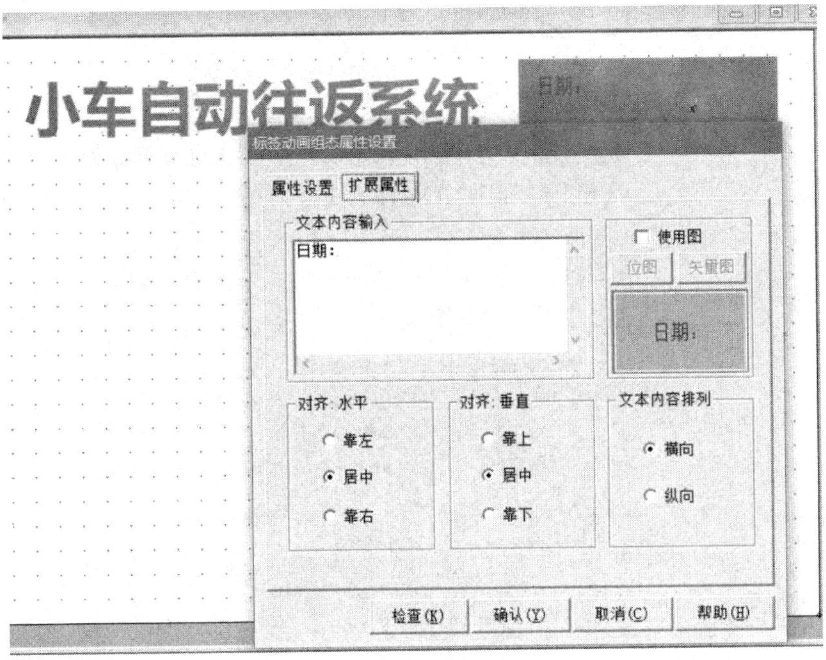

图 6.3−8

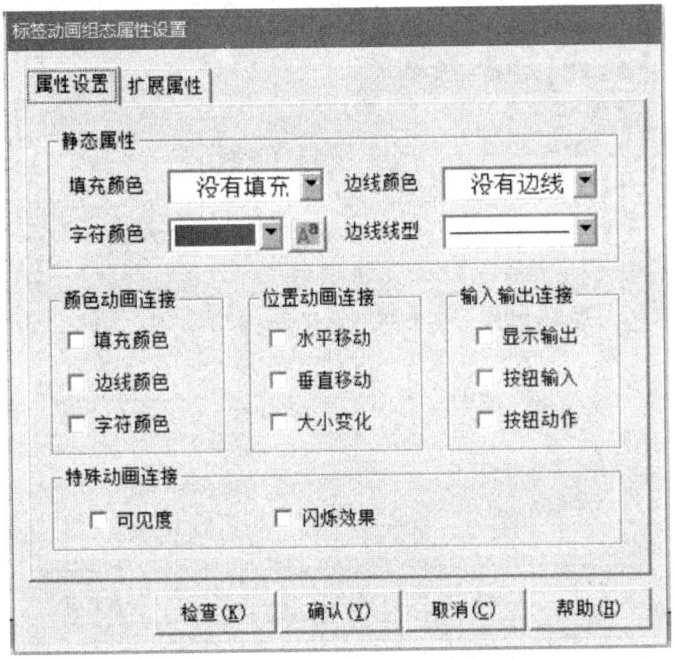

图 6.3−9

以同样的方法启动标签工具，绘制矩形，置于“日期”后面合适位置，显示年份。在属性设置下沟选“显示输出”，扩展属性中不用输入文字，如图 6.3−10、图 6.3−11。

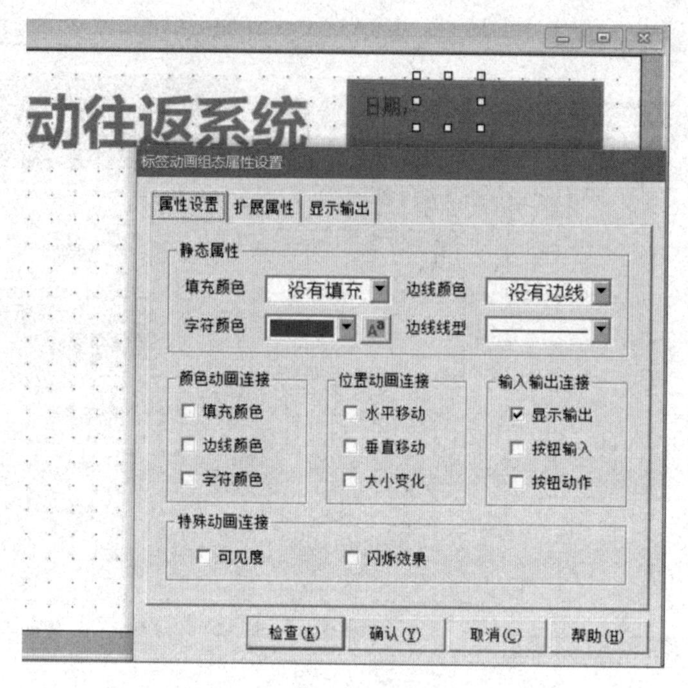

图 6.3-10

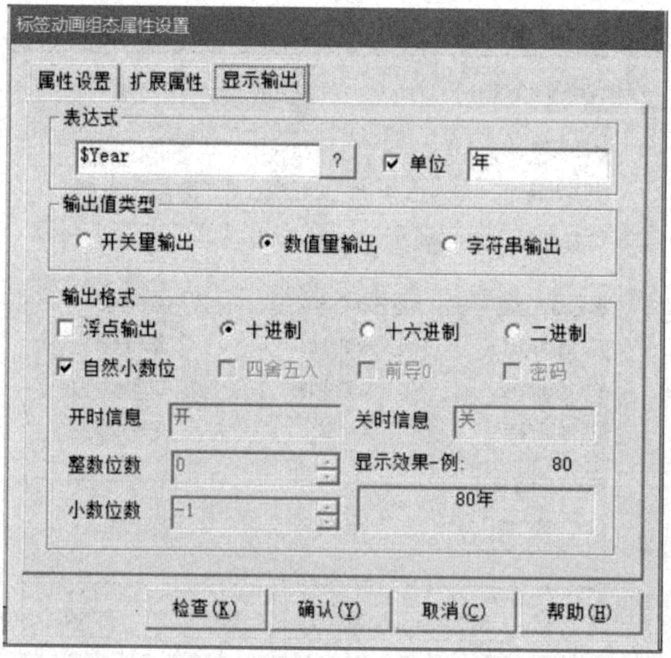

图 6.3-11

同样的方式完成“月”与“日”。

“月”设置，如图6.3-12。

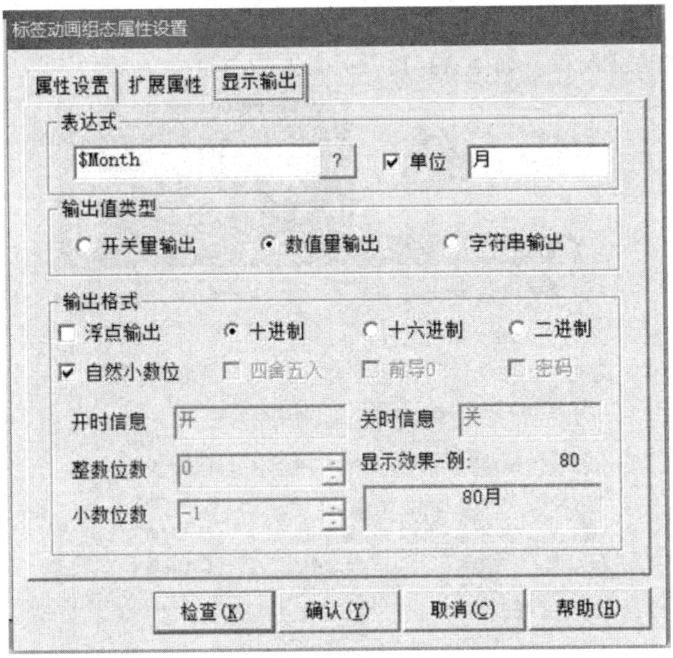

标签动画组态属性设置
属性设置 扩展属性 显示输出
表达式
$Month ? 单位 月
输出值类型
开关量输出 数值量输出 字符串输出
输出格式
浮点输出 十进制 十六进制 二进制
自然小数位 四舍五入 前导0 密码
开时信息 开 关时信息 关
整数位数 0 显示效果-例: 80
小数位数 -1 80月
检查(K) 确认(Y) 取消(C) 帮助(H)

图 6.3-12

“日”设置，图6.3-13。

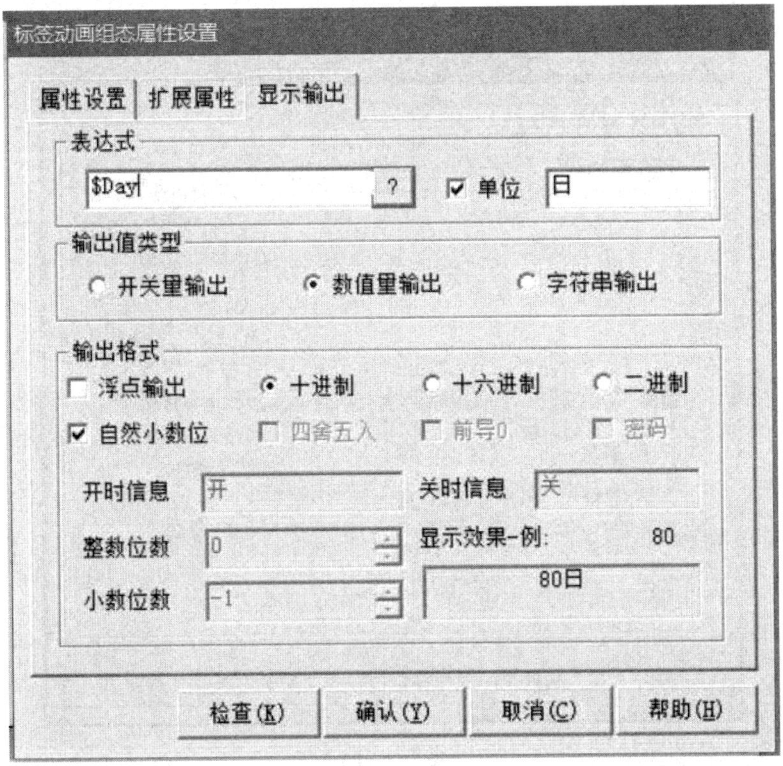

标签动画组态属性设置
属性设置 扩展属性 显示输出
表达式
$Day ? 单位 日
输出值类型
开关量输出 数值量输出 字符串输出
输出格式
浮点输出 十进制 十六进制 二进制
自然小数位 四舍五入 前导0 密码
开时信息 开 关时信息 关
整数位数 0 显示效果-例: 80
小数位数 -1 80日
检查(K) 确认(Y) 取消(C) 帮助(H)

图 6.3-13

"时间"显示制作：

以同样的方式制作，如图6.3-14、6.3-15、6.3-16、6.3-17。

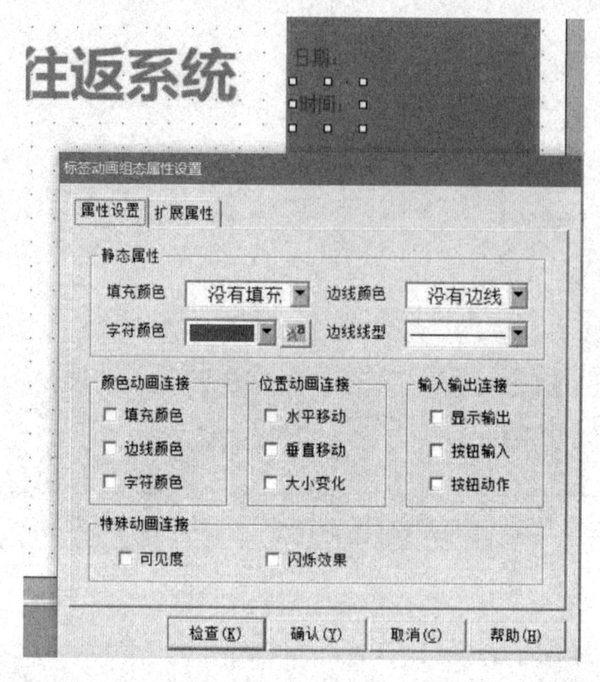

图 6.3-14

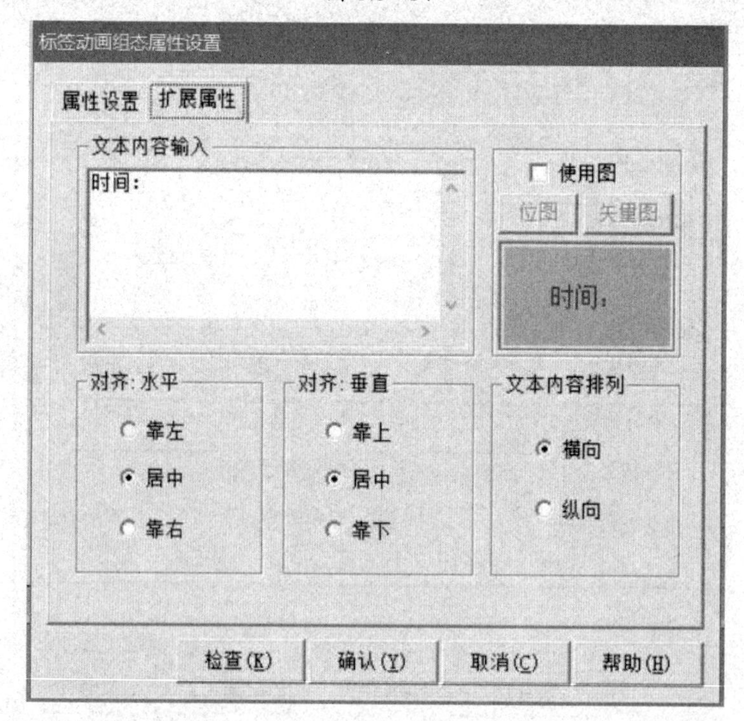

图 6.3-15

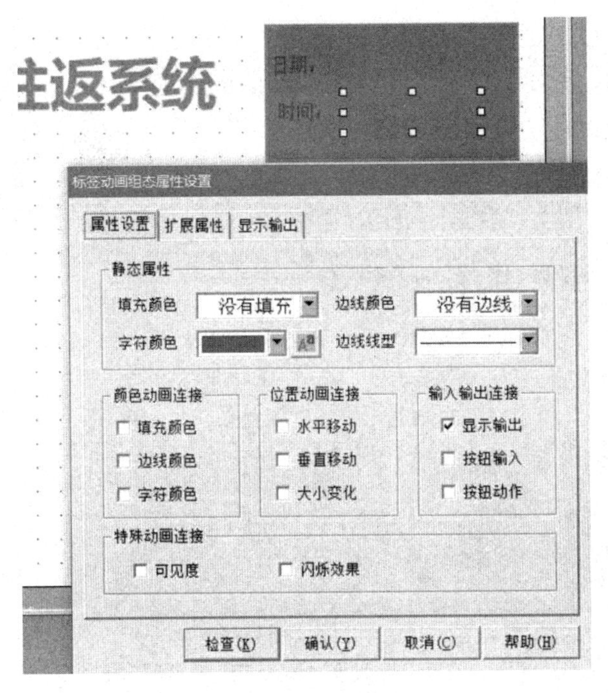

图 6.3-16

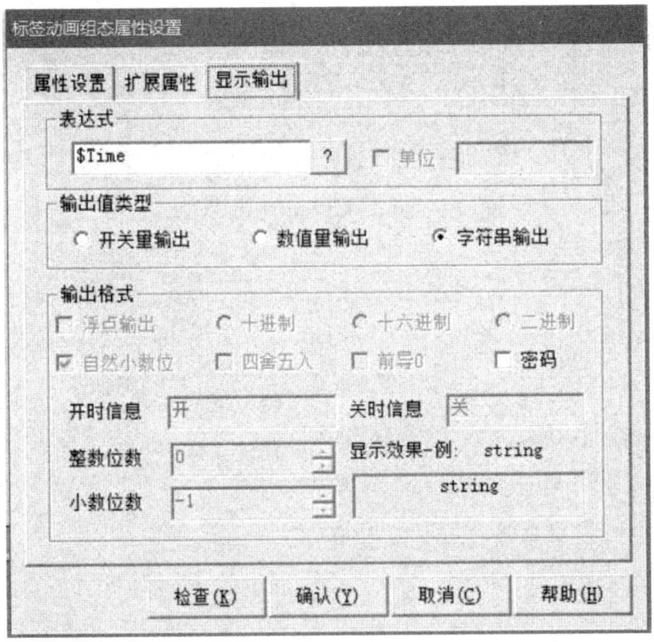

标签动画组态属性设置
属性设置 扩展属性 显示输出
表达式
$Time ? 单位
输出值类型
开关量输出 数值量输出 字符串输出
输出格式
浮点输出 十进制 十六进制 二进制
自然小数位 四舍五入 前导0 密码
开时信息 开 关时信息 关
整数位数 0 显示效果-例: string
小数位数 -1 string
检查(K) 确认(Y) 取消(C) 帮助(H)

图 6.3-17

“系统运行时间”设计，如图6.3-18、6.3-19、6.3-20、6.3-21。

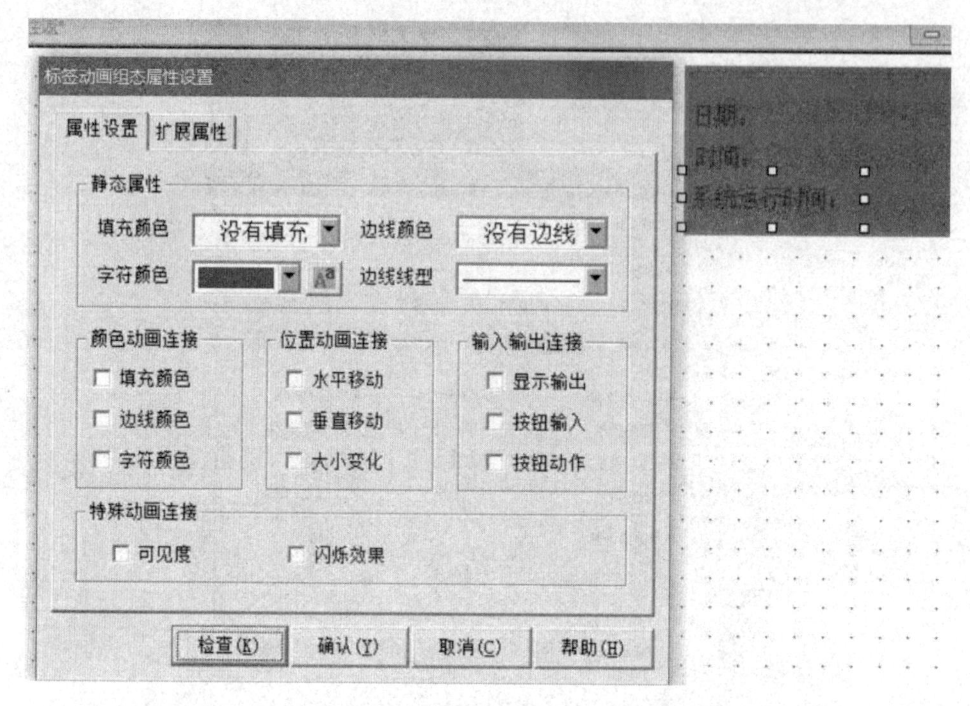
标签动画组态属性设置
属性设置
扩展属性
静态属性
填充颜色
没有填充
边线颜色
没有边线
字符颜色
边线线型
颜色动画连接
填充颜色
边线颜色
字符颜色
位置动画连接
水平移动
垂直移动
大小变化
输入输出连接
显示输出
按钮输入
按钮动作
特殊动画连接
可见度
闪烁效果
检查(K)
确认(Y)
取消(C)
帮助(H)
日期：
时间：
系统运行时间：

图 6.3-18

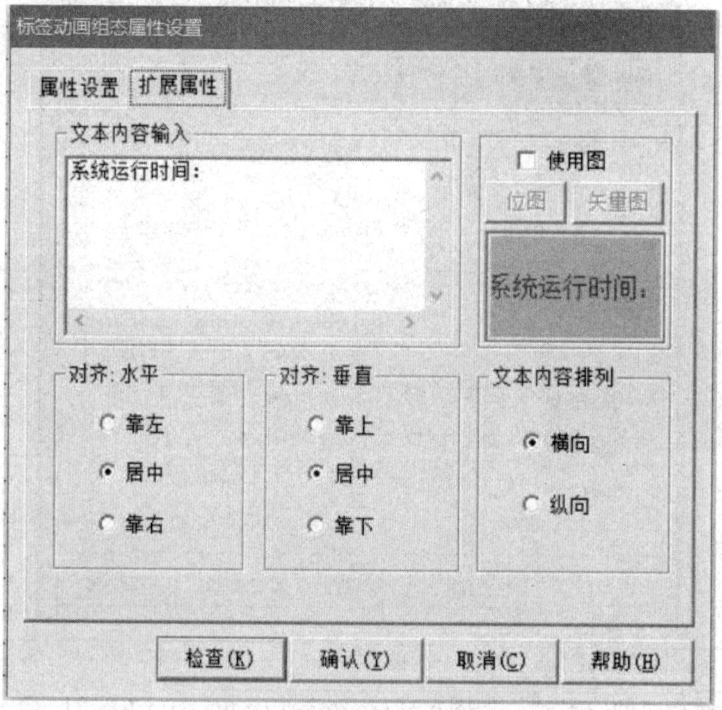

标签动画组态属性设置
属性设置
扩展属性
文本内容输入
系统运行时间：
使用图
位图
矢量图
系统运行时间：
对齐：水平
靠左
居中
靠右
对齐：垂直
靠上
居中
靠下
文本内容排列
横向
纵向
检查(K)
确认(Y)
取消(C)
帮助(H)

图 6.3-19

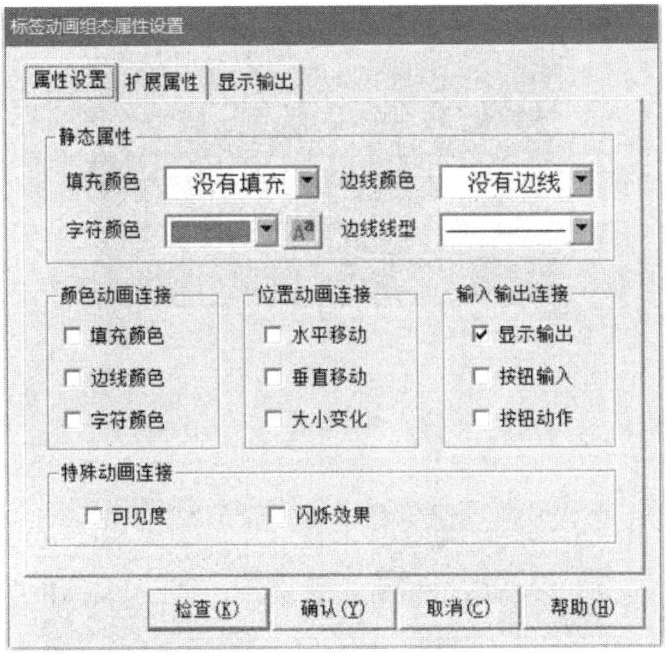

图 6.3-20

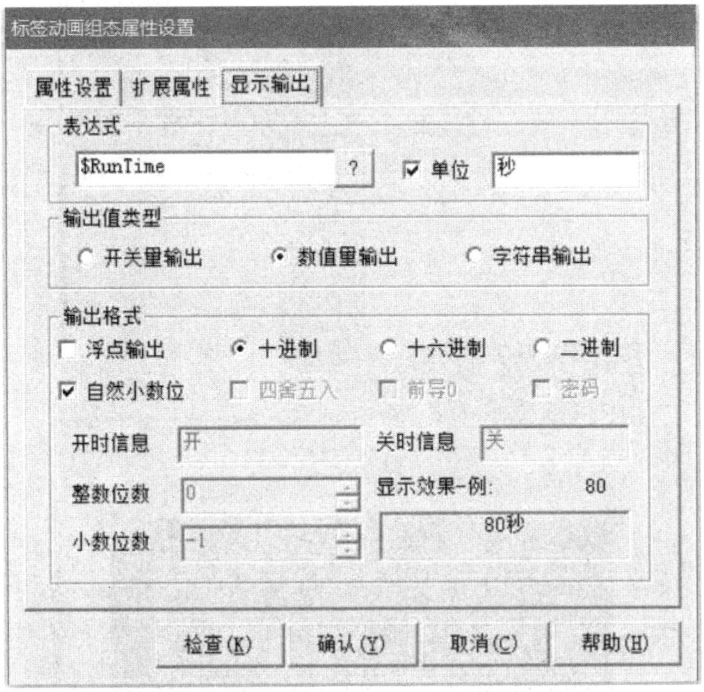

图 6.3-21

为方便调整位置，将时间显示组合为一整体，如图6.3-22、6.3-23、6.3-24。

框选所元件：

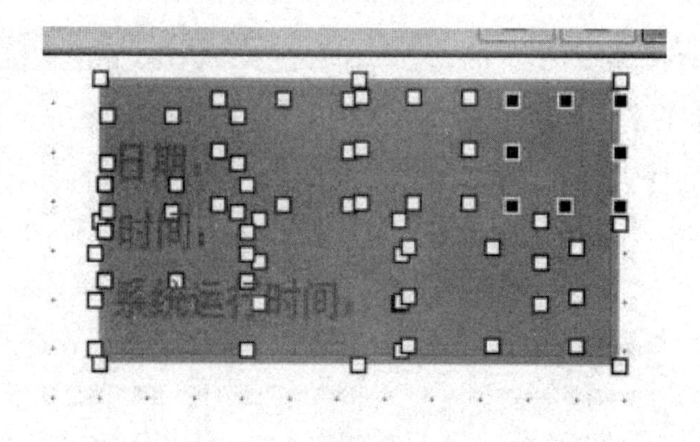

图 6.3-22

右击组合。

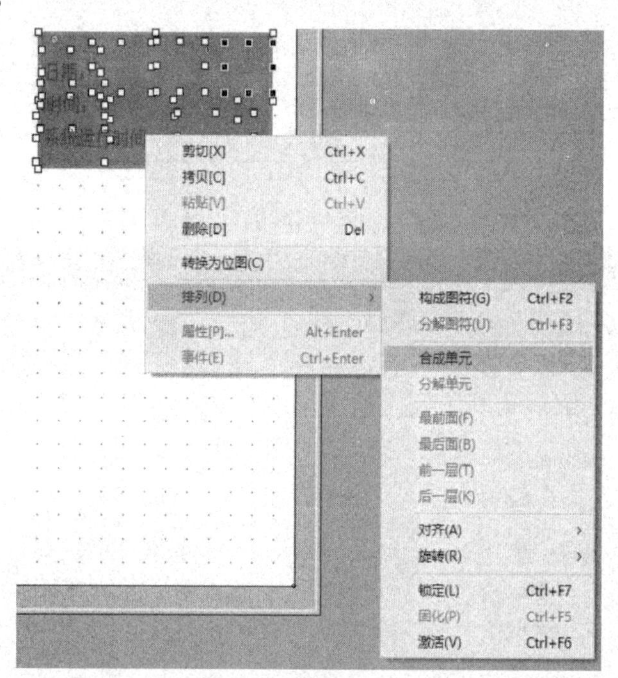

图 6.3-23

图 6.3-24

显示结果如图6.3–25。

图 6.3−25

2、小车往返运动制作

绘制绿色道路：启用矩形工具，绘制572*16的矩形，属性设置如图6.3–26。

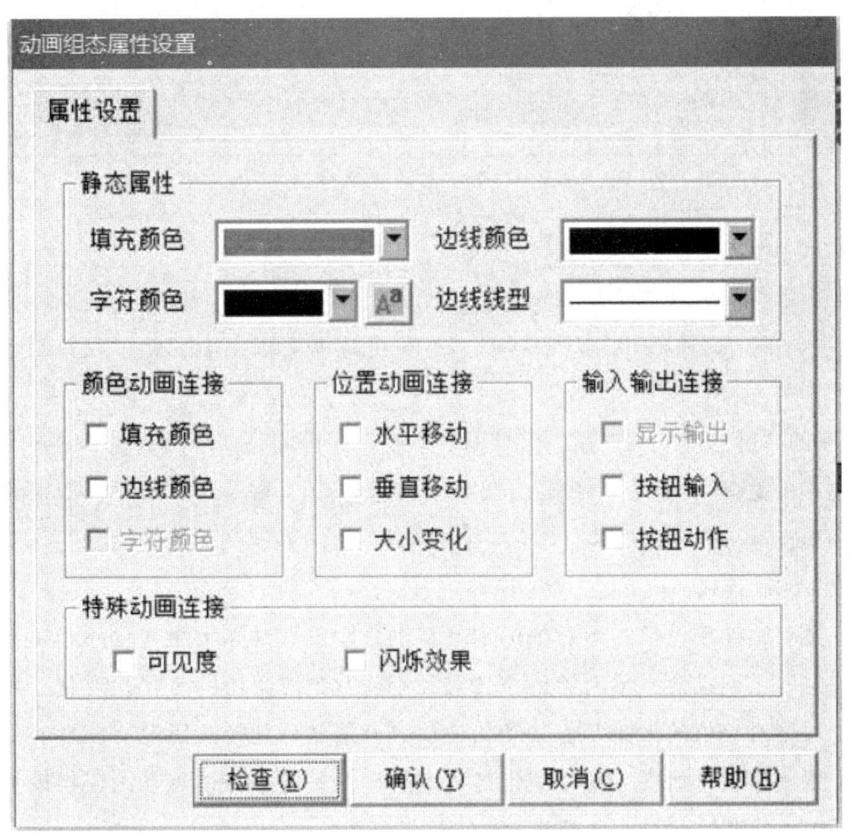

图 6.3−26

装载上车：在工具箱里点击“插入元件”按钮，如图，从“车”大类中选取“装载车1和2”，图6.3–27。

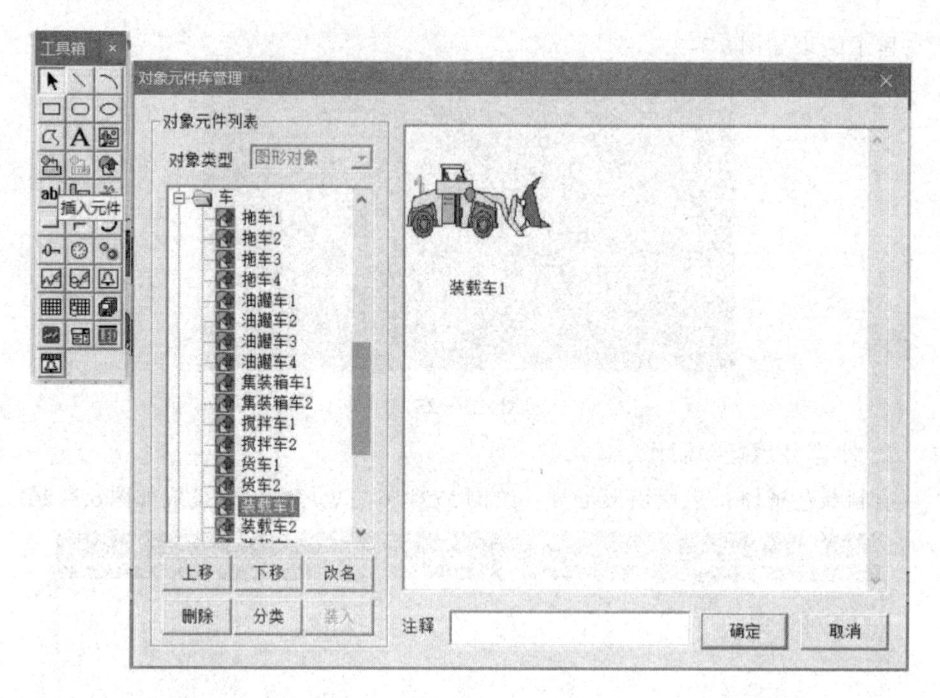

图 6.3-27

设置小车的参数

小车运动控制思维：

1）小车（装载车 1）水平移动；2）一个数据变量大小变化可以控制小车运动，增加为左移，减小为右移，变量不变化则为静止不动。比如“行程”变量。3）小车的“可见度”可以用一个“开关变量”来控制，如开关变量“小车可见”，当“小车可见=0”，则小车不见；当“小车可见=1”，则是小车可见。以可见性来控制小车左行与右行的切换显示。4）以循环的方式控制变量的变化。

位置动画连接

位置动画连接包括图形对象的水平移动、垂直移动和大小变化三种属性，通过设置这三个属性使图形对象的位置和大小随数据对象值的变化而变化。用户只要控制数据对象值的大小和值的变化速度，就能精确地控制所对应图形对象的大小、位置及其变化速度。如果组态时没有对一个标签进行位置动画连接设置，可通过脚本函数在运行时来设置该构件。

用户可以定义一种或多种动画连接，图形对象的最终动画效果是多种动画属性的合成效果。例如，同时定义水平移动和垂直移动两种动画连接，可以使图形对象沿着一条特定的曲线轨迹运动，假如再定义大小变化的动画连接，就可以使图形对象在做曲线运动的过程中同时改变其大小。

水平移动

平行移动的方向包含水平和垂直两个方向，其动画连接的方法相同，如图图6.3-28所示。首先要确定对应连接对象的表达式，然后再定义表达式的值所对应的位置偏移量。以图中的组态设置为例，当表达式Data0的值为0时，图形对象的位置向右移动0点（即不动），当表达式Data0的值为100时，图形对象的位置向右移动100点，当表达式Data0的值为其它值时，利用线性插值公式即可计算出相应的移动位置。

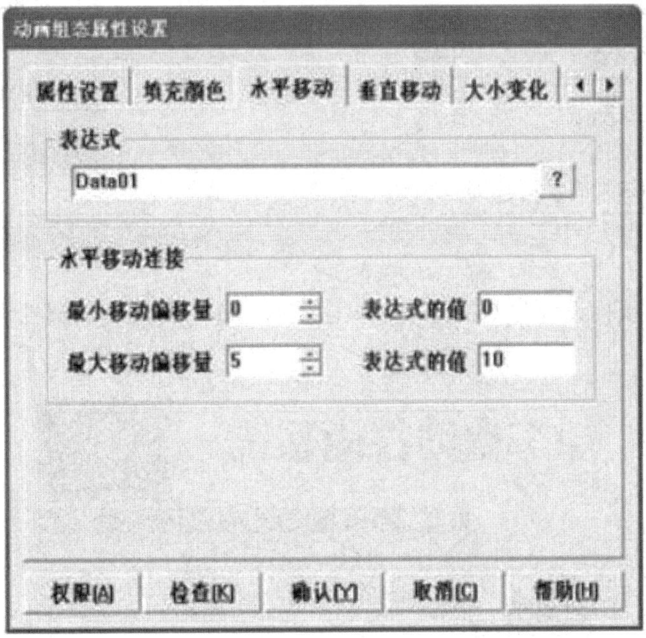

图 6.3-28

换一个角度理解：图中变量Data1=0时，移动体则在当前位置，即为0点位置，以小车为例，插入小车时的位置即为当前变量值为0的位置；Data1=5时，移动体就水平向右移动到以0点为起点的像素为10的位置；变量每变化1个单位值，移动体就移动2个像素位置，变量增加，移动体向右移动，变量减小，移动体向左移动。

注意：偏移量是以组态时图形对象所在的位置为基准（初始位置），单位为象素点，向左为负方向，向右为正方向（对垂直移动，向下为正方向，向上为负方向）。当把图中的100改为-100时，则随着Data0值从小到大的变化，图形对象的位置则从基准位置开始，向左移动100点。

添加数据变量，如图6.3-29。

行程：数值变量，用作小车左右行走距离控制

起点计时：数值变量，用于小车停靠左侧计时

终点计时：数值变量，用于小车停靠右侧计时

启动：开关变量，系统启动控制，

双击小车，打开“单元属性”对话框，激活“数据对象”

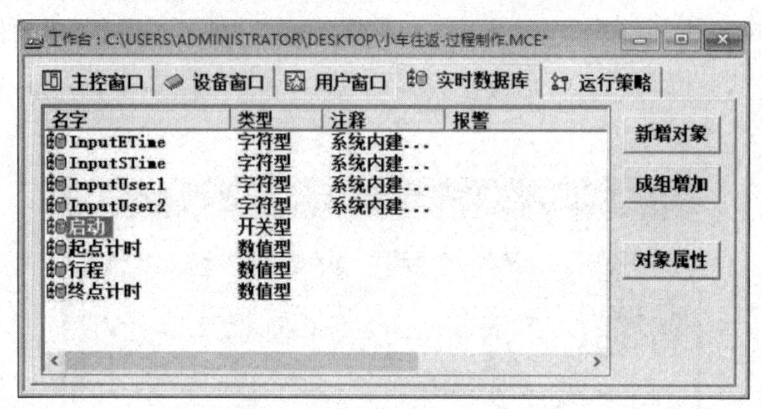

图 6.3-29

左行小车属性设置与变量链接，双击左行小车，打开单元属性设置对话在框，如图 6.3-30。

图 6.3-30

激活“单元属性”设置下的“动画连接”，选中“组合图符-水平移动”后面的“>”，打开对应的对话框，如图 6.3-31。表达式下输入“行程”变量（也可以点击后面的“?”打开了对应对话框择变量），更改为图中的数值，意思为行走 500 像素点，对应变量变化为 500，如图 6.3-32。激活“可见度”，打开对话框，在数据对象中分别输入图中的数量与逻辑关系。即小车水平移动由变量“行程”控制，可见度由逻辑“行程<500 and 起点计时>0 or 启动=0”约束，当逻辑为真时，小车

可见，如图6.3-33。

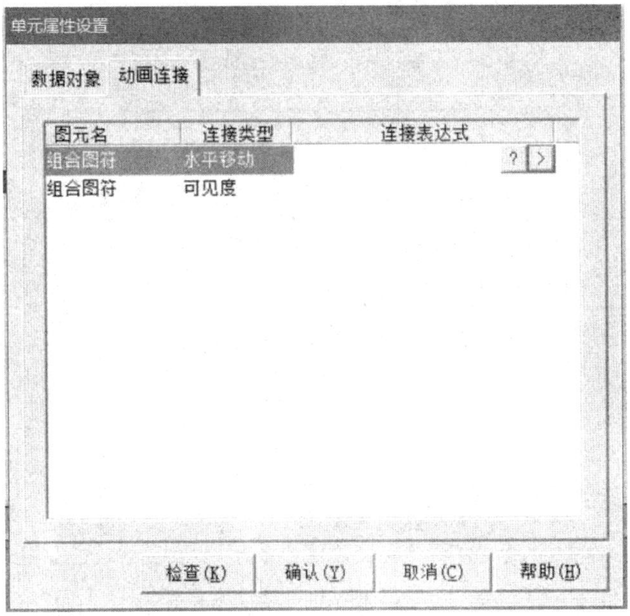

图 6.3-31

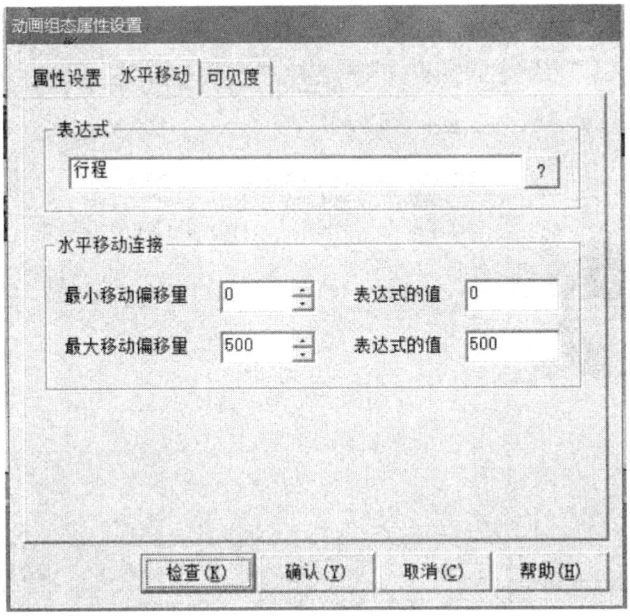

图 6.3-32

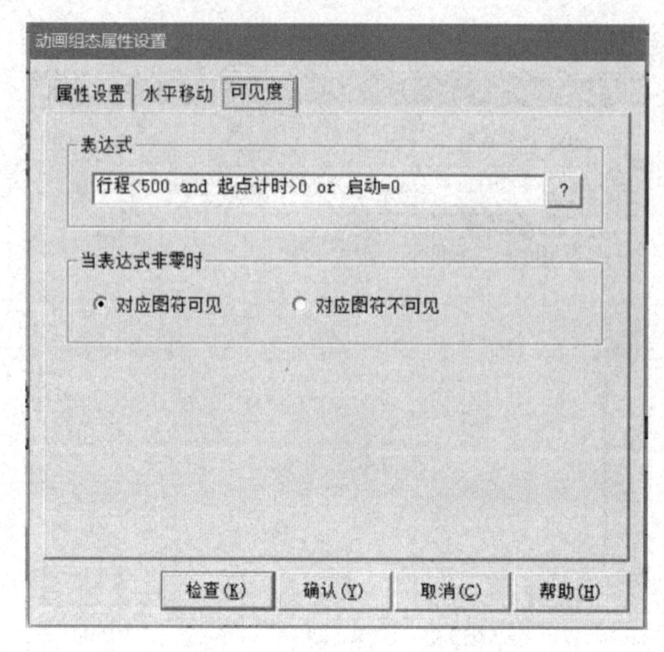

图 6.3-33

双击右行小车，以同样的方式设置好相应属性和连接变量，如图6.3-34。

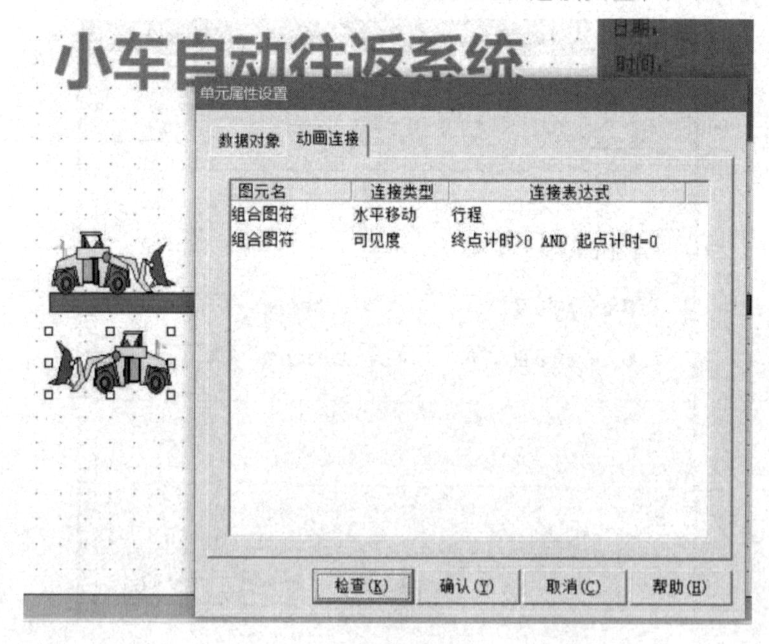

图 6.3-34

框选二个小车，将它们中心对正，形成重叠，如图6.3-35。

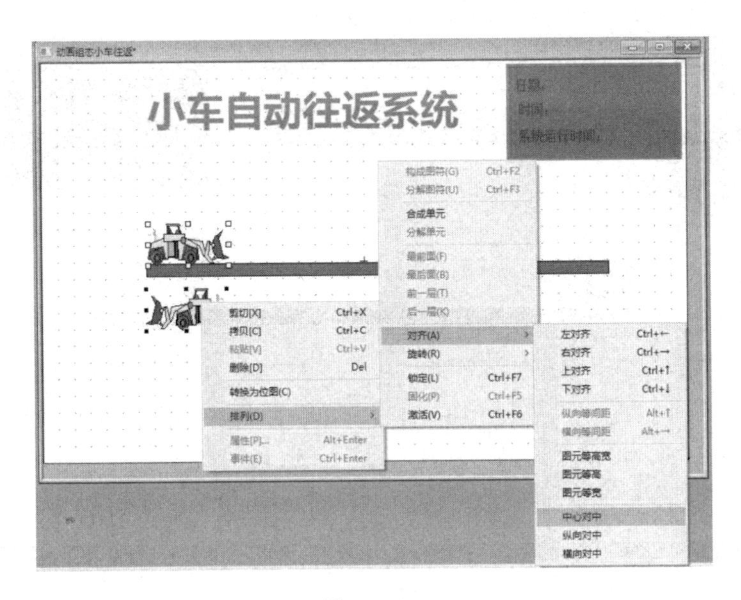

图 6.3-35

调整小车与道路的对应位置。

3、二个行程开关的设计

效果如图 6.3-1 示，系统界面道路两端二个开关用作行程开关。

在工具箱，单击插入元件按钮，打开对象元件库管理，选取“开关 3”。调整大小，将长高数据均修改为 70。选中“行程开关”，拖动到合适的位置，与道路平齐。在选中该元件下，右击，旋转到红色显示在右侧。复制该行程开关，调整位置，红色显示在左侧，如图 6.3-36、6.3-37、6.3-38、6.3-39。

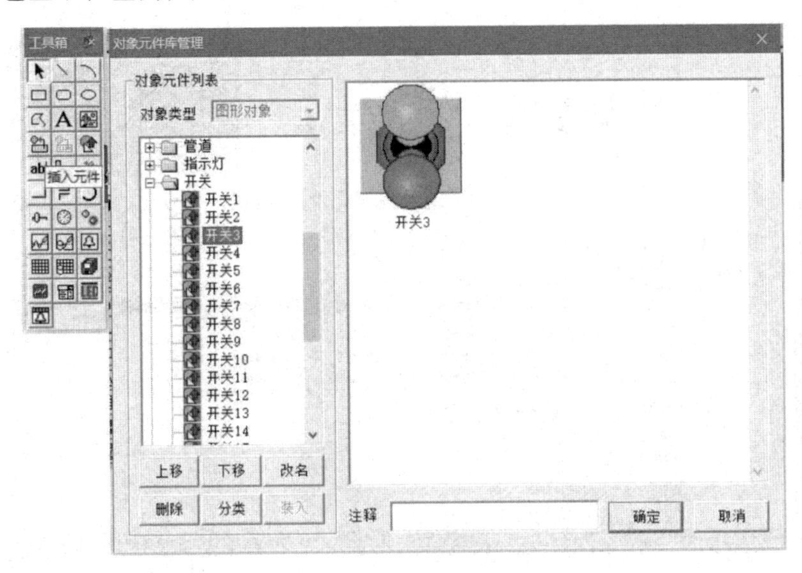

图 6.3-36

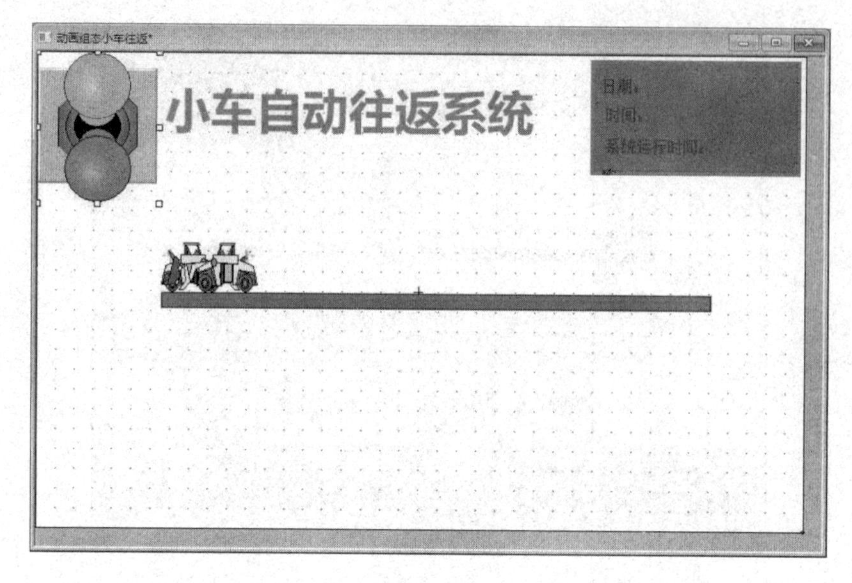

图 6.3-37

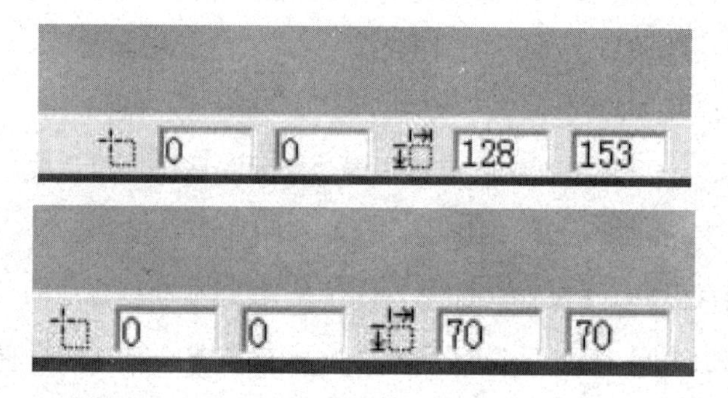

图 6.3-38

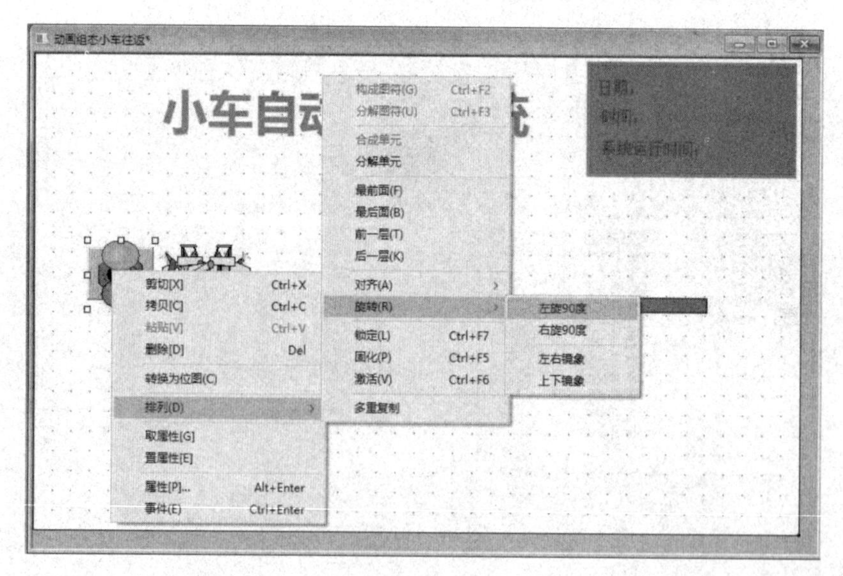

图 6.3-38

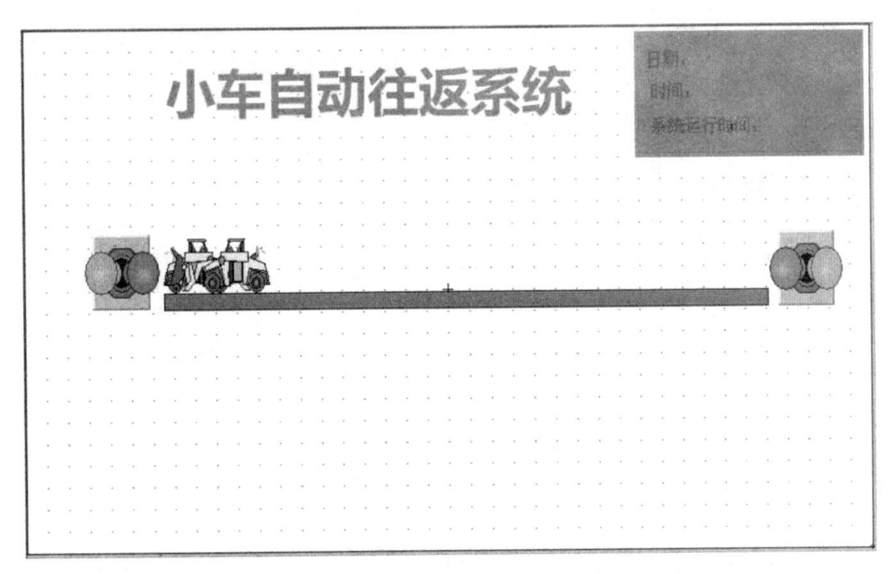

图 6.3－39

双击左侧行程开关，打开单元属性设置对话框，激活“动画连接”，选择“按钮输入”，点击后面的“>”，如图6.3-40，打开“动画组态属性设置”对话框，激活“按钮动作”，沟选“数据对象值操作”，点击后面的“?”，如图6.3-41，打开“变量选择”对话框，选取“行程”变量，如图6.3-42、6.3-43。激活“可见度”，在“表达式”下输入“行程=0”，图6.3-44。

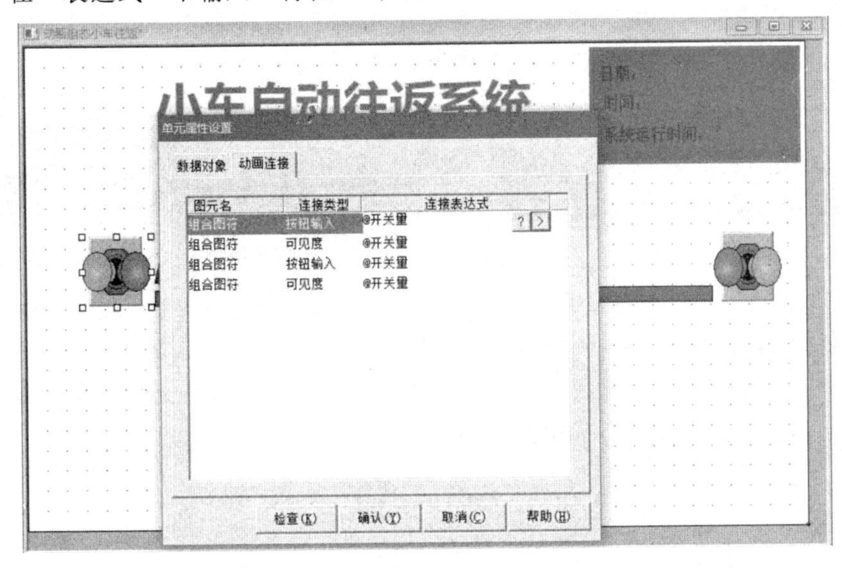

图 6.3－40

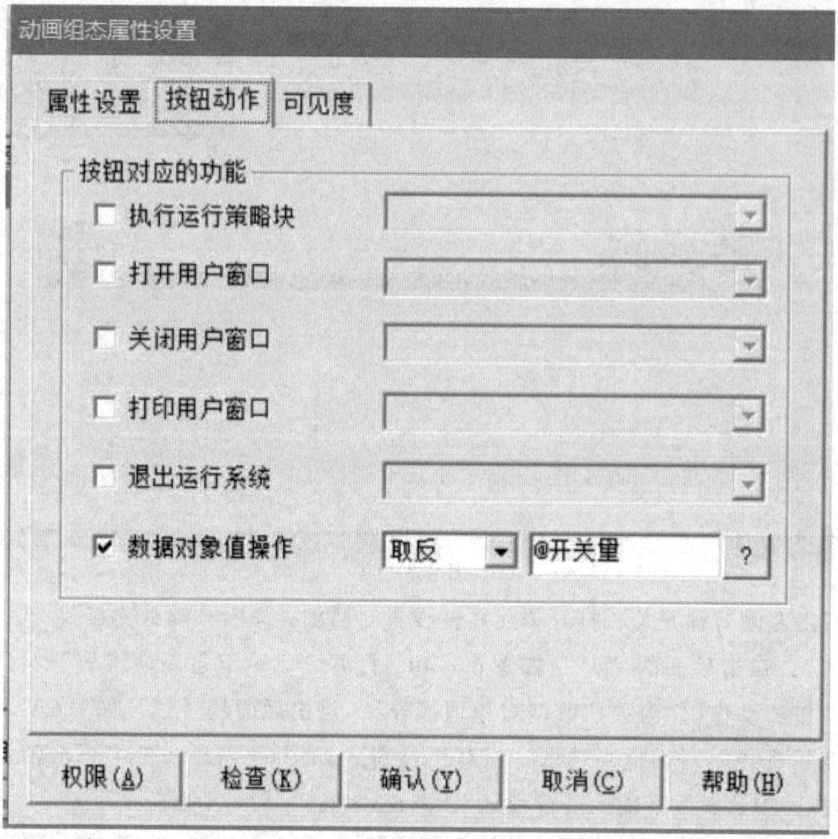

动画组态属性设置

属性设置 按钮动作 可见度

按钮对应的功能

☐ 执行运行策略块

☐ 打开用户窗口

☐ 关闭用户窗口

☐ 打印用户窗口

☐ 退出运行系统

☑ 数据对象值操作 取反 @开关量 ?

权限(A) 检查(K) 确认(Y) 取消(C) 帮助(H)

图 6.3-41

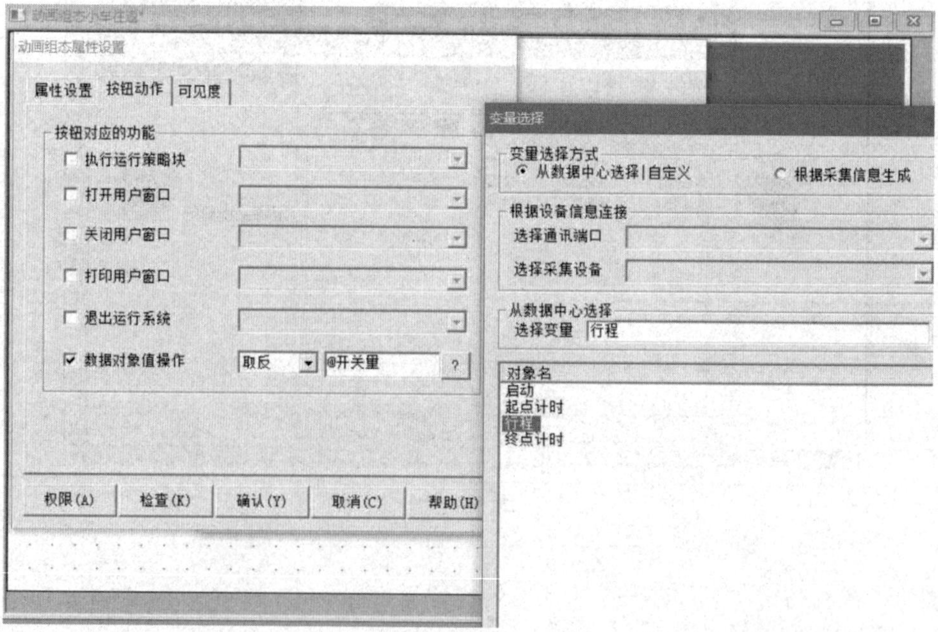

动画组态小车住监*

动画组态属性设置

属性设置 按钮动作 可见度

按钮对应的功能

☐ 执行运行策略块

☐ 打开用户窗口

☐ 关闭用户窗口

☐ 打印用户窗口

☐ 退出运行系统

☑ 数据对象值操作 取反 @开关量 ?

权限(A) 检查(K) 确认(Y) 取消(C) 帮助(H)

变量选择

变量选择方式

◉ 从数据中心选择|自定义 ○ 根据采集信息生成

根据设备信息连接

选择通讯端口

选择采集设备

从数据中心选择

选择变量 行程

对象名

启动

起点计时

行程

终点计时

图 6.3-42

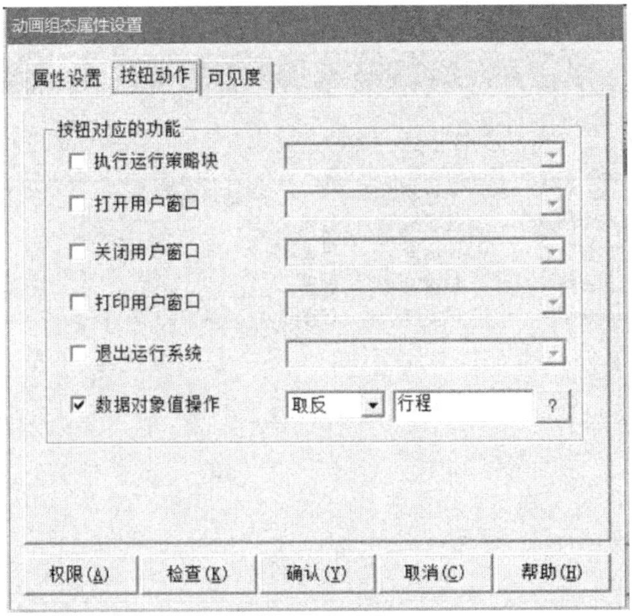

图 6.3－43

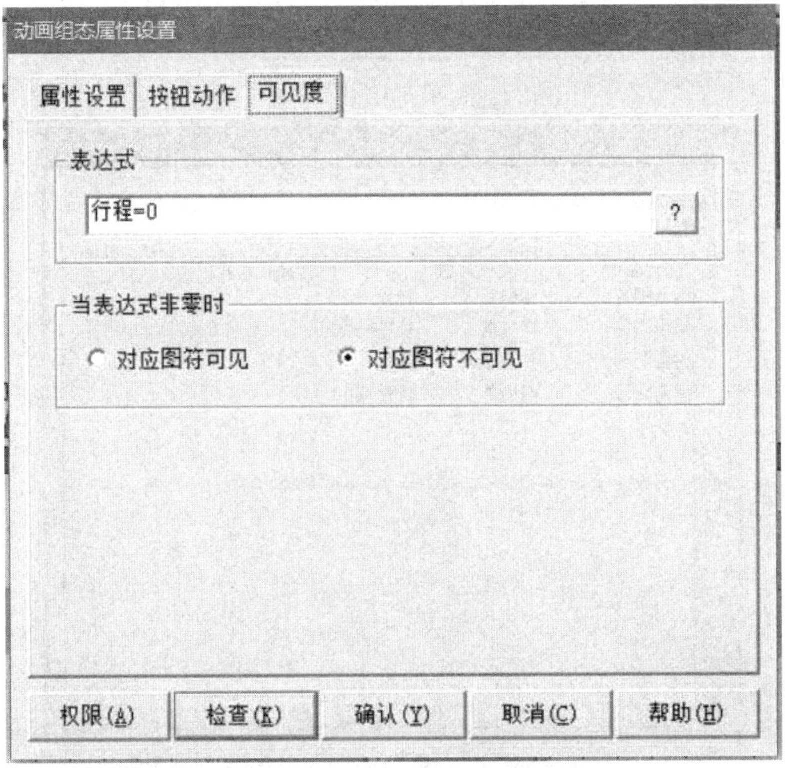

图 6.3－44

以同样的操作方式完成其它参数的设置。以同样的操作方式完成右侧行程开关的设置。结果如图 6.3–45、6.3–46。

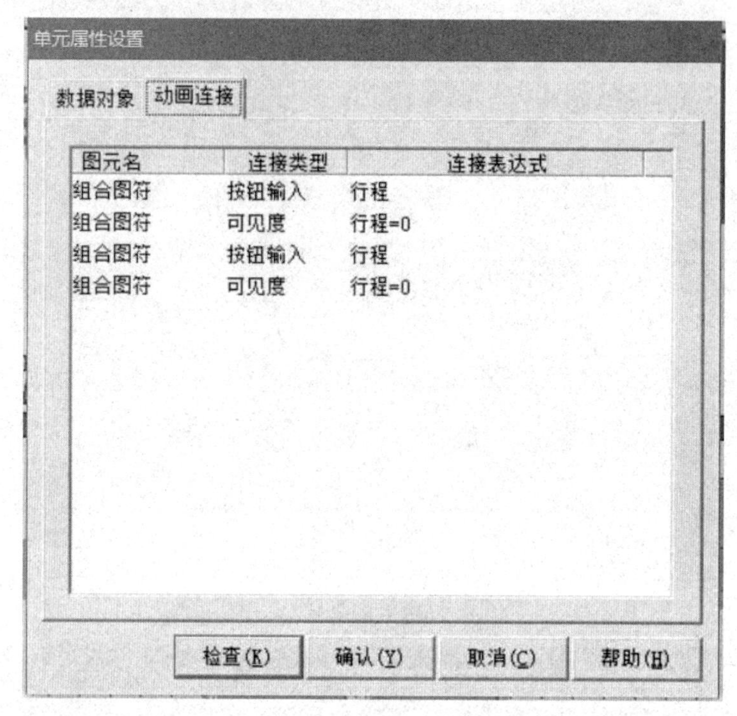

图 6.3–45

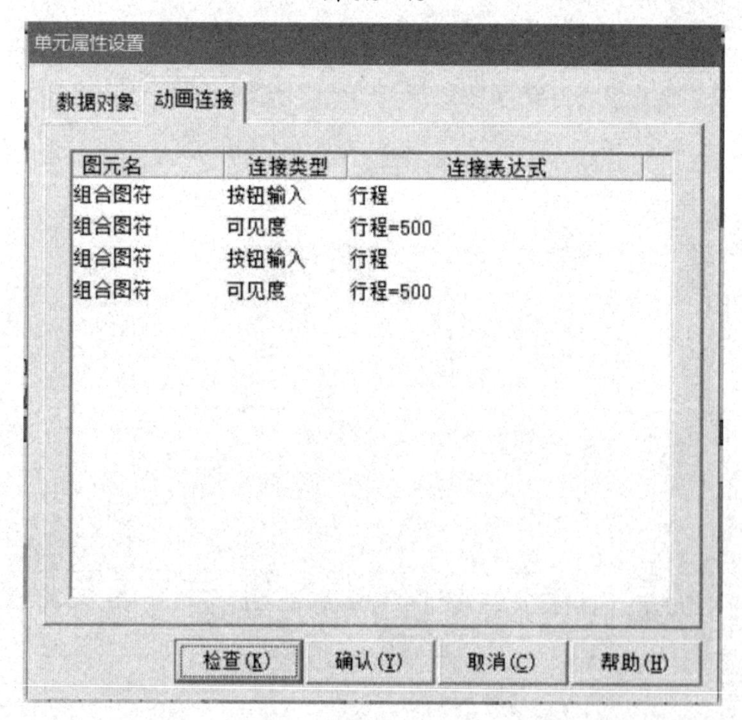

图 6.3–46

想想，左右行程开关对于行程的参数设置要求，行程=0和行程=500？为什么行程为“0”和“500”。

4、信息显示部分的制作

如图6.3-47中的“次数”、“行程”、“起点计时”和“终点计时”的制作。

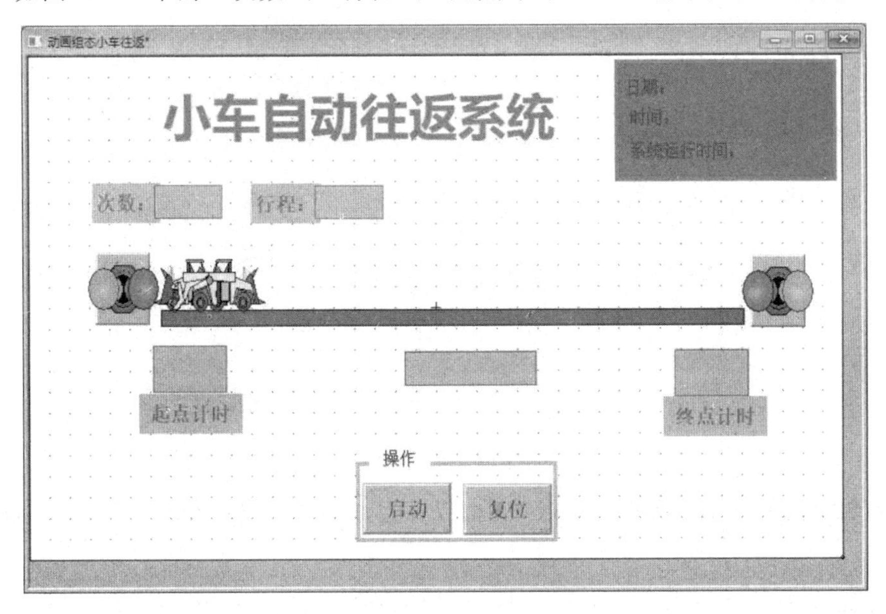

图 6.3-47

启动工具箱中标签工具，绘制矩形框后，双击设置属性，如图6.3-48、6.3-49。

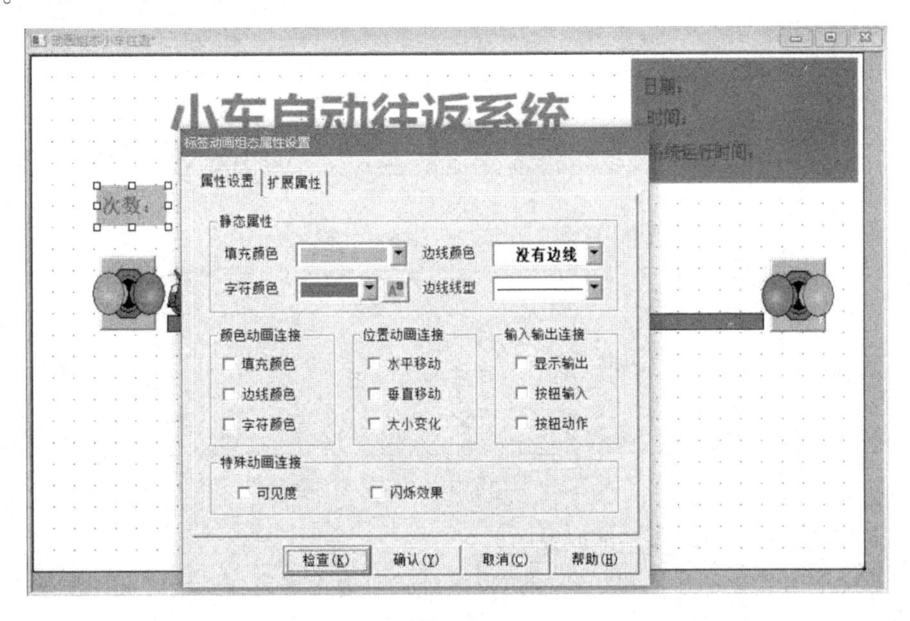

图 6.3-48

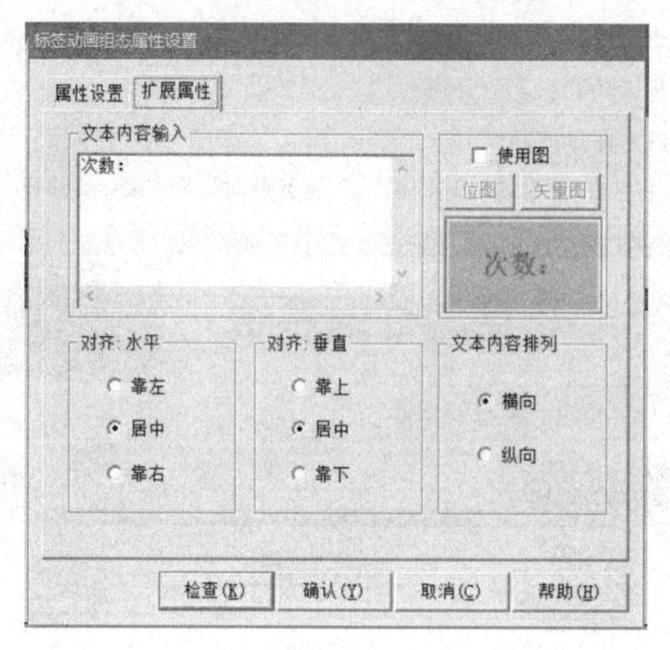

图 6.3-49

以同样的方式，完成另外三个：行程、起点计时、终点计时，效果如图 6.3-50。

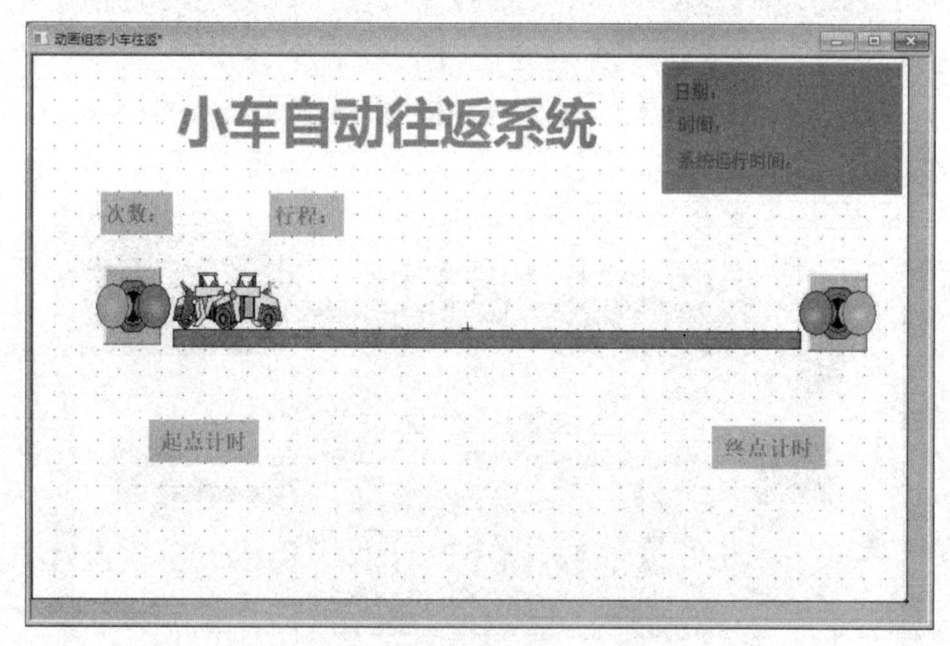

图 6.3-50

制作“次数”等数据的实时显示。

启动工具箱中标签工具，绘制矩形框后，双击设置属性，设置如图所示，并沟选“输入输出”下的“显示输出”，如图 6.3-51。激活“显示输出”，输入相关信息，如图6.3-52。注：输出值类型为数值量输出。

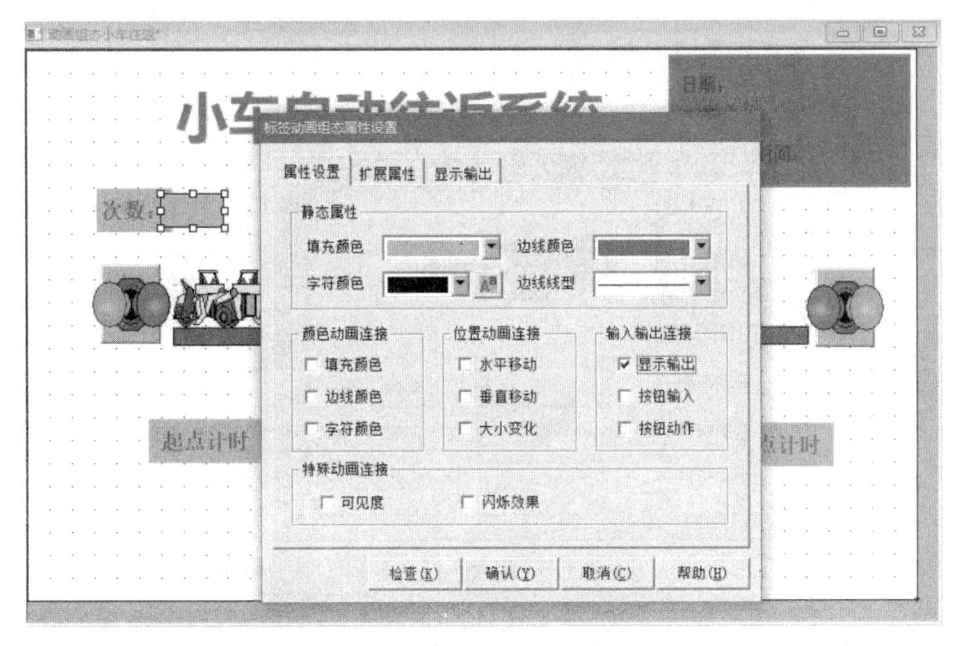

图 6.3-51

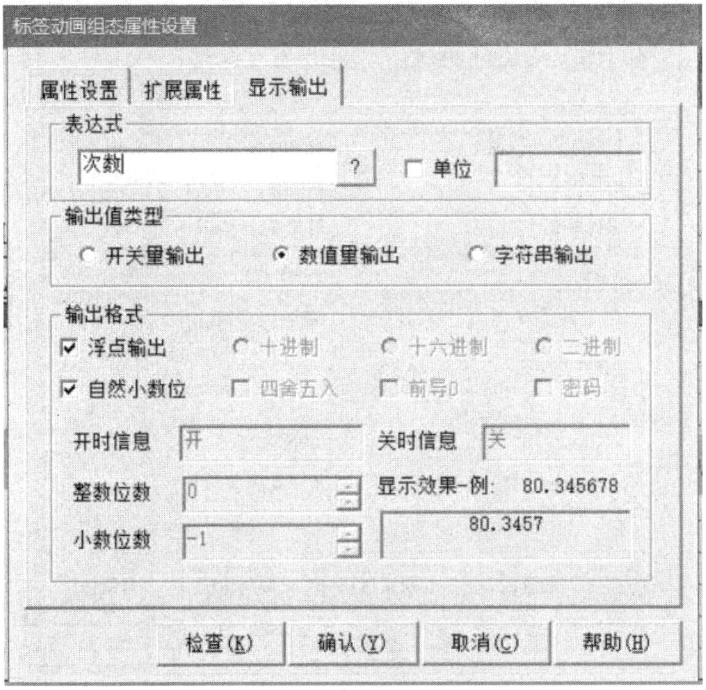

图 6.3-52

确认后，出现报错对话框，这是系统里没有个这个数据变量，添加即可。点击“是”，设置好属性，如图6.3-53、6.3-54。

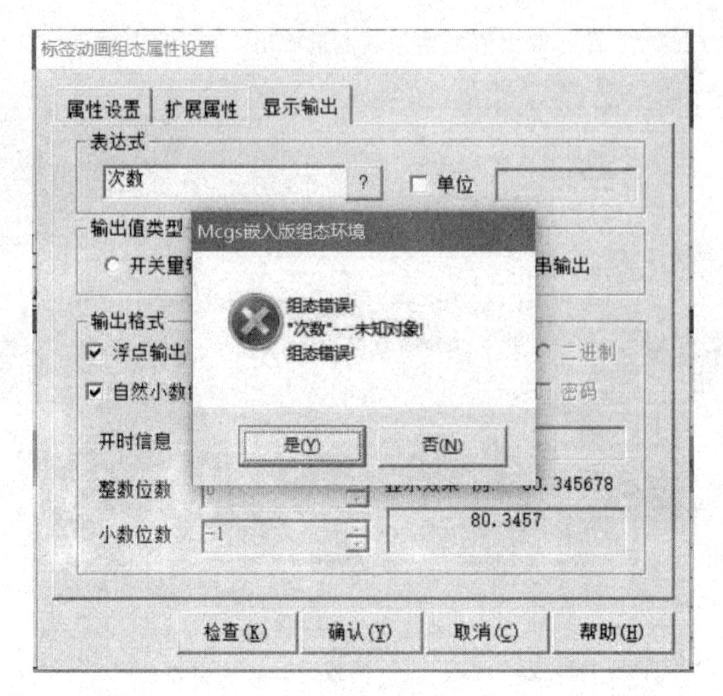

图 6.3-53

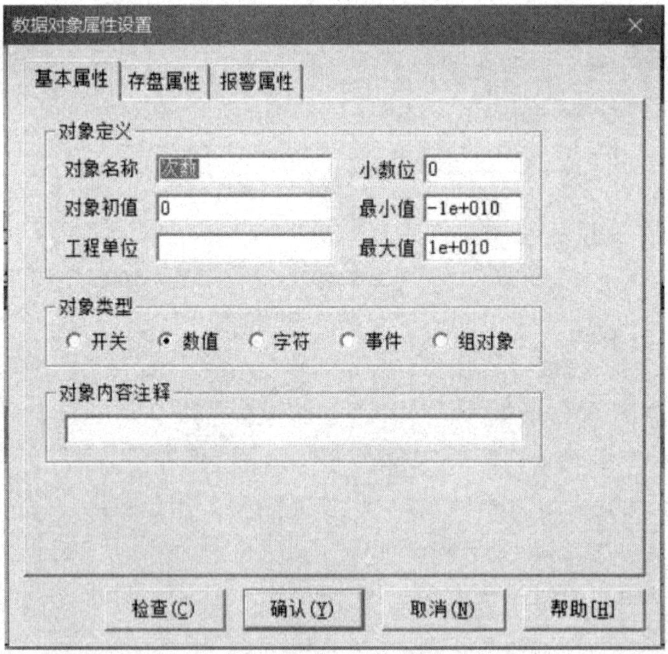

图 6.3-54

同样的方式设置好“行程”、“起点计时”和“终点计时”显示，如图6.3-55、图6.3-56、6.3-57。

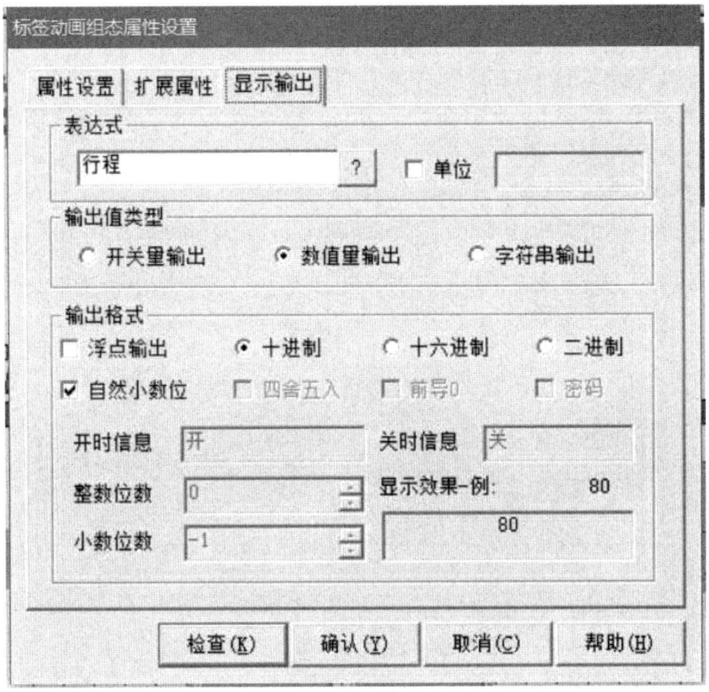

标签动画组态属性设置

属性设置 | 扩展属性 | 显示输出

表达式

行程 ? □ 单位

输出值类型

○ 开关量输出 ● 数值量输出 ○ 字符串输出

输出格式

□ 浮点输出 ● 十进制 ○ 十六进制 ○ 二进制

☑ 自然小数位 □ 四舍五入 □ 前导0 □ 密码

开时信息 开 关时信息 关

整数位数 0 显示效果-例: 80

小数位数 -1 80

检查(K) 确认(Y) 取消(C) 帮助(H)

图 6.3-55

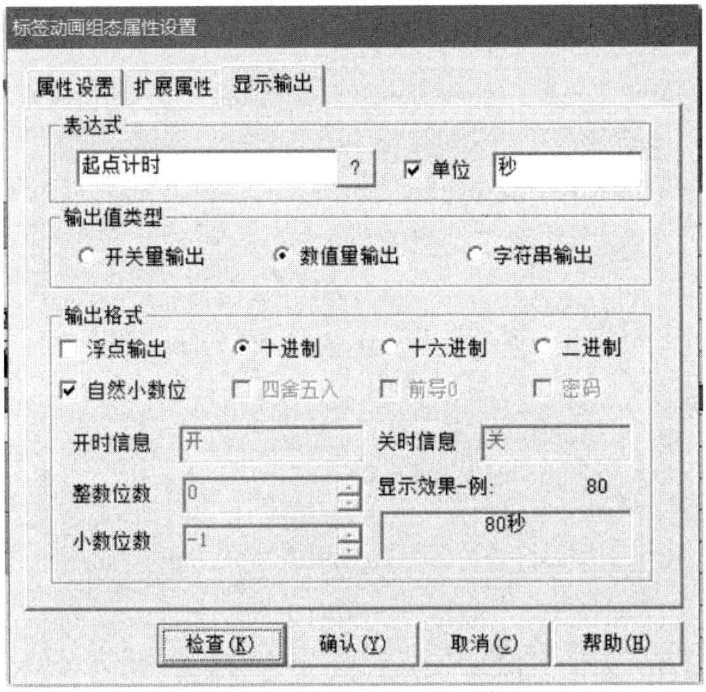

标签动画组态属性设置

属性设置 | 扩展属性 | 显示输出

表达式

起点计时 ? ☑ 单位 秒

输出值类型

○ 开关量输出 ● 数值量输出 ○ 字符串输出

输出格式

□ 浮点输出 ● 十进制 ○ 十六进制 ○ 二进制

☑ 自然小数位 □ 四舍五入 □ 前导0 □ 密码

开时信息 开 关时信息 关

整数位数 0 显示效果-例: 80

小数位数 -1 80秒

检查(K) 确认(Y) 取消(C) 帮助(H)

图 6.3-56

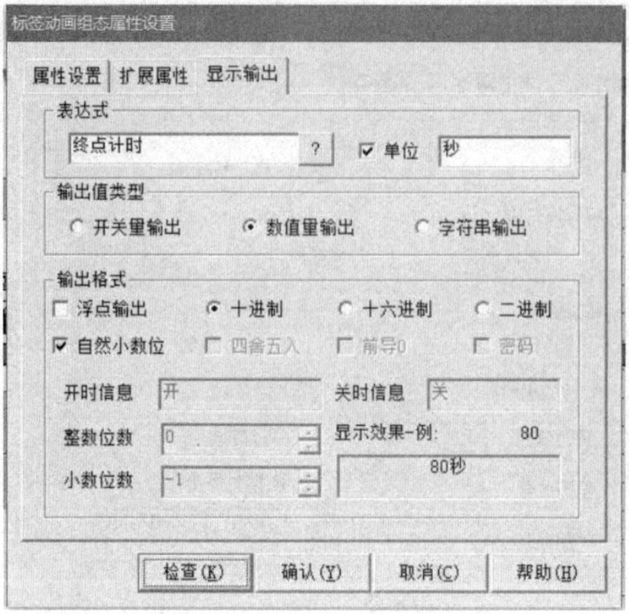

标签动画组态属性设置

属性设置 扩展属性 显示输出

表达式

终点计时 ? ☑单位 秒

输出值类型

○开关量输出 ◉数值量输出 ○字符串输出

输出格式

☐浮点输出 ◉十进制 ○十六进制 ○二进制

☑自然小数位 ☐四舍五入 ☐前导0 ☐密码

开时信息 开 关时信息 关

整数位数 0 显示效果-例: 80

小数位数 -1 80秒

检查(K) 确认(Y) 取消(C) 帮助(H)

图 6.3-57

在起点计时与终点计时中间，增加一个“动作显示”，即显示小车先进的方向。效果如图6.3-1图6.3-2图6.3-3中的“小车等待启动”、“小车行进中”和“小车返回中”。

如图6.3-58中，完成了显示标签和字符串变量设置，方便后面赋值脚本编写。

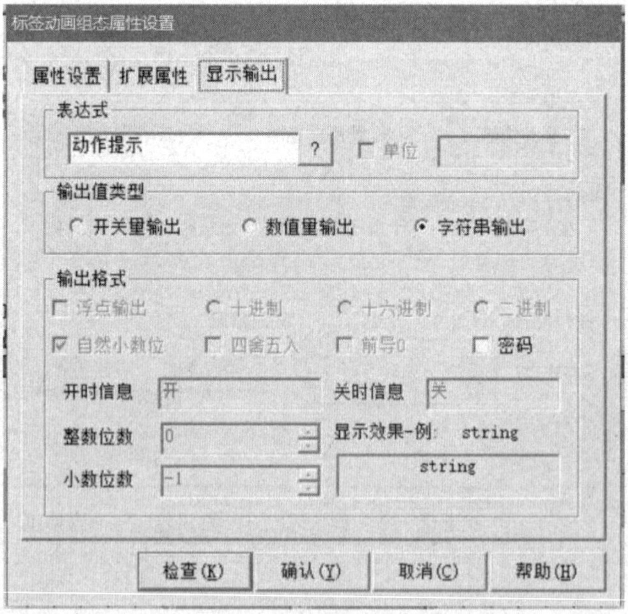

标签动画组态属性设置

属性设置 扩展属性 显示输出

表达式

动作提示 ? ☐单位

输出值类型

○开关量输出 ○数值量输出 ◉字符串输出

输出格式

☐浮点输出 ○十进制 ○十六进制 ○二进制

☑自然小数位 ☐四舍五入 ☐前导0 ☐密码

开时信息 开 关时信息 关

整数位数 0 显示效果-例: string

小数位数 -1 string

检查(K) 确认(Y) 取消(C) 帮助(H)

图 6.3-58

5、操作按钮设计

效果如图6.3-59中的“操作”下的“启动”和“复位”。

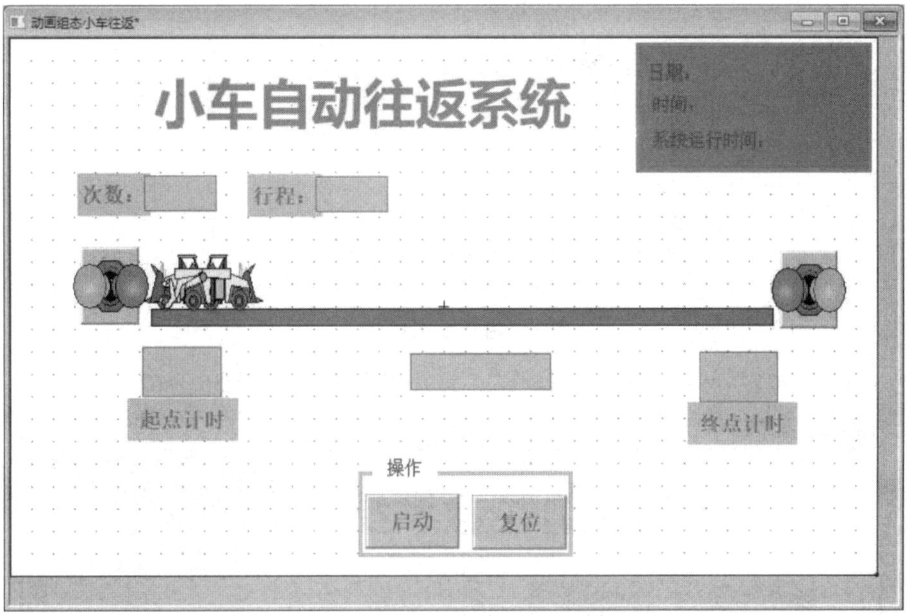

图 6.3-59

启用工具箱中的标签工具，输入“操作”，将字体颜色更改为“蓝色”。

启用工具箱中的矩形工具，设置相应属性，如图6.3-60、6.3-61。

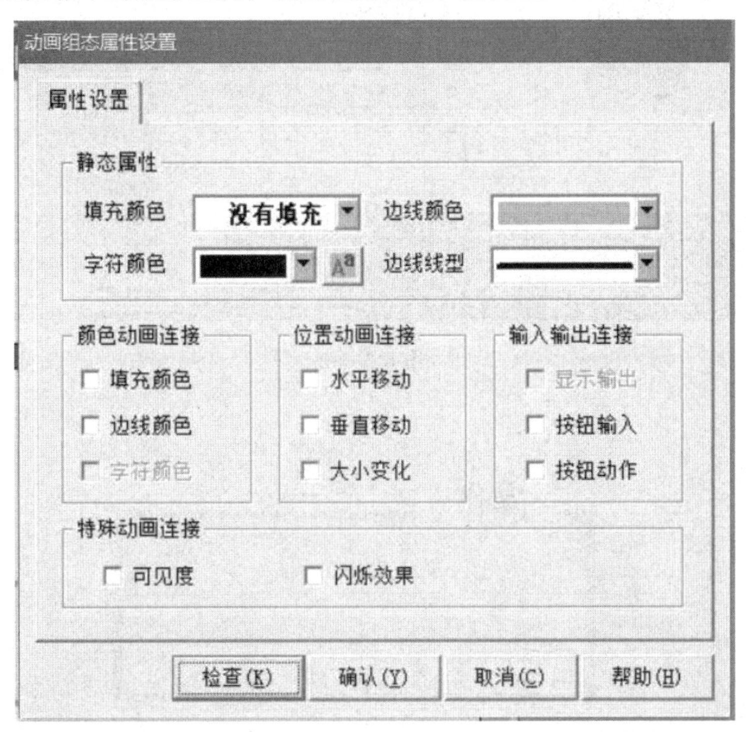

图 6.3-60

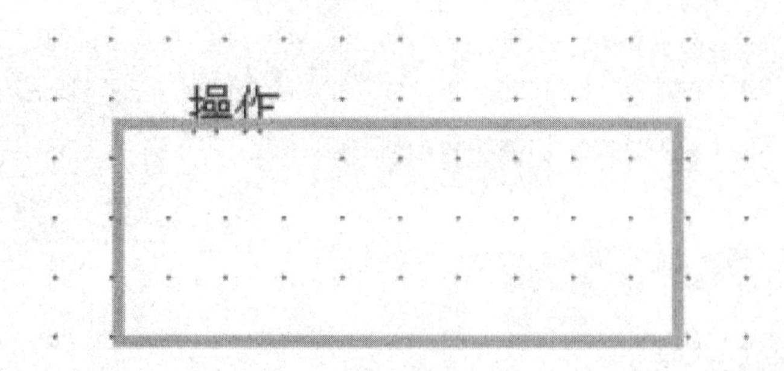

图 6.3-61

选取“操作”标签，右击“操作”，打开相应界面，如图6.3-62、6.3-63。

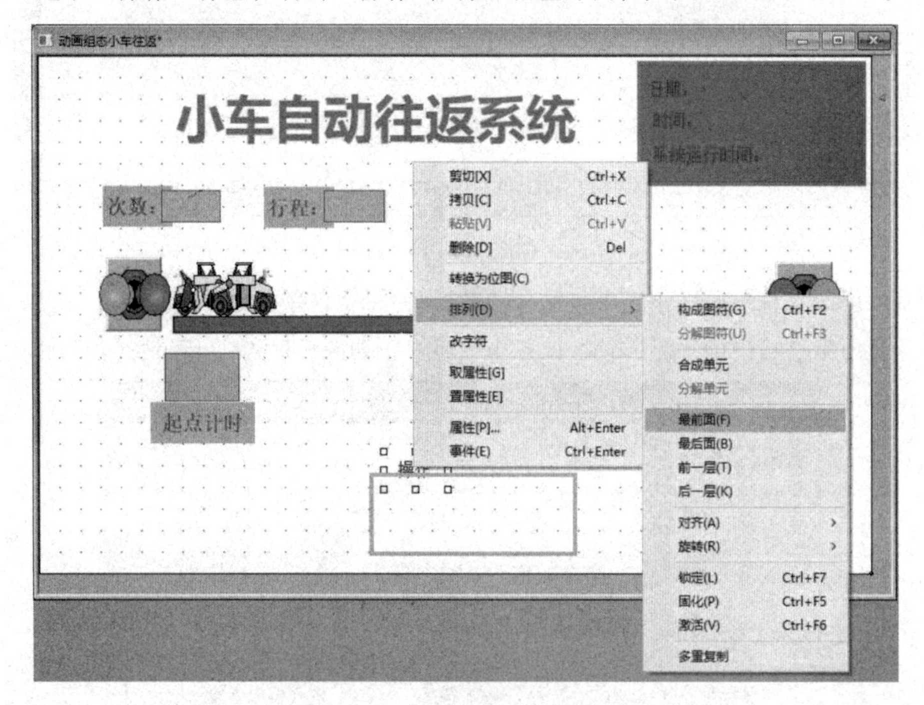

图 6.3-62

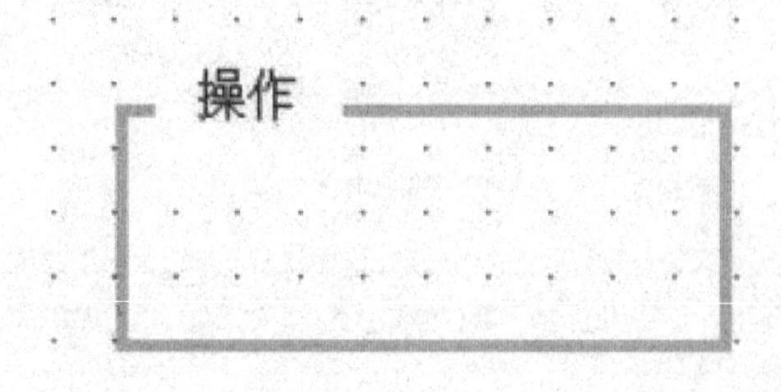

图 6.3-63

启用工具箱中按钮工具，绘制矩形。双击“按钮”，设置相应属性，如图6.3-64、6.3-65。

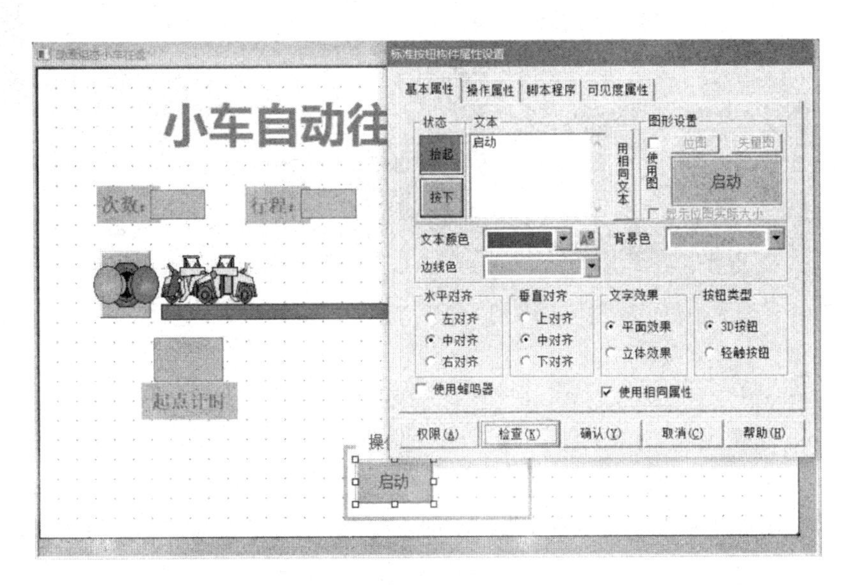

图 6.3-64

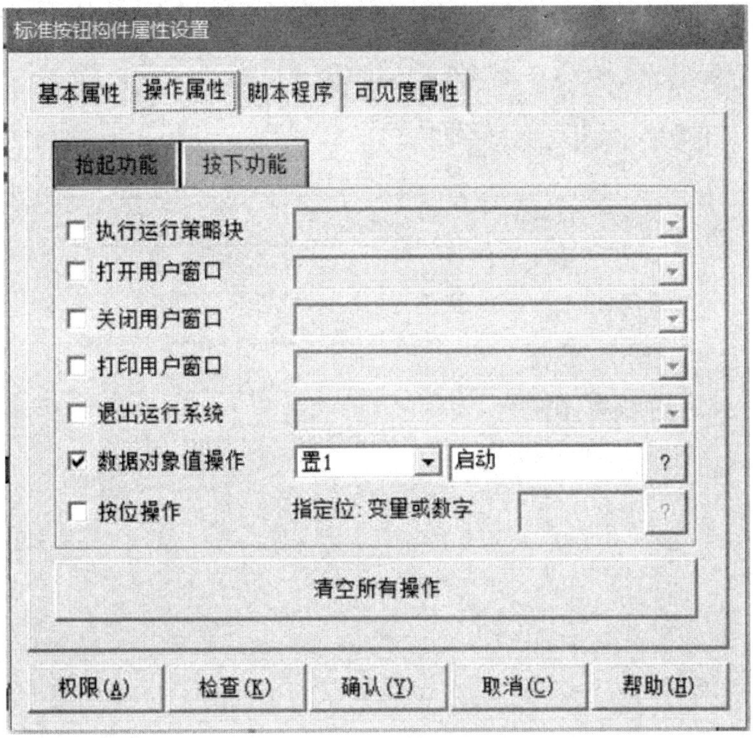

图 6.3-65

以同样的方式添加“复位”按钮。注：在“脚本程序”下添加相应脚本，表明将此按钮按下后的目的和结果，如图6.3-66、6.3-67、6.3-68。

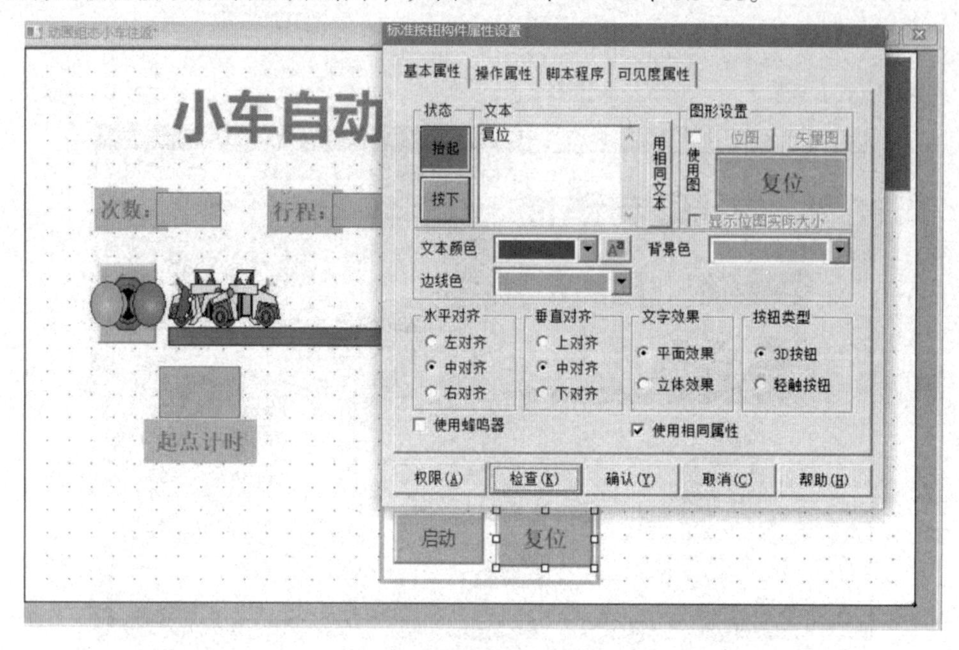

图 6.3-66

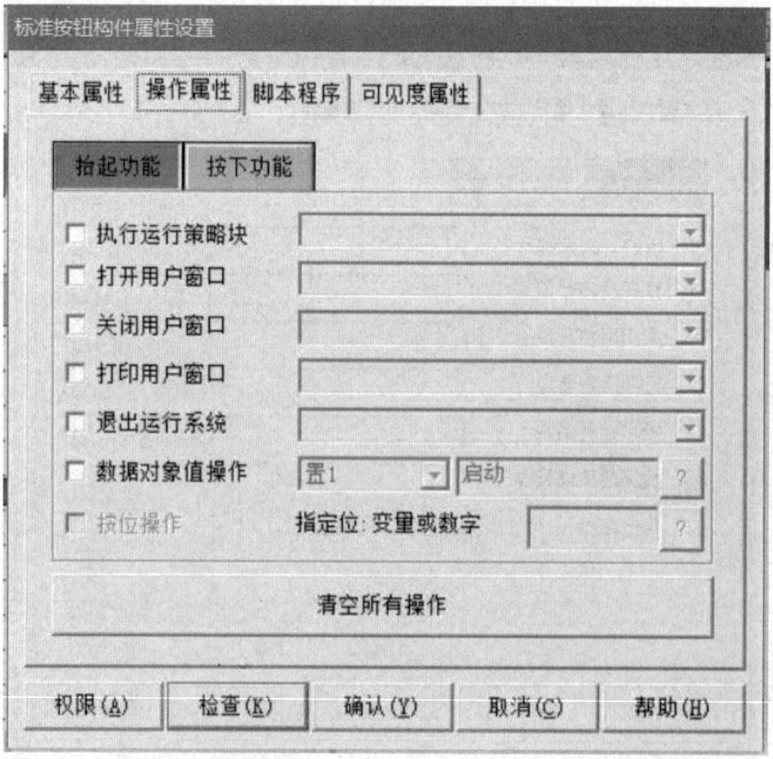

图 6.3-67

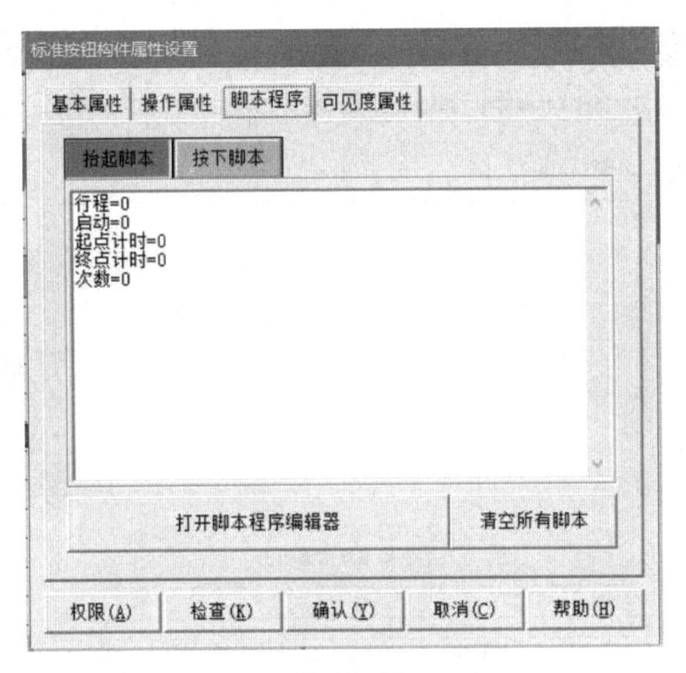

图 6.3-68

6、编写脚本

双击窗口空白处，打开“用户窗口属性设置”窗口，激活“循环脚本”，为了显示效果，将循环时间修改为10，如图6.3-69。点击“打开脚本程序编辑器”，输入以下脚本文件。

IF 启动=1 AND 行程=0 AND 起点计时<5 THEN 起点计时=起点计时+1

IF 启动=1 AND 行程<500 AND 起点计时>=5 THEN 行程=行程+2

IF 行程=500 THEN 起点计时=0

IF 行程=500 AND 终点计时<10 THEN 终点计时=终点计时+1

IF 终点计时>=10 AND 行程>0 THEN 行程=行程-2

IF 起点计时=0 AND 终点计时=10 AND 行程=0 THEN 次数=次数+1

IF 终点计时=10 AND 行程=0 THEN 终点计时=0

IF 次数=3 THEN 启动=0

IF 行程=0 AND 起点计时>0 AND 起点计时<5 THEN 动作提示="装料中 ..."

IF 行程>0 AND 行程<500 AND 终点计时 <>10 AND 起点计时=5 THEN 动作提示="推车行进中 ..."

IF 行程=500 AND 终点计时=10 AND 起点计时=0 THEN 动作提示="卸料中 ..."

IF 行程>0 AND 起点计时=0 AND 终点计时=10 THEN 动作提示="推车返回中 ..."

IF 终点计时=0 AND 起点计时=0 THEN 动作提示="推车等待启动 ..."

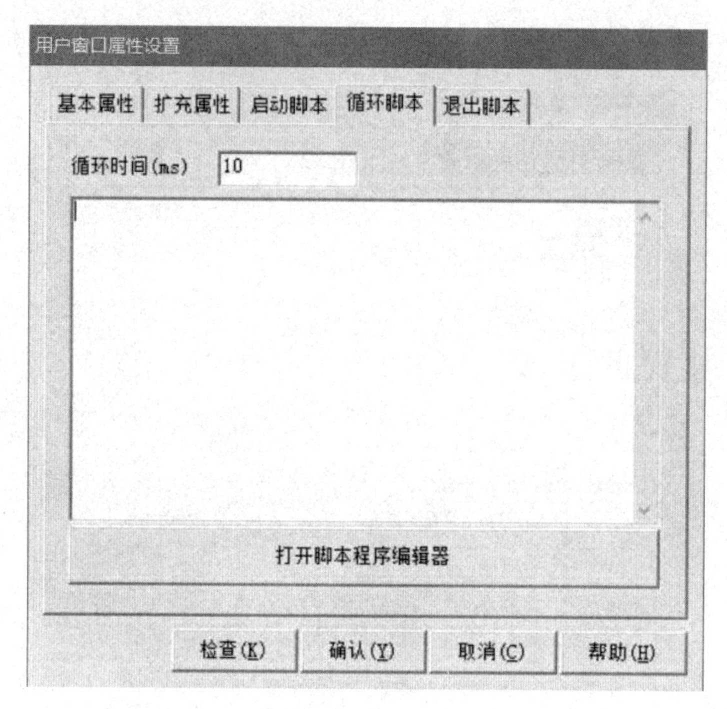

图 6.3 69

启动模拟运行，下载调试，显示效果如图6.3-1、6.3-2、6.3-3。

6.3.7 检查与评分

项目：昆仑通泰触摸屏应用 任务：小车自动往返三次停止组态工程			
检查者： 工位号： 日期：			
功能检测与目视检查 总分：			
序号	检查要点	附注	评分
1	正确建立工程	包括文件保存及文件名等	10—0
2	时间信息显示	变量数据类型设计	10—9—7—5—0
3	小车往返运动控制设计	运动参数设置	10—9—7—5—0
4	左右行程开关设计	状态与小车位置匹配	10—9—7—5—0
5	小车运行过程中信息显示设计	信息显示与小车位置相匹配	10—9—7—5—0
6	操作按钮设计	按钮动作与小车状态匹配	10—9—7—5—0
7	系统调试，准备定位问题	准确定位问题点，反映出理解深度	10—9—7—5—0
8	能较好理解运行控制中参数变量关联性的本质	参数关联性与实际位置相关	10—9—7—5—0
9	实际工作时间（本任务要求时间：30分钟）		10—9—7—5—0
10	功能是否实现		10—9—7—5—0

6.3.8 文件编制

1、简述你在实施本任务时的工作方法。

2、在实施本任务时，你可以获得哪些新知识?

3、在下次做类似的任务时，你应当做哪些改进?

4、如果你的一位同学要重复或继续你所进行的工作，他需要哪些信息?

6.3.9学生笔记

1、

2、

6.3.10 反思与习题

垂直运动与水平运动控制本质有什么区别？请将左右运动修改为上下运动控制。

4、创新设计案例

1）多传感器大容量小型自动清扫垃圾车的研制

（1）作品基本情况

本项目基于企业真实项目，于2021年参加了第十六届“挑战杯”广东大学生课外学术科技作品竞赛，获得科技发明制作A类三等奖。

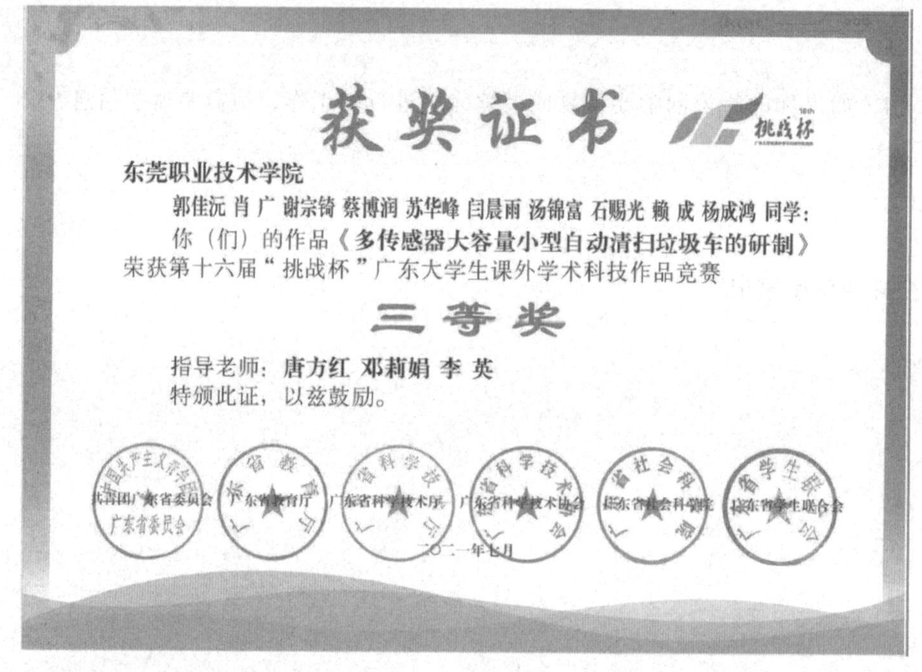
获奖证书

挑战杯

东莞职业技术学院

郭佳沅 肖广 谢宗锜 蔡博润 苏华峰 闫晨雨 汤锦富 石赐光 赖成 杨成鸿 同学：

你（们）的作品《多传感器大容量小型自动清扫垃圾车的研制》

荣获第十六届“挑战杯”广东大学生课外学术科技作品竞赛

三等奖

指导老师：唐方红 邓莉娟 李英

特颁此证，以兹鼓励。

二〇二一年七月

（2）作品说明书

作品名称：多传感器大容量小型自动清扫垃圾车研制

申报者姓名

（集体名称）：郭佳沅、蔡博润、肖广、谢宗锜、苏华峰、赖成、闫晨雨、汤锦富、杨成鸿、石赐光

1 项目背景与调研

1.1 国外清扫车的发展概况

国外发达国家从世纪年代就开始批量生产清扫车，像美国、英国、德国、日本等公司，目前不管在销量规模、还是技术档次都处于世界的前列。国外清扫车在技术上比较成熟，产品性能较为完善，所生产的清扫车具有高效能、优质量、操作舒适可靠、环保等优点。如公司的扫路车除了日常的扫路功能外，还有许多

附加功能，如除雪、道路清洗等功能；意大利的扫路车公司的系列扫路车装载了压缩天然气发动机，几乎没有二氧化碳和废气颗粒排放，噪声也减少了近，非常适合在城市和人群密集的地方工作；系列扫路车将控制键放置在伸手可及的地方，使用手动杆控制扫盘。人性化的设计让操作中的手掌可以靠在仪器上，不易疲劳目前国外先进的清扫车都在不断地提高其机电液一体化智能水平，如美国公司生产的清扫车上使用了温度、转速、货重、物位、倾角、液位、避障、压力、电量等多种传感器，通过传感器采集清扫车控制所需的各种信息中央控制计算机进行存储、运算、变换、加工等处理，由控制系统发出各种命令，执行机构完成要求的功能，达到了机电液一体化智能控制的目的。

1.2国内清扫车的发展现状

在我国，清扫车的开发和研究起步较晚。世纪年代，我国研制生产出了第一代扫路机，从此揭开了我国研发清扫车的序幕。但由于当时的清扫车性能差、质量差、外观差及清扫效果均较差，加上受到当时使用条件的限制，因此只有少数大城市使用。年代后国内相关科研机构、生产厂家加大了清扫车的研究开发力度，北京和上海研制出的S31型、S32型和S15型等大、中、小三种规格的纯扫式扫路机相继投入使用，天津研制的干式纯吸式扫路机小批量投入使用。与第一代技术水平相比，第二代有了较大的提高，但由于纯扫式的清扫效率不高、除尘系统可靠性问题等原因，使该类扫路机的推广使用受到极大限制直到年代中期，根据国家计委和建设部下达的科研任务，建设部长沙建设机械研究院经过多年的研究，开发出了我国第一代湿式吸扫结合的扫路车——型扫路车，填补了国内空白，同时标志着我国第三代扫路机的诞生。该扫路车采用扫刷清扫与真空气力输送相结合以及湿式除尘的方法，使清扫效率提高到吸扫式的左右，而且解决了清扫时扫刷的二次扬尘污染及垃圾箱内垃圾尘土与空气的分离问题。

20世纪60年代，我国研制出纯扫式垃圾清扫车，标志着我国的垃圾清扫进入了机械化时代。20世纪80年代末，建设部长沙建设机械研究院设计出我国第一台吸扫式垃圾清扫车，从此揭开了吸扫式垃圾清扫车发展的序幕。20世纪末至21世纪初是我国垃圾清扫车发展最快的阶段，巨大的市场需求推动了垃圾清扫车的迅猛发展，各种类型的吸扫式清扫车不断涌现，并迅速占领市场。我国清扫车行业历经数十年的发展，产品从单一的纯扫式发展到目前的多种型式，产品性能和产品质量迅速提高，特别是在改革开放以后，通过进口关键外购件使扫路车产品性能和可靠性大大提高。但目前我国扫路车的水平与国外发达国家相比，还存在一定的差距，特别是在产品的可靠性方面。为尽快提高我国扫路车的水平，缩小与先进国家扫路车水平的差距，满足我国环卫部门对路面清扫作业的要求，扫路车生产企业应选择一个合适的扫路车研究方向。随着社会的发展、进步，不再满足于单纯意义上的吸尘车，将从多功能、环保、经济等方面提出更多的要求，市场呼唤能满足各种需求的吸尘车。

近年来国内各清扫车企业已经开始意识到产品自主研发的重要性，逐渐加大对清扫车科研工作的投资力度。

1.3 垃圾清扫车的常见类型

1、纯吸式清扫车

纯吸式道路清扫车是一种“无二次扬尘污染、功能上优于传统扫路车”的全新高科技产品。该车采用负压纯吸的原理，由吸尘系统、一次集尘箱、二次集尘箱、粉尘回收系统、液压系统、电控系统及行走系统等组成，具有吸尘范围广、吸净率高、吸口无二次扬尘、出风口无粉尘排放、工作效率高等优点，是环卫清洁及物料回收的优选产品。适用于于易产生扬尘污染的多粉尘、高浓度和大密度的工矿企业；城市高架、快速道路及桥隧的快速清扫保洁；城市主干道、高等级公路及高速公路的清扫保洁。

2、干式清扫车

干式清扫车是一种新型道路清扫车，不用刷子不喷水，全部气流作业，靠的是空气动力学原理，经专家鉴定国内领先技术，且拥有独立的知识产权，洛阳驰风车业有限公司自行开发、研制、生产的路洁牌系列吸尘车全部用气流，不用刷子、不喷水，没有一次扬尘、没有二次扬尘，路洁吸尘车的广泛使用将大大减少空气中可吸入颗粒物的含量，彻底解决了粉尘污染严重的问题，是一种环保、节能的现代化新型环卫产品，这种产品的环保技术指标高于国家行业标准。

3、折叠多功能全吸式清扫车

多功能全吸式扫路车是采用专利技术研制的新产品，它改变了以往清扫车用盘刷滚动刷扫的传统方式，而全部采用气流来完成作业，利用气流运动方式将粉尘和垃圾收集储存起来，因此效率很高。本产品可有效减少粉尘污染，提高空气质量，降低空气中可吸入颗粒物的含量，改善人们的生活环境。

1.4项目大背景总结及分析

随着城市的快速发展，对城市道路、公共设施的清扫和保洁任务量越来越大，对市政与环卫作业机械化程度的要求越来越高，因此研究适合我国城市道路的特点，适应现代化环卫发展要求的新型、高效、环保、用于城市清扫的小型垃圾清扫车，对清扫机械的发展具有重要的指导意义和实用价值。

近年来，越来越多的城市实现了路面清扫作业的机械化。这不仅有利于城市现代化形象的提升，而且降低了环卫工人的劳动强度，提高了作业过程中的安全性、经济性及作业效率。此外，在某些危险作业区域垃圾清扫车将完全取代人工清扫，将事故发生率降到最低。但是我国在产品使用和开发方面还有一些问题急需解决。基于此，本文对常见的垃圾清扫车的类型、结构型式及发展趋势进行介绍。

1、目前我国垃圾清扫车存在问题

垃圾清扫车作为重要的保洁设备，在道路清扫工作中占据重要的地位。干式扫地车扬尘较大，影响周围环境，适用于边远郊区；湿式扫地车扬尘小，但长时间使用极易导致风道堵塞，养护维修费用高。国产的垃圾清扫车使用时间在三四年以上的车辆，保洁质量存在一定的问题，而进口设备价格偏高。就垃圾清扫车的实际运行状态而言，还存在以下几点问题。

1）产品结构发展失衡、清扫效率不够高

随着国民经济的较快发展，国内垃圾清扫车将迎来量与质的双飞跃，“十二五”期间各地政府加强城市化建设及新农村建设，我国垃圾清扫车发展迅速，国内各垃圾清扫车生产企业抓住了这一难得的历史机遇，取得了长足的发展，所以有理由相信，经过近几年来的发展，国内垃圾清扫车将迎来5～10年的黄金发展时期。但国内垃圾清扫车辆储备严重不足，且存在产品结构发展失衡，生产厂商规模有限、资金短缺等问题，清扫效率不够高。近年来机动车保有量快速攀升，汽车消费大众化来临，个性化、多样化出行成为新趋势，清扫车作业时行走速度慢，易被追尾。

2）清扫效果欠佳、缺少远程监控、自动化技术不太高

就垃圾清扫车自身功能而言，也存在一定不足之处：一是水箱、垃圾箱容积不匹配，加水（排垃圾）占用时间较多，往返次数多；二是真空吸扫式对郊区道路较大的污染物，例如石子等清扫效果不好；三是缺少远程监控，自动化技术不太高；四是功能单一。从目前道路清扫工作情况看，市场现有的清扫车基本上是单纯的扫路车，即只能扫路不能它用。

3）污染大，噪音大

垃圾清扫车在运行过程中二次扬尘和污染大，噪音大。城镇化进程提速，对于道路清扫工作提出了新的更高的要求。清扫作业对环境造成的影响应不断降低，尽量避免出现污染问题。

2、垃圾清扫车发展趋势

和发达国家相比，我国的垃圾清扫机械还是存在着很多的不足，我国的清扫车在清洁的效率和质量上都和发达国家的水平没有非常大的差别，只是在清洁车辆的运行噪声和排放量可靠性上都存在着非常明显的差距，现代化清扫保洁机械应与生态型、现代化国际大都市发展相适应，具有环保优先、技术创新、国际先进等装备特征。从满足单一的普通作业需求，向满足联合作业、规范作业、模块组合、环保作业及同步监控管理等需求发展。

1）向多功能化方向发展

国内目前生产的清扫车只能适应单一的作业工况，比如清扫车只能清扫路面而不能进行其他作业。鉴于目前市场对清扫车的需求信息，要求清扫车不仅能清扫路面，还能进行多功能作业，因此，开发一种功能多样的新型路面清扫车将是一个重大的发展方向。

2）优化产品各方面的性能

国外清扫车的各方面性能均较好，主要表现在：基础件质量稳定；可靠性高；操作舒适安全。国内清扫车由于技术不完善或者制造工艺存在问题，各方面性能普遍不好。为此我国更应该加大对垃圾清扫车的研发与投资力度，积极引进国外先进技术，优化现有产品整车系统，以提升国内产品的机械性能、效率和人机交互时的舒适性与安全性。

3）产品应节能、环保

在节能降耗方面，任何能提高吸扫效率的改进和创新，都能自动降低燃油消耗，减少对周围环境的污染排放。在污水污染方面，重点是控制车辆在作业中的滴漏现象；在扬尘污染方面，重点是控制车辆在作业时的二次扬尘污染；在噪声污染方面，重点是控制液压系统、机构撞击、发动机等机械噪声；在废气污染方面，重点是控制发动机废气排放和车辆作业中异味气体的散发。

4）实现智能化控制

随着科技的蓬勃发展，电子计算机技术已进入人们生活的方方面面，国外一些公司已开始对路面清扫车实行智能化控制。因此，我国的生产厂家有必要将计算机技术引入到对清扫车的控制过程中，使今后的路面清扫车实现智能控制，减缓驾驶员的操作压力，并逐步实现无人驾驶。

2 项目研究的目的

了解国内外行情况，深入掌握环卫工人的需求，研制本垃圾清扫车必须要解决：1）提高垃圾清扫效率和效果，降低工人劳动强度；

2）提高机器操作性能，即自动化控制方面要提高；

3）降低物业等运营成本。

在综合目标的指引下，细化到具体应用与研制过程，研究的方向清晰明了。

在许多校园及小区，人们经常会看到以下情境。下图1中标注来说明问题。

这是现在校园或小区垃圾清扫常见的场境。对照垃圾清扫车大背景，人们就会发现这种垃圾清扫几大问题，如图中数字编号。

图1　运行中的传统垃圾清扫车

图中①号位置：有二个问题，一是“老人”开车。现在做这些工作的都是年纪偏大的师傅，对垃圾清扫车的操作不是很灵巧；另一方面，操作师傅侧着头，要观察清扫车清扫点与路肩的位置，以提高清扫效果，存在一定的摔倒的风险。

图中②号位置：这个垃圾车的容量有些小。接着就会出现如图2所示镜头。

图2　操作师傅停车更换垃圾袋

在春秋季，一段不长（50–100米）的路下来，要去更换垃圾袋，降低了清扫效率。紧接着，还要安排人员装送一袋袋垃圾。使用很多的黑色垃圾袋也不环保，如图3。

图中③位置：扫把不能完全贴紧路肩，并且与垃圾车行走速度关联度高，有时不小心，还会出现扫把撞击路肩的情况。

图中④位置：有二个方面的内容。一是垃圾与树叶进入垃圾箱，是通转轮旋转将垃圾带入垃圾箱。二是轮胎是一般的充气胎，常常出现意外，操作师傅不好处理的情况。

图3　物业工人运走袋装垃圾

3 项目设计与制作

3.1 针对性分析与解决对策

结合垃圾清扫车发展大趋势，查阅了包括相关发明专利在内大量的资料，与一线操作工人师傅交谈，获取了他们的建议与想法，分析当前小型垃圾清扫车的不足，从而在传统的基础上有了针对性的设计。

简言之，一般小型垃圾清扫车的不足及本作品处理对策如下：

1、容量太少、工作效率低

一般小型清扫车车箱不到1立方米，清扫的路程在500–800米左右就要去清理箱中垃圾，工人师傅要来回不断处理，大大降低了工作效率。

处理对策：

增加垃圾箱的容量，在电动机功率相同的情况下，将操作人重量转为承载垃圾的重量。可以实现1.5立方米空间，2公理道路的清扫。

同时，一机多能，还可以实现垃圾转运。

问题：要计算好重心分布，否则可能会造成车身摇晃不稳。

2、操控性差，自动控制基本没有

1）目前使用的大部分都是手动方向盘式的操控，工人师傅不但要关注垃圾位置，还要关注障碍物等，有点手忙脚乱。

2）扫把可调高度有限，且不能自动调节，扫把的左右调节基本没有，靠方向调节躲避障碍。

3）手动处理箱内垃圾。在一定情况下，增加了操作师傅的劳动强度。

处理对策：

设计PLC和人机交互系统，实现自动控制。

1）利用MCGS触摸屏，有很好的人机交互功能，操作简单方便。

2）根据需要，设计多种工作模式。

3）清扫车四周及底盘分别安装共8个超声波传感器，检测距离，实现四周安全检测及扫把高度及左右障碍物距离检测，实现自动行驶与清扫，并能躲避障碍物或自动停车等。

4）增加顶升油缸，支承垃圾箱，倾倒垃圾。

3、靠滚轮扰动清扫垃圾，清扫质量低

四个扫把扰动垃圾后，靠滚轮扰动垃圾进入垃圾箱，清扫不彻底，清扫质量低。

处理对策：将滚轮改为风机吸盘清扫垃圾。

4、空气轮胎行走，需要经常充气换胎

处理对策：改为橡胶履带承载与行走。

5、使用垃圾袋，环保性能差

处理对策：提高垃圾箱容量，不需要使用垃圾袋装垃圾，另外，在车箱有上部安装太阳能板，在清扫垃圾的时候可以同步充电，提高使用时间。

3.2产品简介

1、产品基本结构

多传感器大容量小型自动清扫垃圾车已成功研制出来，并投入了使用。主要包括8个超声波传感器、太阳能充电板、3个变频器控制系统、大容量垃圾箱、行走橡胶履带、3块大容量储电池及扫把提升与摇摆机构、垃圾倾倒机构等。实现了在路肩引导下，自动清扫垃圾、自动避开障碍物、自动停机和人工驾驶承运垃圾功能，大大提高垃圾清扫效率，很好地降低了环卫人员的劳动强度。

图4为SW模型，图5为研制的实物。

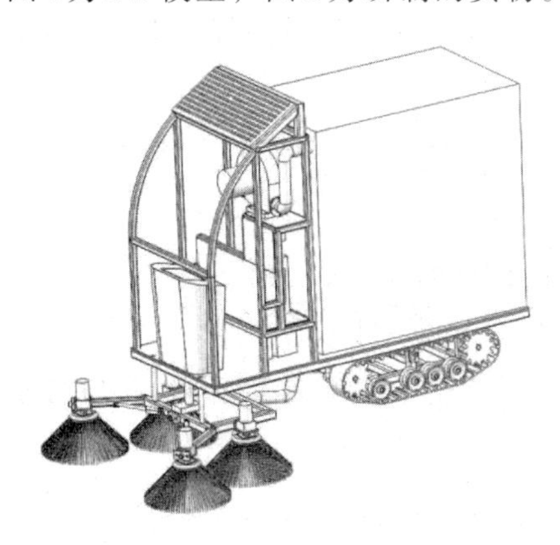

图4　SW垃圾清扫车模型

图5　垃圾清扫车实物（调试中）

2、技术特点与技术优势：

1）多超声波传感器，实现在路肩引导下自动清扫垃圾

8个超声波传感器以0.4秒为周期实时检测，通过RS485总线通信方式上传到PLC，以此数据为判断基础，实现路肩引导行走，多种速度自由变换，提高清扫效果与清扫效率。

注：多种速度变换即为判断前言物体的距离和周边障碍物，远时可以在安全范围内提高运行速度，在刹车可控范围内“高速”运行。运行速度：5-25km/h。

2）设计人机交互平台，实现参数设计及系统运行状态监控

人机交互平台，设计了系统有三种工作模式，可人工切换。交互平台可设置运行参数、显示当前运行状态及系统报警信息。同时在手动模式下，能很方便地对垃圾车的运行进行操控。

3）使用变频器控制电气模式

使用变频器控制运行电机，方便调节速度，特别在紧急情况下，还可以方便地实现电机反转来提高刹车效果，缩短刹车距离，提高安全性。

4）采用履带传动

相对轮胎更可靠，寿命更长，承载量更大，降低成本，降低对行走部件的监控难度。另一方面还增大了接触面积，提高刹车效果，缩短刹车距离，提高安全性。

5）加大垃圾箱容量

相对如图1中的传统垃圾清扫车，增加了近2倍多的容量，一方面可以省去环卫工人反复停车整理垃圾，提高清扫效率。另一方面，垃圾箱可以装更多垃圾，并将垃圾运输到指定的位置。

3、产品的主要技术指标

1）整车：长3.4米，高2.0米，宽1.0米。

2）垃圾箱容量2.2m^3，最大承载重量为1吨，多落叶时行程达2公里道路的清扫。

3）扫把最大展开宽度2米，收紧最窄宽度为1米，左右扫把可调节左右距离为0.5米，扫把直径0.5米。

4）锂电池容量为60V/100AH；充电时间为8h；

5）默认安全距离60厘米（距离可调整），停车时长2秒。

6）行走速度为5-25km/h，可根据地面平整度和路况来实现4档速度自动切换（扫把自动调节）。

7）一次清扫地面宽度为1－2米，可根据路况手动/自动调节。

8）四周及下方距离超声波传感检测，障碍物识别3点存在4秒，则自动停机

并报警示。

3.3产品研制过程

1、模型设计及重心分析

分析了校园与小区传统垃圾垃圾清扫车的优缺点，将优势吸收，针对缺点加以改进，并且不能产生新不缺陷。基于此，利用Solidworks软件建立模型，并仿真运动，分析出因垃圾箱装载量的不同重心的位置、履带承受能力等。

图6是利用SW软件，以质量、体积、表面积、惯性主轴和惯性主力矩、惯性张量来分析垃圾清扫车的各种属性。

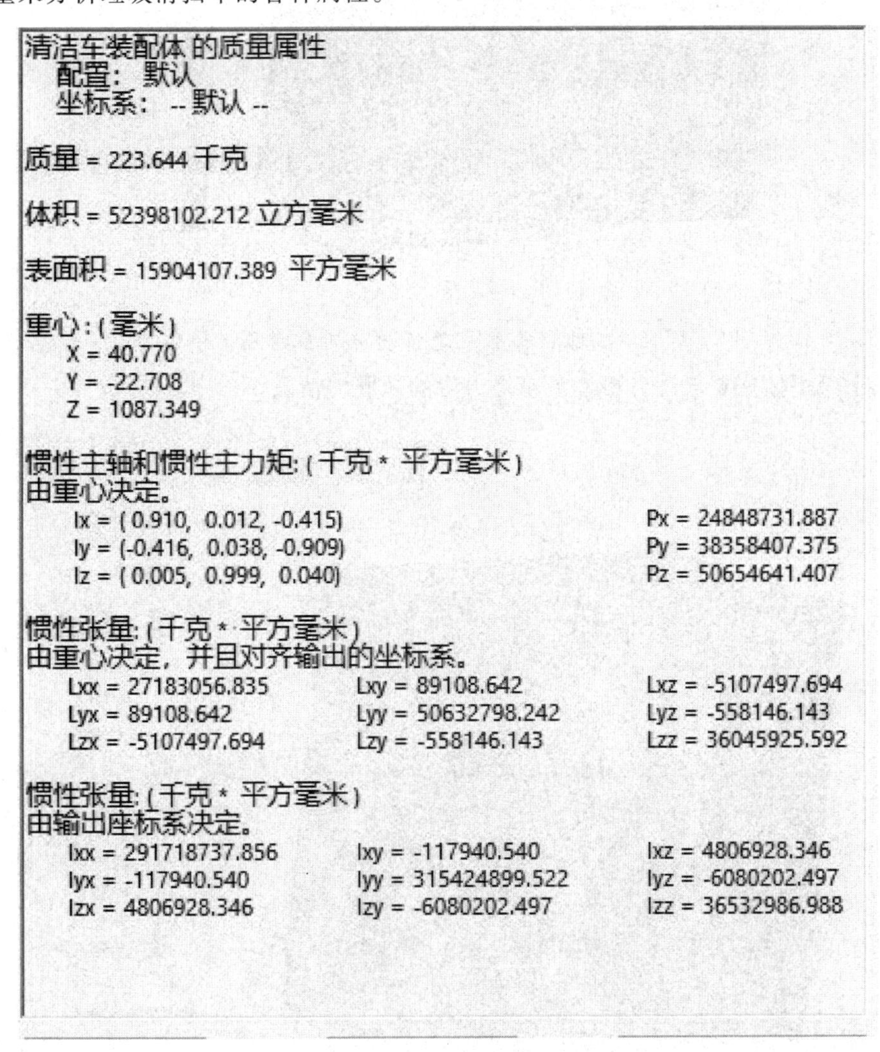

清洁车装配体 的质量属性
配置：默认
坐标系：-- 默认 --

质量 = 223.644 千克

体积 = 52398102.212 立方毫米

表面积 = 15904107.389 平方毫米

重心：(毫米)
X = 40.770
Y = -22.708
Z = 1087.349

惯性主轴和惯性主力矩：(千克 * 平方毫米)
由重心决定。

Ix = (0.910, 0.012, -0.415)	Px = 24848731.887
Iy = (-0.416, 0.038, -0.909)	Py = 38358407.375
Iz = (0.005, 0.999, 0.040)	Pz = 50654641.407

惯性张量：(千克 * 平方毫米)
由重心决定，并且对齐输出的坐标系。

Lxx = 27183056.835	Lxy = 89108.642	Lxz = -5107497.694
Lyx = 89108.642	Lyy = 50632798.242	Lyz = -558146.143
Lzx = -5107497.694	Lzy = -558146.143	Lzz = 36045925.592

惯性张量：(千克 * 平方毫米)
由输出座标系决定。

Ixx = 291718737.856	Ixy = -117940.540	Ixz = 4806928.346
Iyx = -117940.540	Iyy = 315424899.522	Iyz = -6080202.497
Izx = 4806928.346	Izy = -6080202.497	Izz = 36532986.988

图6　垃圾清扫车装载体属性分析图

图7为利用SW软件模拟装载一定重量的垃圾，分析垃圾箱材料受到的静应力分析、静应力分析和变形情况。

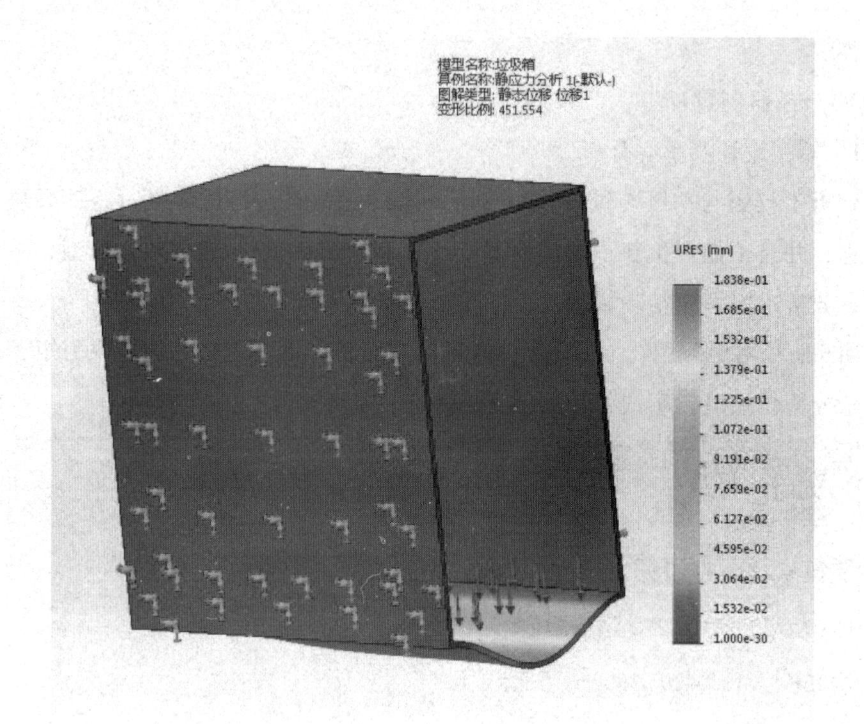

图7　垃圾箱承载静应用分析位移图

图7是利用SW软件分析垃圾箱受力后的屈服力情况

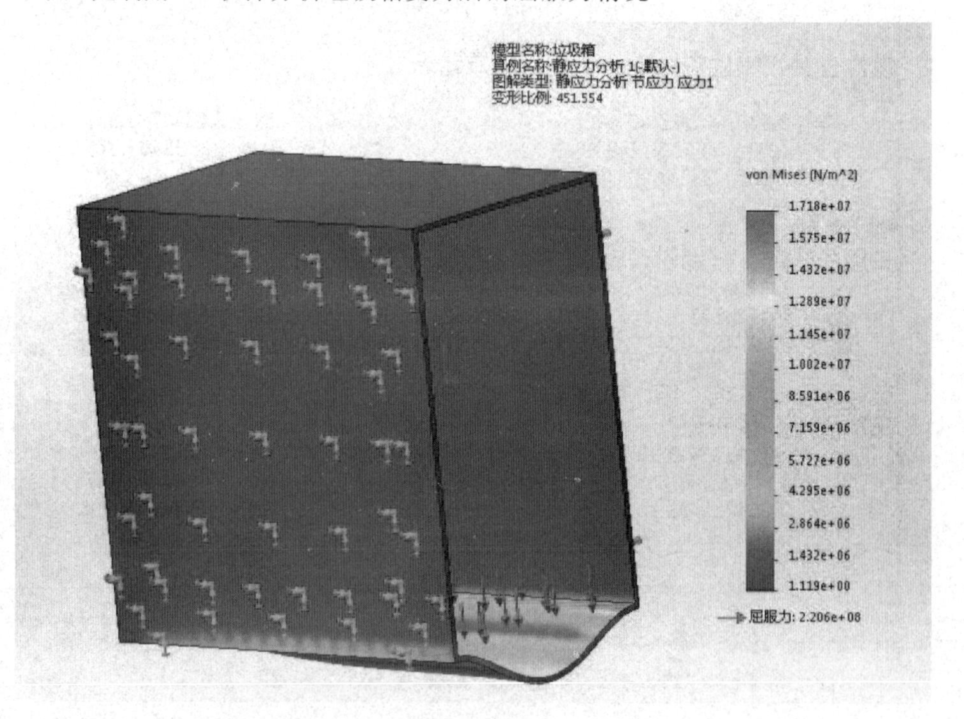

图8　垃圾箱承载静应用应力分析图

图9是利用SW软件分析根据垃圾箱装载重量的垃圾，整车重心分析。

图9　垃圾箱重心分析图

经过这些分析，综合得到了关键点-垃圾箱的尺寸及整车尺寸。如图10示是整车尺寸。

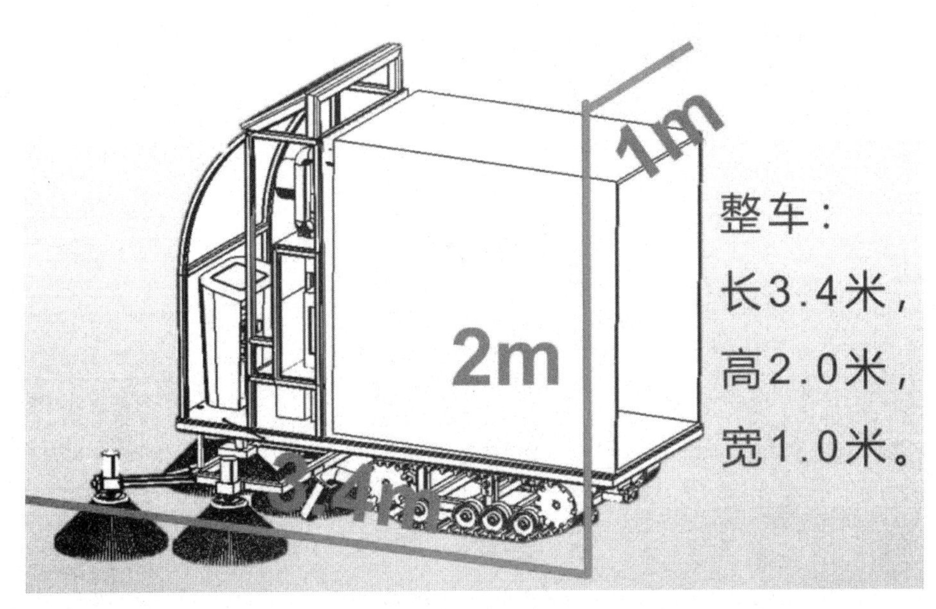

图10　整车尺寸

图11是满足分析要求的垃圾箱的尺寸。

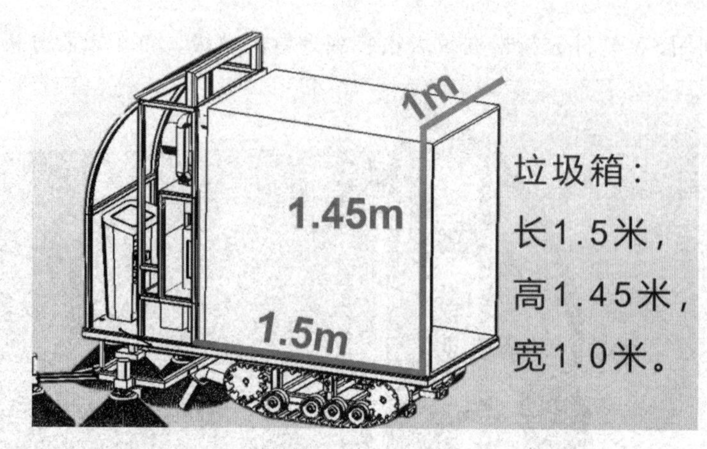

图 11 垃圾箱尺寸

2、关键设计

1）行进电机运动控制

考虑制作成本与运动控制要求，行进电机选用三想异步电机，用变频器控制。能很方便的实现速度变速及刹车，甚至在紧急情况下利用电机反转刹车，缩短刹车距离。

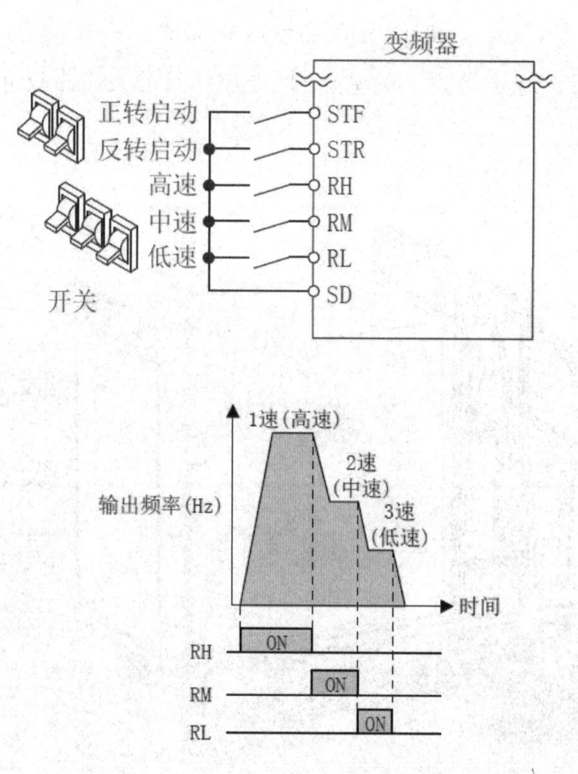

（a）变频器三速接线原理图 （b）变频器三速PLC编程原理图

图12 变频器三速控制接线与原理指导

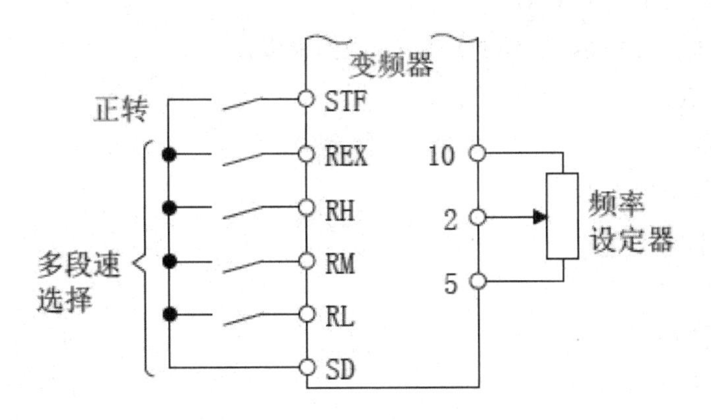

（a）变频器正向十五速控制接线原理图

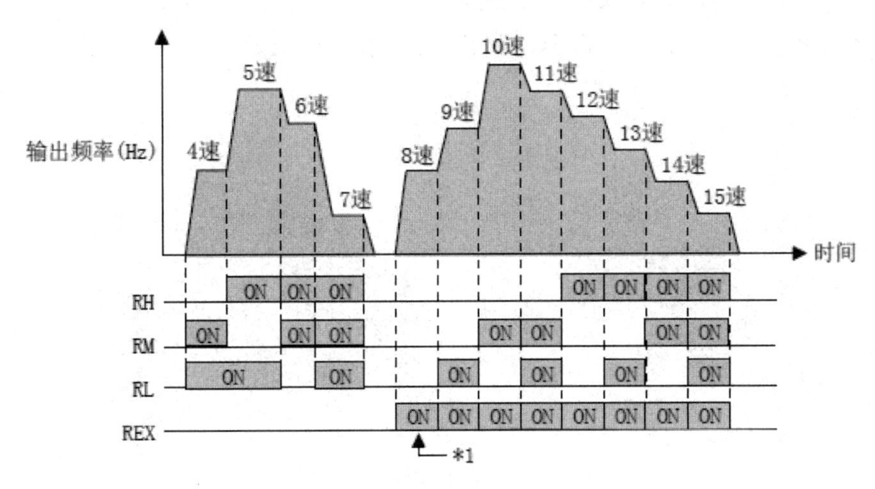

（b）变频器15速PLC编程控制原理

图13 变频器15速控制接线与原理指导

2）超声波传感器检测

我们选择的是YG-K003B2收发一体防水系列高性能防水模块，是采用收发一体封闭式探头，探头具备一定的防尘防水等级，适用于潮湿、恶劣的测量场合。小角度防水外壳，是一款操作简单的高性能、高可靠性商用级功能性模块。

传感器特征：

••高声压输出

•• 5V电源供电

••电流小于20mA

••MAX485自动输出

•传感器中心频率为40KHz

••工作温度-15℃到+60℃

••存储温度-25℃到+80℃

••测量精度：±1cm+（S*0.3%）（S为测量值）

传感器优点：

••抗干扰强

••数据输出稳定可靠

••响应时间快

••抗静电强

••工作温度宽

••测量精度高

••安装便捷

••有自动输出方式，释放用户处理器

••有受控输出方式，可根据实际运用，把功耗降到最低。

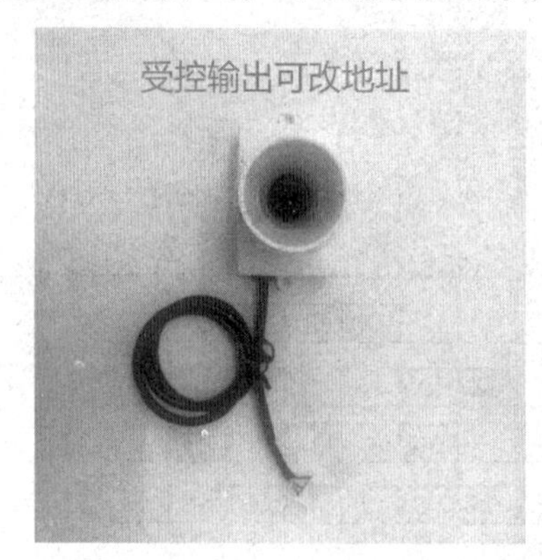

图14　超声波传感器外形

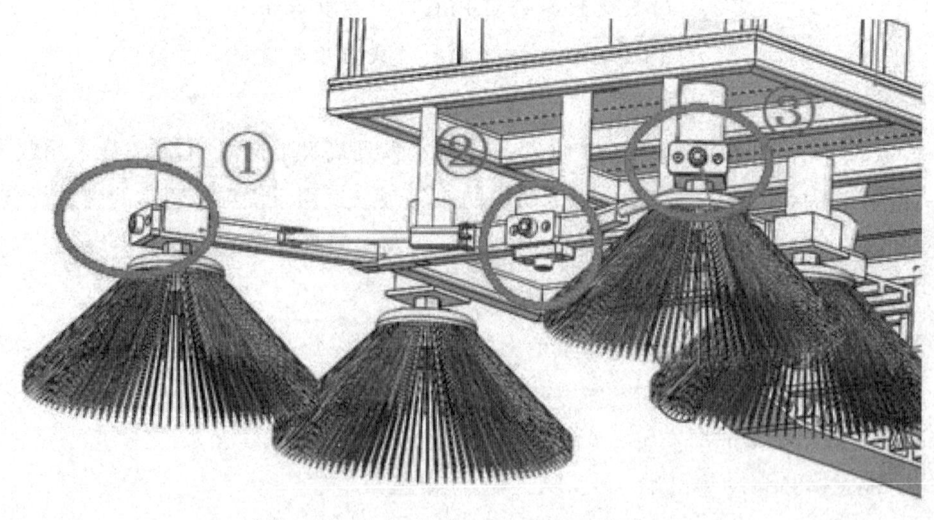

（a）垃圾清扫车前方传感器安装位置

（②号位中有二个传感器：检测正前方和正下方）

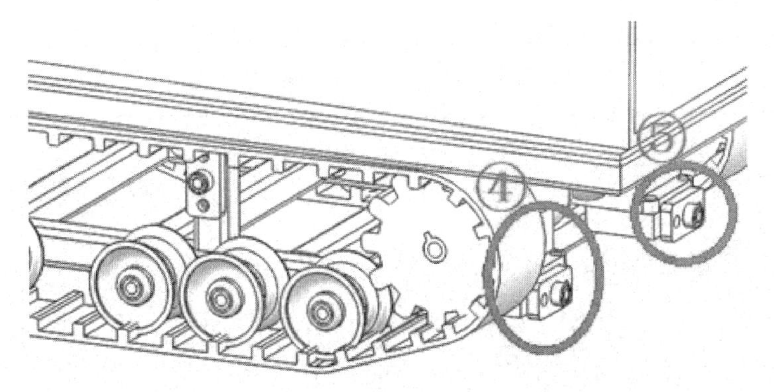

（b）垃圾清扫车后面左侧超声波传感器安装位置

图 15　垃圾清扫车四周传感器安装位置图

图 16　超声波传感器安装实物（左侧位置）

3）人机交互设计

人机交互界面

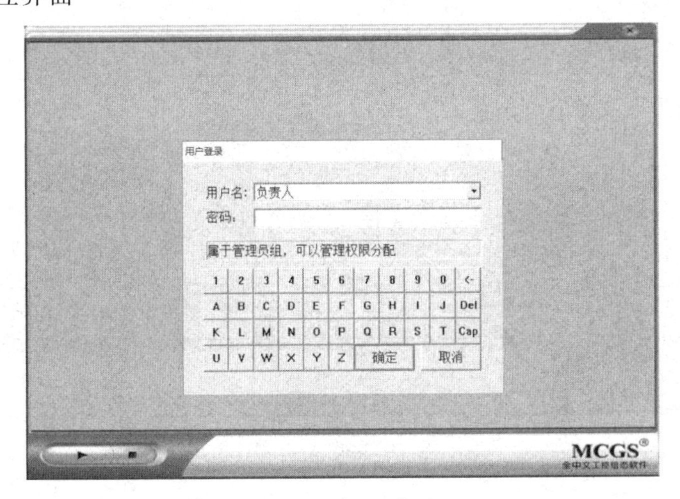

图 17　密码登陆

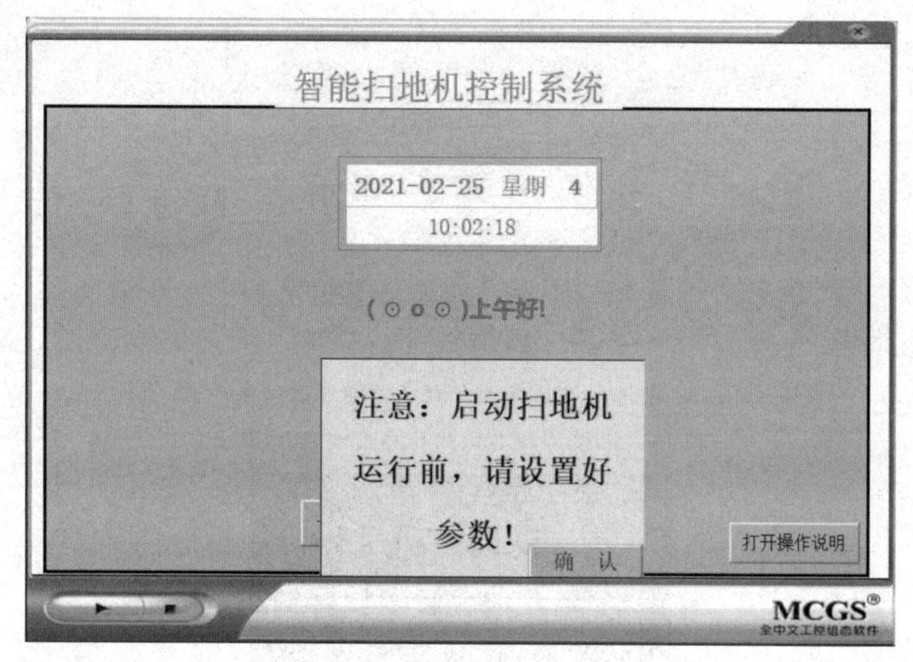

图 18　启动操作提示

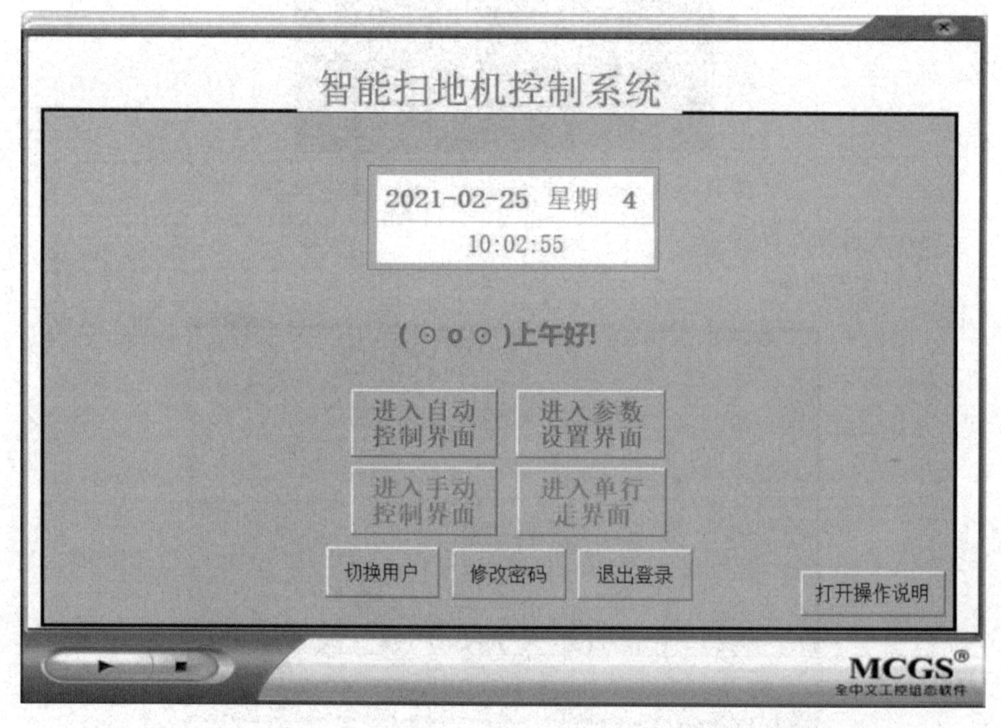

图 19　模式选择

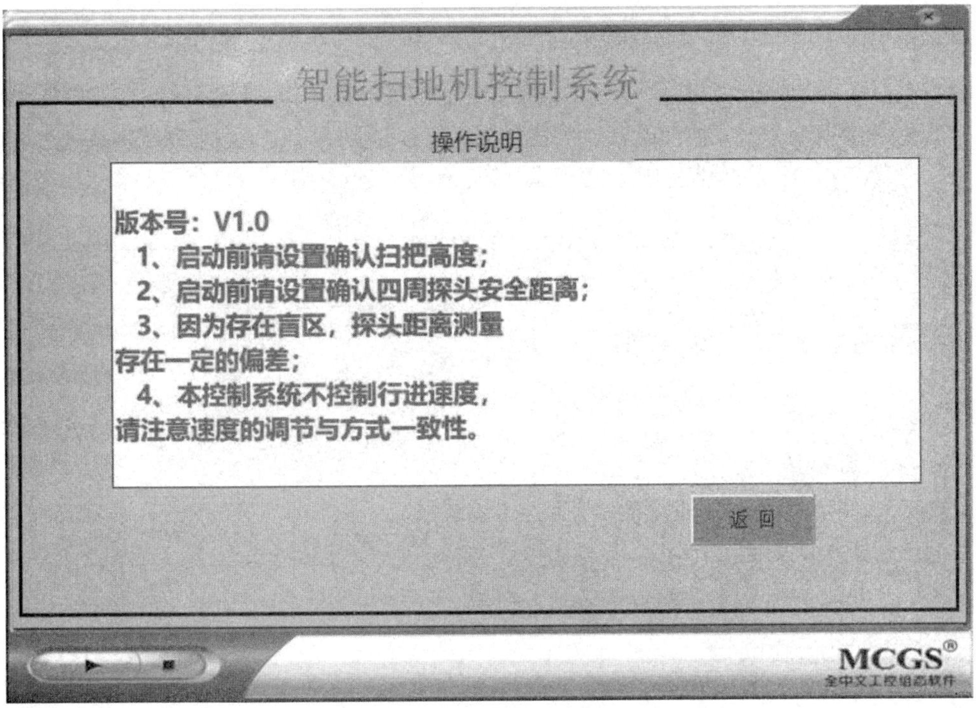

智能扫地机控制系统

操作说明

版本号：V1.0
1、启动前请设置确认扫把高度；
2、启动前请设置确认四周探头安全距离；
3、因为存在盲区，探头距离测量存在一定的偏差；
4、本控制系统不控制行进速度，请注意速度的调节与方式一致性。

返回

MCGS® 全中文工控组态软件

图 20　操作说明

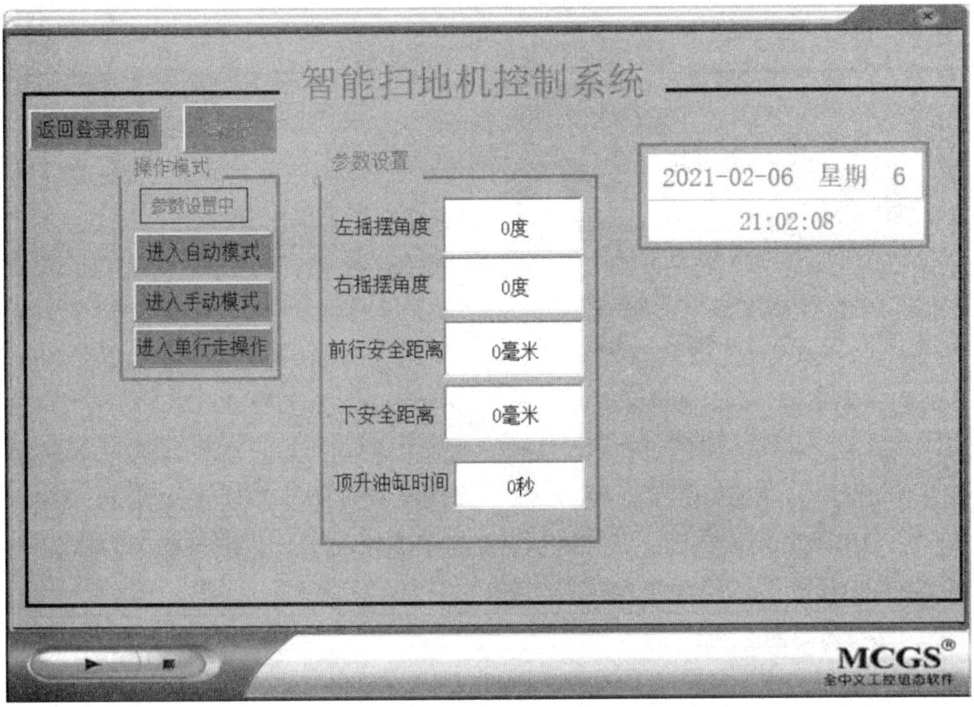

智能扫地机控制系统

返回登录界面

操作模式
参数设置中
进入自动模式
进入手动模式
进入单行走操作

参数设置

左摇摆角度	0度
右摇摆角度	0度
前行安全距离	0毫米
下安全距离	0毫米
顶升油缸时间	0秒

2021-02-06　星期　6
21:02:08

MCGS® 全中文工控组态软件

图 21　参数设置

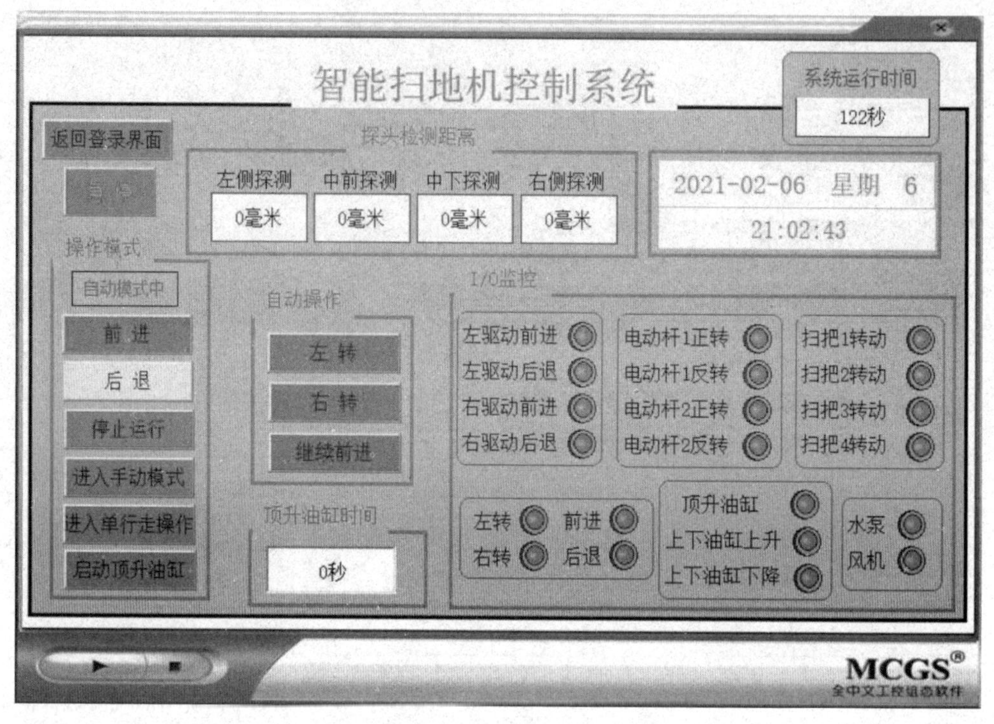

图 22　自动运行界面

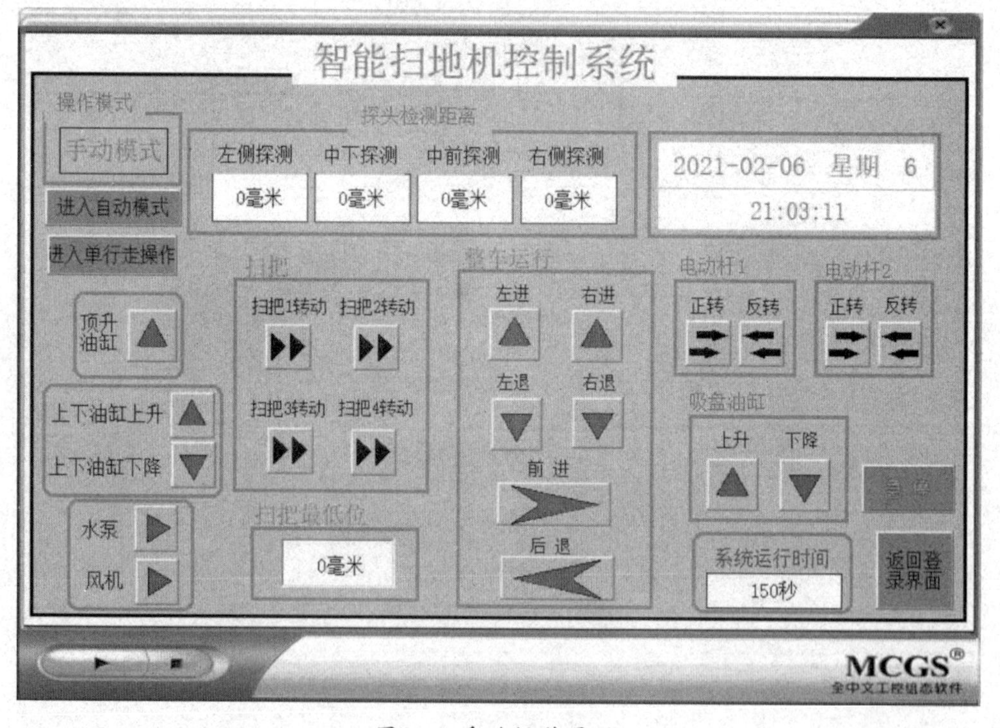

图 23　手动操作界面

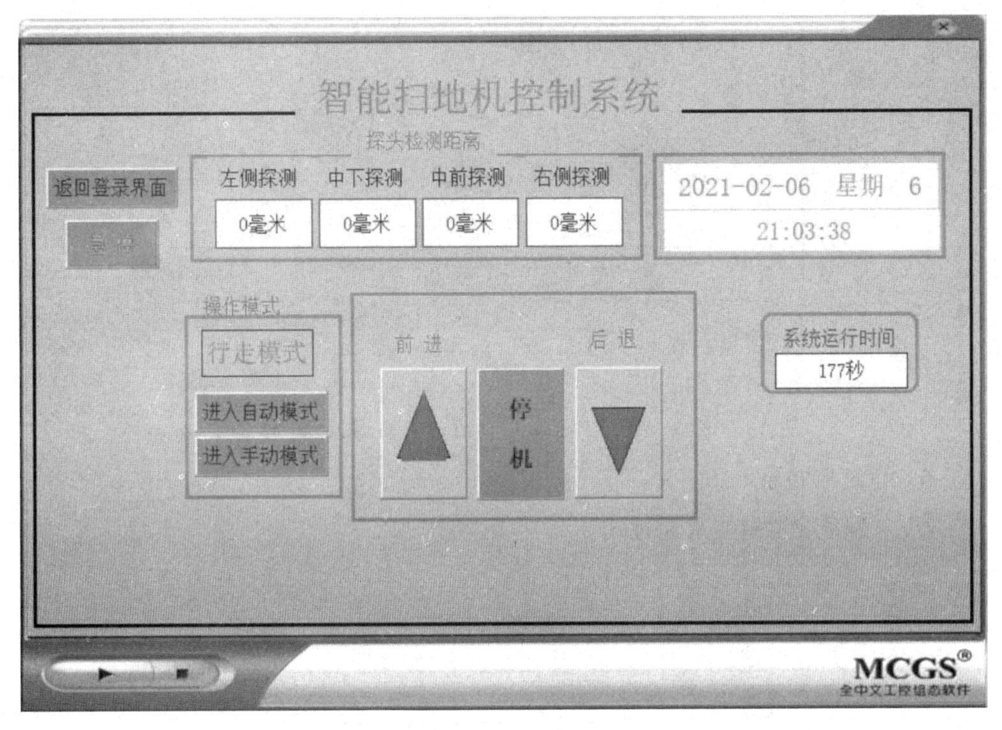

图 24　单行走模式

4）多速控制控制技术

接受使用设备师傅的建议，为提高清扫效率，根据路面状况，满足安全的前提下，设计不同的速度，如图 25。

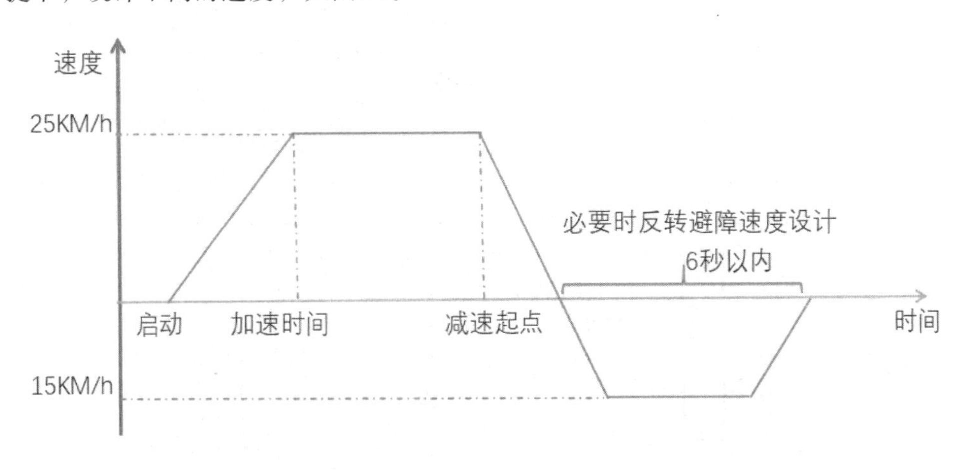

图 25　正前面检测物体距离在 100 米以的速度

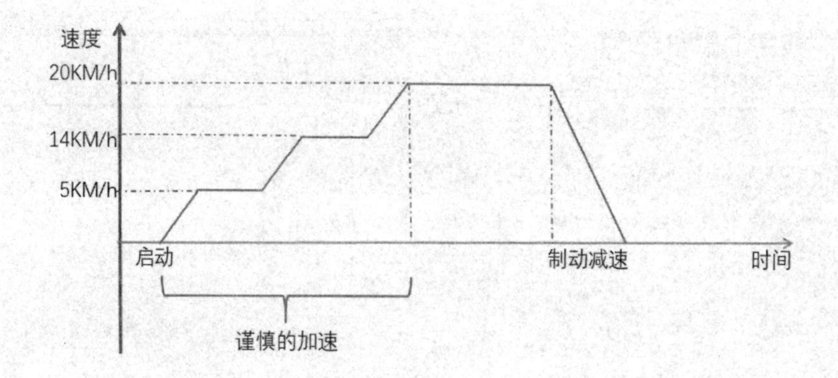

图 26 正前方检测物体距离在40−80米之前的速度

5）系统控制原理图

图27为系统控制接线原理图。

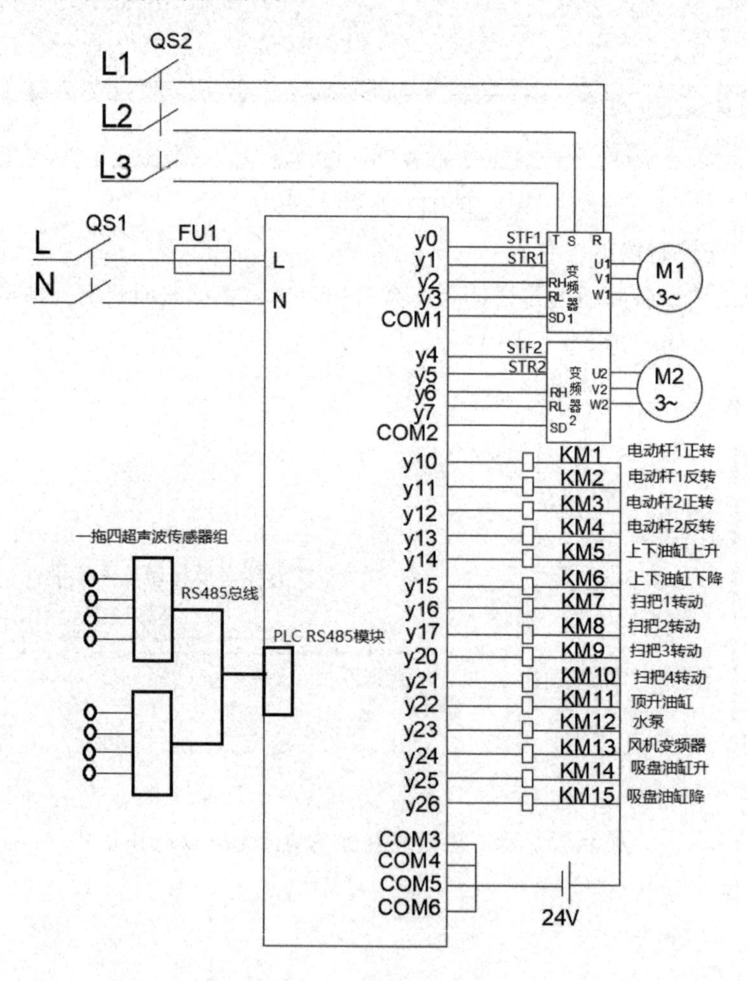

图 27 系统编程原理图

4 关键技术、创新及技术特点

4.1 三大关键技术

1、超声波障碍物距离及行车安全处理；

1）四周、正前方及下方距离超声波传感检测，障碍物识别3点存在10秒，则自动停机并报警示。

2）默认安全距离60厘米（距离可以调整），停车时长2秒

2、人机交互设计及系统多种工作模式设计；

人机交互平台，设计了系统有三种工作模式，可人工切换。交互平台可设置运行参数、显示当前运行状态及系统报警信息。

3、变频器控制实现清扫车多速度行走清扫。

行走速度为5–25公里/小时，4档速度自动切换，地平不平整度为10厘米（扫把自动调节）。

4.2 五大技术特点

1、采用超声波检测，实现无人驾驶

8个超声波传感器以0.5秒为周期实时检测距离，通过RS485通信方式上传到PLC，实现跟踪路肩自动清扫垃圾。

2、采用履带传动

相对轮胎更可靠，寿命更长，承载量更大，降低成本，降低对行走部件的监控难度。

3、加大垃圾箱容量

增加了近2倍多的容量。另一方面，在一定程度上还可以运输垃圾。

4、设计人机交互平台，实现参数设计及系统运行状态监控

人机交互平台，设计了系统有三种工作模式，可人工切换。交互平台可设置运行参数、显示当前运行状态及系统报警信息。

5、灵活适应清扫道路宽度

一次清扫地面宽度为1 – 2米，可根据路况手动/自动调节。扫把最大展开宽度2米，收紧最窄宽度为1米，左右扫把可调节左右距离为0.5米，扫把直径0.5米。

如图28为垃圾清扫车前端扫把展开结构实物图，前端扫把各安装一个直流电机驱动的伸缩缸，可实现前端扫把展开与收缩。

图28　垃圾清扫车前端扫把展开结构实物图

扫把直径0.5米；收紧最窄宽度为1米；扫把最大展开宽度2米，过程如图29。

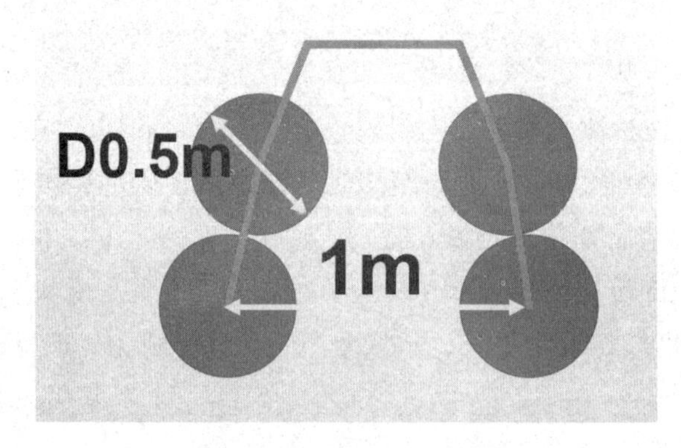

图29前端扫把伸展尺寸计算（1）

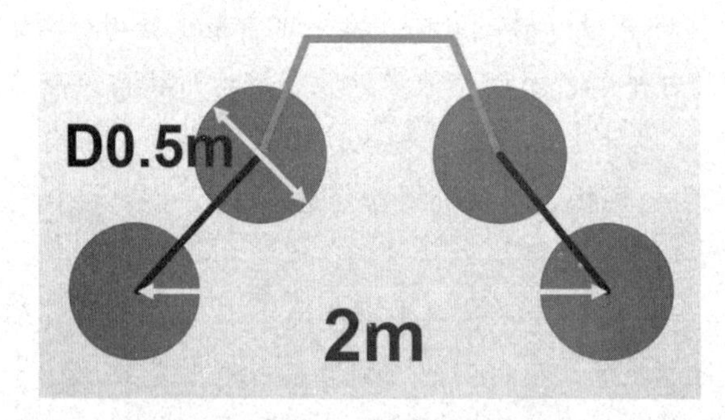

图30前端扫把伸展尺寸计算（2）

4.3三大创新：

1、履带行走，增加稳定性和承担能力；

2、增大垃圾箱容量，提高清扫效率，降低运营成本；

3、超声波检测周边障碍物，实现扫把高度调整及扫把紧路沿提高清扫质量，最终实现垃圾的自动清扫。

5作品的科学性

5.1选题符合区域产业发展

广东省人民政府关于印发《广东省智能制造发展规划（2015-2025年）》的通知中专栏1：建设智能制造自主创新示范区，明确指出，建设珠三角智能制造自主创新示范区，以广州和深圳两个国家创新型城市为智能制造研发创新轴，重点建设中国（广州）智能装备研究院、华南智能机器人创新研究院、广东（东莞）智能机器人协同创新研究院、中德工业装备（可靠性与智能制造）联合实验室等新型创新平台。通过创新资源的共建共享以及科技产业的协同发展，着力构建开放型、一体化的智能制造区域创新平台，推动珠三角智能制造生态体系与创新体系一体化发展。

发展智能装备与系统。

加快发展智能化基础制造与成套装备。针对全省高端装备和制造过程在产品设计、柔性制造、高速制造、自动化和网络制造等方面的薄弱环节，通过集成创新，发展一批基础制造装备、流程制造装备和离散型制造装备，提升装备质量可靠性水平，加快智能化装备的产业化和示范应用，大力提升智能制造成套装备的整体水平。

自动化生产线。着力发展组件数字化装配系统、自动化柔性装配生产线和以DCS（分布式控制系统）、PLC（可编程控制器）、IPC（工业计算机）为重点的工业控制系统等。

自动化物流成套设备。重点研发基于计算智能与生产物流分层递阶设计、具有网络智能监控、动态优化、高效敏捷的智能制造物流设备。

智能农业装备。重点发展智能化成台套农机田间作业装备，智能节水灌溉/喷灌装备，自动化采摘收获装备，设施农业与精准农业装备等。

加强智能制造示范基地建设。积极营造良好的智能装备产业发展环境，加快智能制造产业集聚化、规模化发展，促进智能制造产业链整合、配套分工和价值提升。围绕智能制造产业高端化发展方向，选择智能装备和关键零部件研发制造及智能制造系统集成与应用服务等较为集中的产业集聚地和产业园区，推动产业转型升级和两化深度融合，初步形成从数控机床、智能机器人到智能成套装备，从硬件、软件到信息技术集成服务的智能制造产业链。发挥省市（区）各方优势，突出科技引领和创新驱动，突出龙头企业引领带动，扶持基地内一批骨干企业发展。依托各地产业发展基础和优势，打造高端企业集聚、产业链条健全、服务功能完善的智能制造产业集群，培育建设10个左右在全国范围内具有较大影响力的智能制造示范基地。

5.2作品应用与市场

现如今的交通道路都实现了硬化处理，且进行了标准化处理，有标识及路肩。

如下图所示。这是本项目利用多传感器，加大垃圾箱容量降低工人劳动强度，降低运营成本，实现垃圾自动清扫的基础。犹如高成本GPS定位与导航系统。

图31与图32为很好路肩状况的清扫场境，当然是最理想使用本产品去清扫垃圾的状况。

图31　垃圾清扫车应用场境（1）

图32　垃圾清扫车应用场境（2）

故符合此特点的道路就是清扫自动实现的很好场境。当路肩存在缺陷时，可以使用人工清扫模式，操作轻松。

本产品是系列产品的第二代产品。第一代品的控制技术已转让给某市多辉环保科技有限公司，已实现5台垃圾清扫车的制作，投入实际使用中。

图33为第一代产品技术转让合同。图34为此公司第一代产品使用评价。本产品在第一代产品的基础上升级控制系统，特别是根据传感器检测数据实现多速度调试上提升很大，大大提高了垃圾清扫的效率。

垃圾清扫车控制技术转让合同

项 目 名 称：多传感器大容量小型自动清扫垃圾车

受让方（甲方）：东莞市多辉机械科技有限公司

法 定 代 表 人：赵晓兵　职务：总经理

地　址：东莞市莞穗路与燕利东区一路　邮码：523000　电话：13332646517

转让方（乙方）：郭佳沅、蔡博润、肖广、谢琮锜

地　址：东莞市松山湖区大学路 3 号　邮码：523808　电话：15218571867

依据《中华人民共和国合同法》的规定，合同双方就多传感器大容量小型自动清扫垃圾车控制技术转让，经协商一致，签订本合同。

一、非专利技术的内容、要求和工业化开发程度：

1、应用在此类型垃圾清扫车传感检测及数据通信技术；

2、应用在此类型垃圾清扫车人机交互设计；

3、应用于此类型垃圾清扫车电机控制方式；

4、应用于此类型垃圾清扫车控制系统升级及机械建模与相应分析数据。

5、配合完成整车系统的调试。

二、经费及其支付方式：

1、以每台 2000 元为基数，每生产一台设备增加 5%的费用。

2、以设备使用验收为支付日期，5 天工作日内完成全部费用支付。

三、违约金或者损失赔偿额的计算方法：

违反本合同约定，违约方应当按《中华人民共和国合同法》规定承担违约责任。

1、以被告知设备生产之日起，10 个工作日内完成控制系统的设计，未能完成，累计超 3 天扣费用 500 元，5 天扣 1000 元，8 天解除合作；

2、以设备使用验收为支付日期，5 天工作日内完成全部费用支付，费用未及时支付，累计超 3 天多支付 600 元，5 天多支付 1200 元，8 天多支付 4000 元。

（注：以上均以每台设备量计。）

四、后续改进的提供与分享：

本合同所称的后续改进，是指在本合同有效期内，任何一方或者双方对合同标的技术成果所作的革新和改进。双方约定，本合同标的技术成果后续改进由乙方完成，后续改进成果属于乙方，但在前期费用的基础上，双方协商提高劳务费用。但费用控制在 1000-4000 元之间。

五、争议的解决方法：

1、在合同履行过程中发生争议，双方应当协商解决。

2、双方不愿协商、调解解决或者协商、调解不成的，双方商定，采用向人民法院提起诉讼方式解决。

六、本合同有效期限：2020 年 10 月 10 日至 2022 年 6 月 25 日

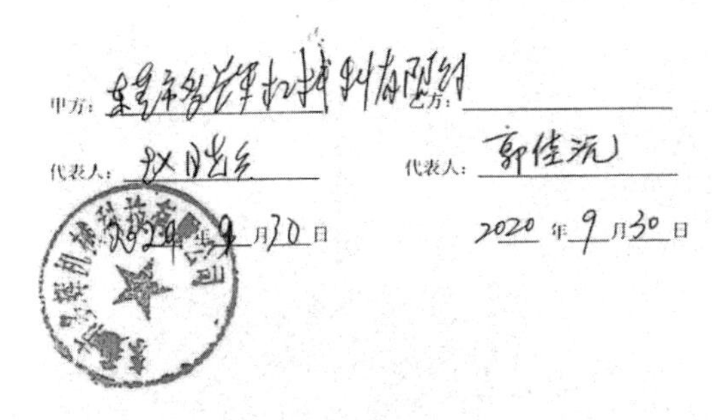

甲方：东莞市多辉机械科技有限公司　乙方：

代表人：赵晓兵　代表人：郭佳沅

2020 年 9 月 30 日　2020 年 9 月 30 日

图 33　垃圾清扫车第一代产品技术转让合同

关于多传感器大容量小型垃圾清扫车使用评价

本公司于 2020 年 11 月，购置了 2 台多传感器大容量小型垃圾清扫车，并投入东莞市东城区鸿福路段的使用。与之前使用的垃圾清扫车对比，具有以下优点：

1、垃圾箱容量的加大，大提升了清扫的效率，节省黑色垃圾袋的使用。同时可以节省 1 人的安排，一定程度上降低了公司运营成本；

2、路肩引导清扫，实用，清扫效果好；

3、人机交互设计，让师傅操作变得更简单。

建议改良的方面：

1、根据路面状况能灵活改变清扫车自动清扫的速度，提高效率；

2、增加 GPS 或北斗定位，能自觉引导清扫路径；

3、增加视觉检测系统，检测垃圾清扫质量。

广东慧道溢芳环境科技有限公司

2021 年 3 月 2 日

图 34　垃圾清扫车使用方评价

6 成本计算

图 35　传感垃圾清扫车使用场境

如图35示，此类小型道路垃圾清扫车，价格在1.8–3.5万，与此类小型清扫车做对比，本项目产品数据为：

1、降低了硬件成本

本产品硬件成本1.28万左右，包含箱体与车体成本和控制系统成本，不包含编程附加值。

2、降低了运营成本

节约约1.8个人工成本。

以某校园内环路4公里为例，物业需要安排2–3人进行相应工作。工作过程如下图36、37、38形成一个完整的工作过程。

图36 垃圾清扫

图37 垃圾袋更换与整理

图　38　垃圾袋输送

不完全统计，安排3人去清扫，形成“生产线”的工作方式，需要1.5小时。使用本产品以后，只需要一个工作师傅，在1小以内可以轻松完成。

7 项目成果

1）制作样机一台

图 37　垃圾清扫车样机（调试中）

2）产品销售2台

如图38为垃圾车第一代产品使用公司对产品实际使用的评价，其实也是我们第二代产品升级的动力，也是控制方案设计的源泉。

关于多传感器大容量小型垃圾清扫车使用评价

本公司于2020年11月，购置了2台多传感器大容量小型垃圾清扫车，并投入东莞市东城区鸿福路段的使用。与之前使用的垃圾清扫车对比，具有以下优点：

1、垃圾箱容量的加大，大提升了清扫的效率，节省黑色垃圾袋的使用。同时可以节省1人的安排，一定程度上降低了公司运营成本；

2、路肩引导清扫，实用，清扫效果好；

3、人机交互设计，让师傅操作变得更简单。

建议改良的方面：

1、根据路面状况能灵活改变清扫车自动清扫的速度，提高效率；

2、增加GPS或北斗定位，能自觉引导清扫路径；

3、增加视觉检测系统，检测垃圾清扫质量。

广东慧道溢芳环境科技有限公司

2021年3月2日

图38 使用方对设备的评价

8 展望

在本作品的基础上，再增加GPS或北斗导向及视觉系统就实现真正意义上的无人驾驶。符合当前国情与自动化应用，会有很好的应用市场。

2）智动出“圈”--硅胶密封圈加工中心

（1）基本情况

基于企业的真实项目，参加了2022年第十三届“挑战杯”广东省大学生创业计划竞赛，获得铜奖。

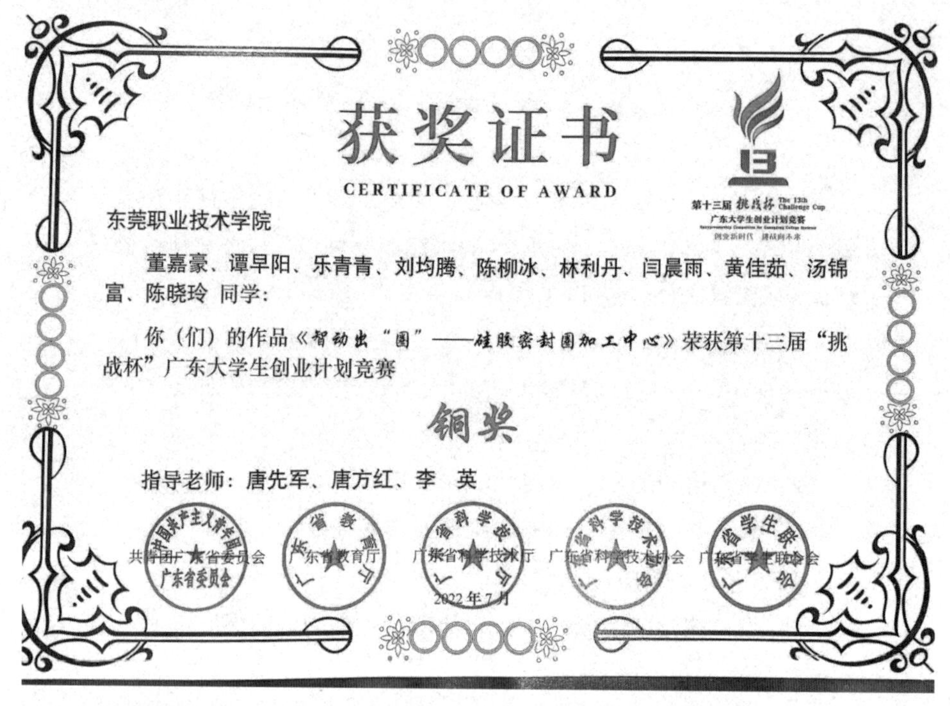

获奖证书

CERTIFICATE OF AWARD

第十三届 挑战杯 The 13th Challenge Cup

广东大学生创业计划竞赛

东莞职业技术学院

董嘉豪、谭早阳、乐青青、刘均腾、陈柳冰、林利丹、闫晨雨、黄佳茹、汤锦富、陈晓玲 同学：

你（们）的作品《智动出“圈”——硅胶密封圈加工中心》荣获第十三届“挑战杯”广东大学生创业计划竞赛

铜奖

指导老师：唐先军、唐方红、李 英

共青团广东省委员会 广东省教育厅 广东省科学技术厅 广东省科学技术协会 广东省学生联合会

2022年7月

（2）详细内容

第一章 项目概述

1.1 项目简介

本项目主要依托智链自动化设备－硅胶密封圈加工中心。

智链自动化设备－硅胶密封圈加工中心主要用于生产硅胶密封圈，将硅胶条（图 1.1-1）制成硅胶密封圈（图 1.1-2），设备集成剪料、送料、涂胶、高温固化、出成品等步骤，实现全自动化生产，替代人工半自动化的加工方式，提高效率，提升品质，降低成本。

图 1.1-1 硅胶条

图 1.1-2 硅胶密封圈

硅胶密封圈加工中心以“创新驱动中国制造”为目标，将“工匠精神+市场化战略”作为立身之本，致力于硅胶密封圈的自动化装备技术研发与销售，以全流程自动化代替人工加工作为创新基础，构建具有更高效率、更高品质、更加安全的生产环境，向各密封圈制造企业提供优质的产品及专业服务。

根据《中国硅胶密封圈行业市场前景分析年度报告2021》，我国硅胶密封圈产业近年取得了傲人成绩，产量规模已占全球总量的一半，硅胶密封圈保有量和消费量占世界第一，在产品总量上跻身前列，是繁荣全球硅胶产业发展的重要动力。我国作为当今世界第一制造大国，应充分发挥科技创新的引领带动作用，在重要科技领域实现跨越发展，通过科技创新解决当今制造业效率不够高的问题，在原始创新上取得新突破，带来技术创新和更大效益。小到一个简单的保温杯，大到航天飞船密封圈都是必不可缺的。硅胶密封圈以其自身独特的理化性质与突出的密封性能，已经广泛应用于食品工业的多个领域，并呈现出更广更深的发展趋势。尤其是罐装食品包装密封工艺、啤酒生产密封储存、机械设备内部防尘技术等多个领域的应用已取得瞩目成果。随着我国制造业的蓬勃发展，硅胶密封圈的需求不断激增，与之相应的生产技术需求也节节攀增。

为了满足高精度、高效率作业的市场需求，智链自动化团队研发了全自动硅胶密封圈加工中心。针对硅胶密封圈生产效率低、生产工艺落后、生产环境恶劣、劳动力密集的现状，研究设计全自动化硅胶密封圈加工中心，满足行业迫切所需的生产效率、产品品质及作业安全性等多个需求。

经过数次的产品更新升级，硅胶密封圈加工中心获授权软件著作权1项，申报专利4项；并与多家相关公司进行商业商议，对该设备进行试投入与产品改进观测升级。同时，所生产的设备已经在相关硅胶密封圈制造工厂中进行多方面数据维度模拟使用，获取产品的产业化升级与商业化推广的实践数据。

智链自动化设备为解决行业痛点应运而生，智链自动化团队设计研发该项目设备亦为填补此方面的空白，该设备采用全自动化多工艺技术，降低员工的重复劳动率，提高人力资源的有效利用，极大地解放了生产力，提高了产能，更深层次地保障了产品质量，做到稳定、高质、高量、高效。

1.2 团队介绍

团队基于产教融合，致力于智能化研究。

智链自动化团队是一个致力于生产、研发、销售、技术支持全过程的专业团队。团队办公地点在团队成员就读学校的创业大楼内，校内依托指导教师的实验室和学校实训场地及技术力量；校外依托广东高臻智能装备有限公司，作为广东省高新技术企业，广东省智能贴装与监测工程技术研究中心，东莞市名校研究生培养（实践）工作站，校外基地拥有强大的产业优势，从产品的生产和包装，到产品的整场输送、内包装到外包装、再到物流分拣，最后到码垛以及仓储运输，皆可提供相关自动化设备以代替人工，实现更大程度达到无人化作业，从而节省人工，高效、安全的生产，提高企业的竞争力。智链自动化团队凭借强大的技术基础，前期使用学校提供实训室进行研发、生产和销售。

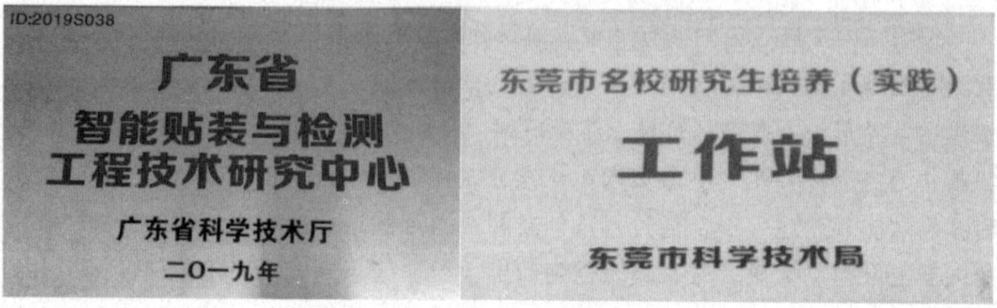

图1.2　项目校外基地

团队聘请资深专家指导研发

智链自动化团队聘请东莞创新领军人才与特色人才、广东镭泰激光智能装备有限公司创始人肖磊博士为我们团队的首席专家。肖博士为广东镭泰激光智能装备有限公司创始人、董事长兼总经理；机电高级工程师职称，公派留法回国人员，厦门大学嘉庚学院教师，中科院上海光机所光学工程博士后，哈尔滨工业大学光学工程博士后；历任大族激光科技产业集团股份有限公司主任工程师、项目经理、部门经理；曾任广东正业科技股份有限公司激光事业部总经理。他作为骨干成员参与和主持了国际项目1项、国家项目4项、省部级项目4项、市级项目2项，在国内外知名期刊发表学术论文20余篇，在国内出版了1部激光应用专著，在激光技术、激光工艺技术及激光加工装备制造技术等领域向美国专利局、国家知识产权局申请专利超过200件，公开专利185件，授权专利108件。近10年来，肖博士带领创新团队在3C、PCB/FPC、新能源、面板显示、汽车电子、半导体等行业成功开发激光精密加工及自动化装备超过60款，推动激光市场超10亿元。2016年入选东莞市创新领军人才，2017年入选东莞市特色人才，2018年荣获广东省科技进步奖，2019年入选东莞市创业领军人才，并于同年荣获东莞市青年人才起航计划导师称号。同时，东莞“莞邑工匠”称号获得者全洪杰等专家也给予我们团队专业指导。

团队不断学习成长，向纵深发展。

智链自动化团队在现有产品基础上，会持续投入资源进行产品线研发，开发生产不同原材料的密封圈设备，如橡胶密封圈设备和其它无机高分子密封圈设备。本团队的进军领域也涉及到其他核心零件，在未来为密封圈生产行业提供全方位解决方案及技术服务。

1.3市场现状分析

硅胶密封圈市场需求巨大，但生产方式落后。

2021年我国制造业产值为4.83万亿美元，占全球30%，中国是毋庸置疑的制造业世界第一。硅胶密封圈生产量和消费量，中国也是稳居世界第一。据统计，目前中国拥有各类密封圈生产企业80万家，2021年中国硅胶密封圈的生产量和消费量均达到3000亿美元，约占全球份额41%。市场行业潜力巨大，但生产设备简陋，生产技术存在空缺，导致生产效率低下，现有的加工工艺存在诸多不足之处。

1.3.1 模具成型加工

模具成型加工是硅胶密封圈最原始最简单的一种生产方式，浪费多，稳定性差。

模具成型加工（如图1.3-1所示）是市面上非自动化硅胶密封圈生产方式之一，此生产方式是先将硅胶原材料进行高温熔化再将熔化好的原料注入模具中进行冷却固化，待硅胶固化后用高压气枪使成型硅胶与模具脱离。由于需要使高温熔化后的硅胶完整的填充到模具中，生产过程中为防止硅胶提前固化需要保持模具高温，存在高温灼伤等安全隐患，降低了生产安全系数；生产中硅胶注入和硅胶的冷却固化的时间长，降低了硅胶生产的效率；硅胶注入难以保证其注入的完整性且生产过程中伴随着边角料的产生，浪费了材料，增加了生产成本，不符合环保理念，降低了硅胶品质的稳定性。

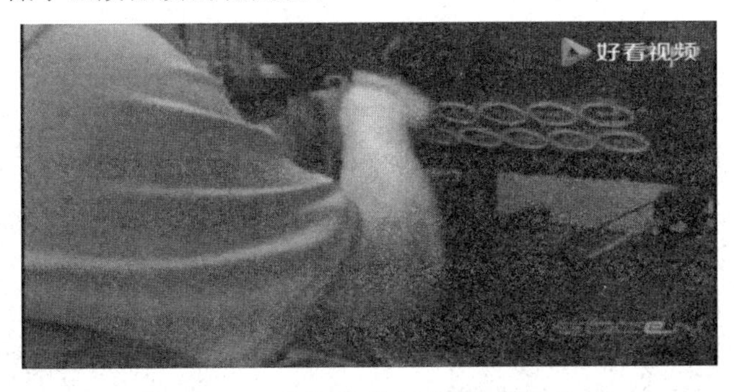

图1.3-1 硅胶密封圈模具成型加工

1.3.2 手动点胶加工

手动点胶加工是较前进步很多的加工方式，进入了半自动化状态，但安全性差，效率低下。

手动点胶加工（如图1.3-2所示）使用的是一种较为落后的半自动加热器为辅助的生产方式。此生产方式先将硅胶条裁剪成合适的长度，再通过人工手动点胶后放置在加热器上进行加热固化。在生产过程中加热器持续高温且需要进行按压粘合，使用时需要精神高度集中，为此工人的生命安全没有得到保障；工人需要手动点胶，且按压加热时间都是人为判断的，生产效率还是相对较低；生产过程中的硅胶裁剪和硅胶粘合固化存在着人为因素，导致生产的品质难以保证。

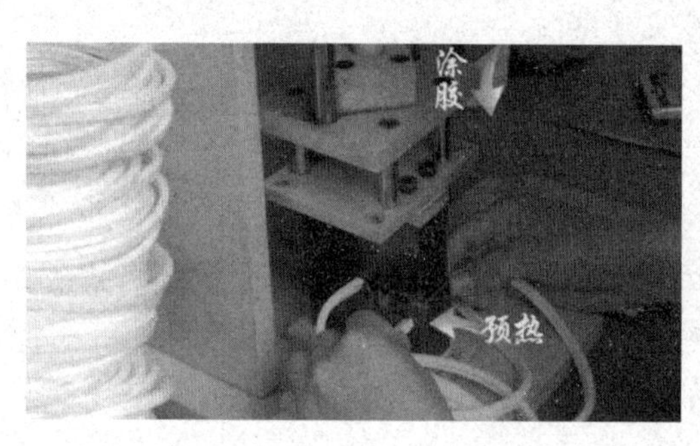

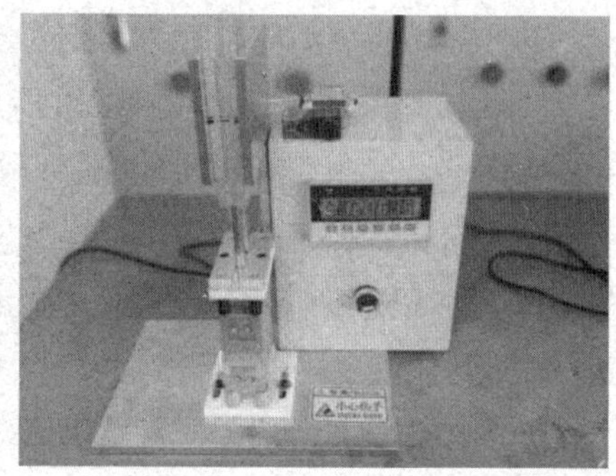

图 1.3-2　手动点胶式加工过程与设备

1.4产品及市场分析

现在的生产采用的是半自动化加工方式，材料耗费率高，品质不一，废品率高。劳动力的高消耗和现有技术加工要求场地占用面积大，从而使得企业增加生产成本，降低了企业的经济效益；半自动加工方式只能加大和提高生产过程中由于人工操作带来的不确定性因素所导致的原料消耗，增加废弃物的产生，使得加工资源耗费增大，更不利于国家倡导节能减排目标的实现。

硅胶密封圈加工中心通过一体化设计，集成自动送料、裁剪、点胶、焊接、静置冷凝、出圈六大工序，让硅胶密封圈的生产大大简化，提升了加工效率，提高了安全系数和产品的质量。

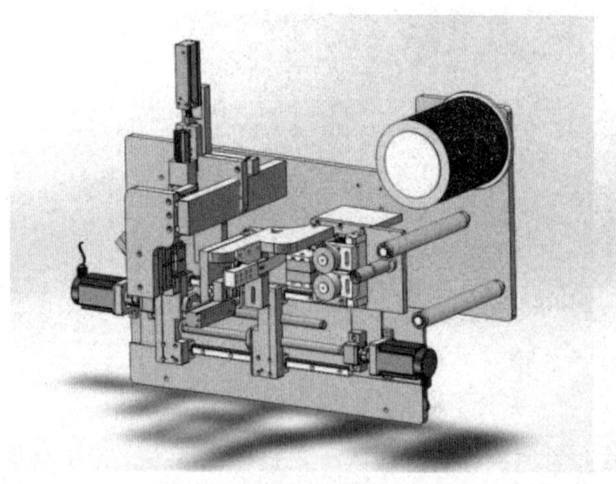

a核心部件效果图

b整机效果图

图 1.4-1　全自动硅胶密封圈加工中心效果图

硅胶密封圈加工中心能够完全代替人工手动加工硅胶密封圈的生产流程，适配市面上不同规格硅胶密封圈产品的加工制造，对于小批量、多品种的类型，更能显示出硅胶密封圈加工中心的优势和生产效率，经济效益更高。因此，智链自动化团队对市场分析，从效率、管理、安全和成本几个维度进行综合比较，确定以硅胶密封圈生产厂家为产品锚定市场，同时也将积极拓展其它潜在市场，发掘更多商业价值。

目前，中国拥有各类密封圈生产企业约80万家，现市场大部分还处于手工的生产方式，工作安全性差，工作效率低，产品品质难以保证，硅胶密封圈加工中心完美契合硅胶密封圈加工中心市场定位。

第二章 产品介绍

2.1产品简介

硅胶密封圈加工中心以创新、高效、高质、灵活为原则，设备实现自动送料、自动裁剪、自动点胶、自动焊接、精准定时静置冷凝、自动出圈等工序，完全取代人工。设计主要基于行业的现代化需求点，以工业需求为导向，融合多学科技术，通过机械结构执行程序、红外温控调节组件加热、智能控制与多机构协同作用，构建全自动化生产环境，实现硅胶密封圈加工的智能处理，提高生产效率，保障生产安全，节约生产资料。该设备由自动裁料系统、智能定位粘胶系统、可调节精准加热系统、机械系统、控制系统和监控系统六部分组成。该产品可有效解决硅胶密封圈生产在管理、生产效率与质量、安全及成本方面问题，广泛适用于各企业的密封圈产品生产中，提升作业人员安全性、降低作业人员劳动强度、提高生产效率及节约生产成本。硅胶密封圈加工中心核心机构如图2.1－1所示，可视零部件如表2.1所示。

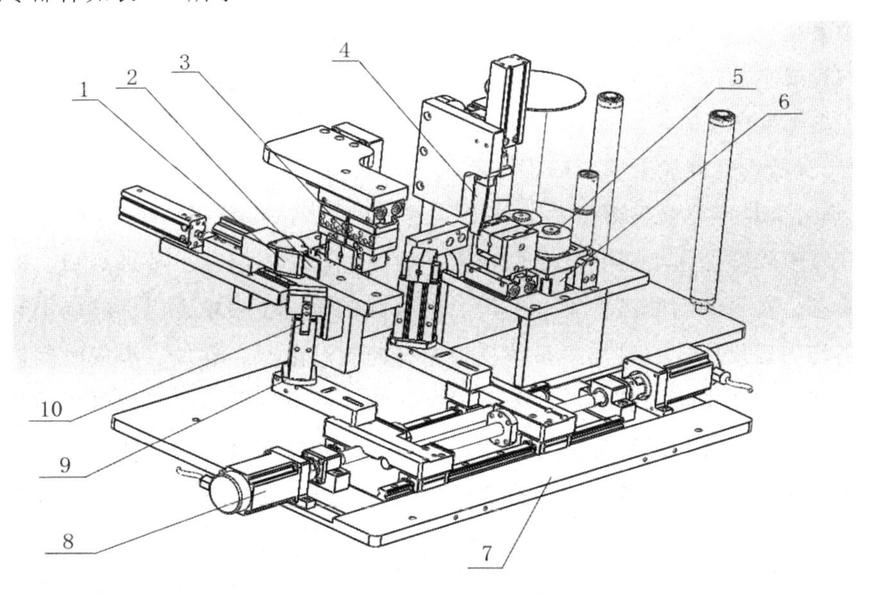

图2.1－1　核心机构效果图

表 2.1　可视零部件

序号	名称	数量
1	胶水存储箱	1
2	上胶刀片	1
3	发热管	6
4	切割刀具	1
5	上料滚轮	2
6	步进电机（小）	2
7	底座	1
8	步进电机（大）	2
9	旋转圆盘	2
10	旋转杆件	4

2.2密封圈生产痛点

智链自动化团队经过对接公司提供的资料和实地调研，结合自身所学知识，总结得到目前硅胶密封圈生产过程中的四个痛点：

（1）安全低：由于加热模组需要高温压紧固化，在生产过程中就需要工作人员精神高度集中，若操作不当容易发生烫伤，压伤，存有较大的安全隐患。

（2）效率差：在硅胶密封圈生产的过程中，需要对硅胶原料进行加热熔化，注入磨具，冷却取料每个环节至少需要2-4分钟，全流程共需5-10分钟。当进行特殊材料或不规则形状时，所需时长更久，效率问题更为显著。

（3）质量低：基于的当前行业的人工半自动化加工生产方式，存在的诸多不稳定因素影响，导致产出成品密封圈普遍质量不高，质量不一的问题。

（4）成本高：生产每个环节都要使用人工，成本较高；生产过程中容易产生废料，增加生产成本。

2.3硅胶密封圈加工中心核心技术

2.3.1高精度控温热熔技术

硅胶密封圈加工中心充分考虑到生产效率、资源利用率、处理规模、能源损耗等问题。在设备粘胶组件上，采用的硅胶原料通过胶水粘合组件精确上胶和原料适当均匀后反应，通过加热系统反馈精确控制温湿度、部位、反应时间以及生产类型实现硅胶密封圈的高质制备。根据加热、冷凝、贴合、干燥过程的热交换和平衡分析，充分利用能量循环，实现制备硅胶密封圈过程的高效节能，减少有害气体物质的产生。设备自动化智能化的运行可以提高制备的效率，降低设备操作人员的劳动强度，提升工作环境的舒适度。

2.3.2智能监测运作技术

加工中心的机械系统主要包括整体机架、多步进电机、机械臂、上料机构、点胶装置、加热装置、冷凝温度监控处理装置和自动出料监控系统等。中央控制模块是整个系统的控制中心，中央控制系统负责部分模块的控制和其他各模块之间的通讯等，利用中央控制模块的电机控制模块实现上料、点胶加注和加热焊接缝合等，利用 IO 模块实现其他机构控制、硅胶密封圈原料位置控制送移、成品产出监视控制、效率测量和出错率废品测量等

2.3.3精细位置控制技术

加工中心利用精准的运动控制技术，行程精度达到10um。

加工中心使用多个伺服电机的联动，通过机械手工件实现自动供料的准确无误，采用多步进电机，保证夹料气缸进给与停靠精准化。

送料完成后使用闭环控制矫正机械手对供料进行位置固定，双步进电机供料设计，精准控制供料量与供料速度，再由工件控制闸刀平整切断。

红外线加热高温固化，供料直接送入进行自动粘胶，高温使得胶水加速固化，等待半成品完全缝合焊接。

再使用机械手送出，采用平行手指气缸延长抓手组合，使抓手更精准，进行相应材料的定时冷却组件，等待完全缝合固化。

最后机械夹手夹出，送至成品收纳盒。解决人工操作繁琐且失误率高、质量不能保证的问题，完全代替以往人工半自动化加工的基本功能。

2.3.4自动化控制运作技术

自动运行按钮启动后，通过中央控制系统控制机器组件将原料送至自动上料处，上料机构感应到有物料后，机械手自动将原料送至裁剪机构部分进行对准并进行检测再剪断原料，推送点胶系统根据原料位置，大小，类型加入可控量胶水，加热装置启动使温度达到设定值，根据实时监控的半成品温度和硅胶密封圈粘合程度，再将成品送出并进行数量监控和实时监测，通过人工智能系统实现工艺参数的优化，所有运行参数可以实现远程监控。

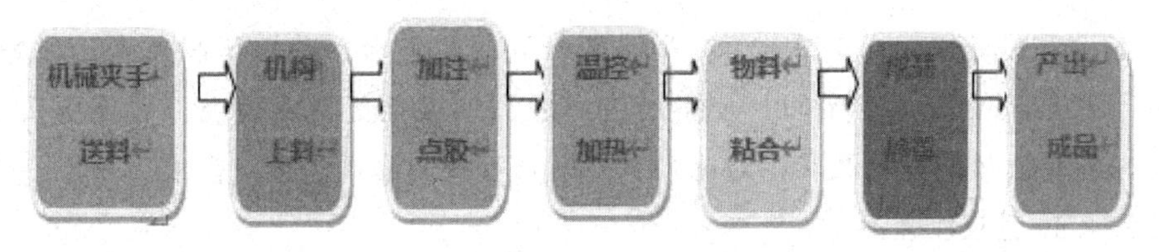

图 2.3-1 生产工艺流程

2.4设备创新型提升

2.4.1提升生产速率

传统工艺分两道工序，先机器裁料，后用人工焊接；硅胶密封圈加工中心生产简化了工序，机器裁料焊接一体化。通过研究多工位加工的设计方式，即一次加工数个原料，区别于人工的一次一成品的低效方式；再深入升级设备最大最优运行速率，在提升作业方式的同时稳步加快运转速率。

传统行业是劳动密集型，人均生产效率低下，生产成本高；机器生产是机器一次生产多条，几秒一个循环，生产效率飞跃几个层次。使用于设备相配套的优质粘胶与红外线热机，同时以设备合理地为原料点胶，辅以相应于不同原料类型使用不同温控加工；而设备整体适配剪料，送料的精准化，让硅胶密封圈加工生产效率实现质的提升。

2.4.2降低生产成本

首先，传统工艺机器裁断需要1人，人工粘接视工厂规模，少则10-20人，多则几十上百人。而机器生产1人操作5台机器，1台机器可替代多个人，大大降低人力成本。

其次，传统工艺需几十上百人的工厂，两个工序的物料需要不断周转，使用场地大；而机器生产只一台机器整合了两个工序，物料无需周转场地，压缩了人员，使用场地大大减少，租金降低。

再者，传统工艺需人员多、设备多、场地大，管理费用居高不下；而机器生产却是人员需求少、设备占地少、场地需求减少，有效节约了管理成本。

2.4.3.提高产品品质

传统工艺属于劳动密集型生产模式，产品的产能及质量受人员的情绪及状态影响很大；机器生产是机器化生产，用工少，受人员的情绪状态影响尽可能缩小使得成品质量保持在一个稳定的水平线上。

传统工艺受人为因素影响，不同的人、不同的时间段以及不同的半自动设备，造成质量参差不齐；机器生产采用机械化生产，全流程自动化，质量得到保障，稳定且高效。

本设备更是采用了先进的HTV高温硫化硅橡胶粘合剂热熔压胶技术，很好的代替了目前的点胶加工手段，使得所生产成品连接处更稳定美观，固化更快捷，所可以保持质量更好更长久，对比当下更适合行业高品质的生产需求。

2.4.4.适应性强

硅胶密封圈加工中心可调范围大，适应多种粗细胶条多个直径的密封圈生产。

硅胶密封圈加工中心设计切合现代化工业需求，各个机构设计的初衷即是为了适配全类型硅胶密封圈的制备，所以相较于当前根据不同品种密封圈需要使用不同的摸具的工艺，硅胶密封圈加工中心很好的解决了这个问题，其价值与前景更是不言而喻。

2.5全自动硅胶密封圈功能介绍

2.5.1细分各机构部件介绍

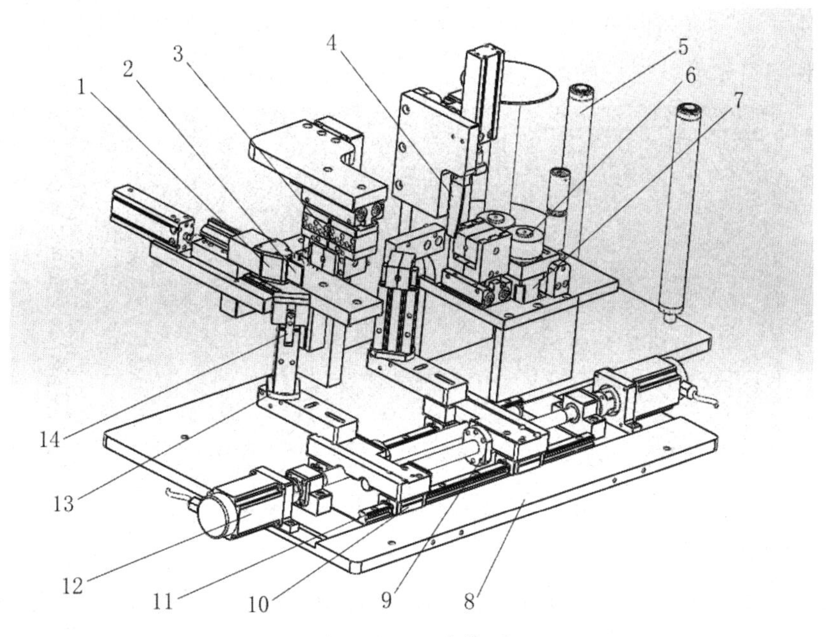

图 2.5-1 结构图

1-胶水存储箱；2-上胶刀片；3-发热管；4-切割刀具

5-硅胶整备管；6-上料滚轮；7-步进电机（小）；8-底座

9-丝杆螺母；10-滑块；11-导轨；12-步进电机（大）

13-旋转圆盘；14-旋转杆件

为了解决上述问题，经过创新突破，项目设备已经实现了硅胶密封圈的自动化生产，人工操作的所有工序已可以被设备代替，生产过程精准把控，通过编程控制电机转动精准裁切，无需另外裁剪，多功能一体化，采用智能触摸屏控制设备的运行，查看设备的各构件状况以保持设备的顺畅运行无误，在生产高效的同时也保证产品质量。

2.5.2硅胶储备理料装置

生产开始前，硅胶的料筒先储备在（5）中，然后先进行手动导线使胶条经过下方三根导流棒，导流棒的作用是辅助（6）进行递料，整理胶条防止胶条发生扭转和偏移，提前为裁切和粘合做好准备。

2.5.3滚轮递料装置

递料装置由（6）上下滚轮及下方的（7）还有进料夹爪组成的。当胶条经过手动导线后，便可用编程控制（6）转动的速度来控制进料的长度，胶条穿过（6）后就会被进料夹爪夹持（7）便会停止等待下一步骤。

2.5.4刀片裁切装置

裁切装置由（4）及一些滑动导轨组成，经过递料装置的精准递料后，两个机械臂夹爪会分别夹持住两端，（4）会被上方的气阀推动，巨大的压力会使胶条被裁断，使端口平整以便更好的对接。

图 2.5-2　刀片裁切装置示意图

2.5.5旋转涂胶装置

旋转涂胶装置由（1）（2）组成，当胶条被精准裁切后会经过（12）被运送到胶条中心刚好是（2）的位置，机械臂的夹爪的气缸会推动夹爪向前运动，到达位置后（12）（13）连动发生旋转，使胶条的头尾相接，这时（2）会被气缸推动使头尾两端都接触到（2）粘上胶水，保证头尾两端胶条能够对接在一起，均匀的粘上胶水。

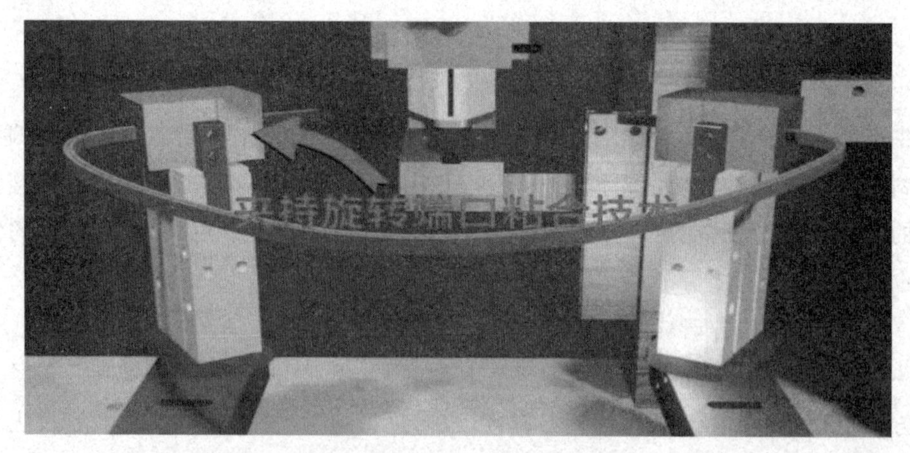

图 2.5-3　旋转涂胶装置示意图

2.5.6加热固化装置

胶条涂胶完毕后需要进行加热处理，两机械臂会同时推动气缸使胶条到合适位置，再由（3）夹持进行高温加热，加热加快了胶水的固化，提高了生产效率，加热一两秒后再由加热夹爪进行抛料，方便快捷。

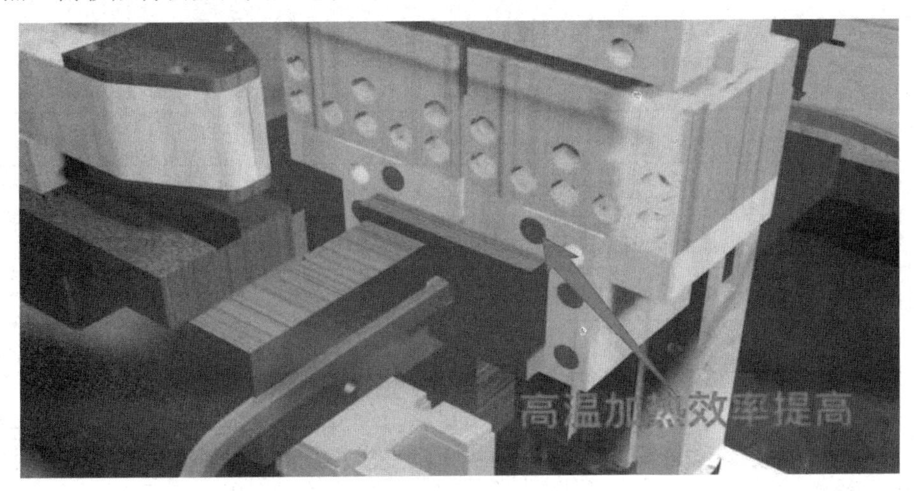

图2.5-4　加热固化装置示意图

2.6产品具有特色

（1）智能化工艺

加工中心运用工业互联网技术实现远程操作和监控，可按需控制所制备产品量，检测设备各项数据，降低废品率，综合观测设备各项深度数据，该项目需求前沿、理念先进、方案合理、工艺先进、绿色环保、智能高效，且具有极大的社会价值和经济效益。

（2）产品的前瞻性

该项目具有深刻的前瞻性，属于行业先河项目，目前市面硅胶密封圈加工工艺仍处于落后期，所研究内容符合时代科技要求。

（3）产品的高适配性

该项目所研究的硅胶密封圈加工中心，是可适配于所有现市面常规类型硅胶密封圈，项目成品预计适配市面全部类型硅胶密封圈，其可加工多样性大，机器容错率高，初代对于0型、日字型硅胶密封圈焊接设备已成功研制出来，而对于其他类型的可加工生产硅胶密封圈的设计研究亦同在项目研究计划日程中。

（4）产品的高效性

相较于过往的人工操作制造，该设备运用全自动制备技术不仅大大提升了生产的速率，更使得制备成品的质量保持在一个较高且稳定的水平，响应了我国对于科技创新推进产业升级的号召，加速了我国从制造大国到制造强国进军的步伐。

2.7硬件成本低

“硅胶密封圈加工中心”能精准定位闭环控制完成生产，除了良好编程控制逻辑，其高技术含量还主要集中在装置部件设计及安装调试上。硬件成本（见表2.7）不高，是加工中心设备的最大优势。

表2.7　单台“硅胶密封圈设备”制造硬件成本表（单位：元）

序号	项目名称	金额	备注
1	原料	4200	
2	元器件	6240	
3	加工	2000	
4	管理	2200	
5	其他	2000	
总 计		21640	

注：原料成本=合金材料，元器件成本=三菱plc+步进电机+气阀+高精度加热器+触摸显示屏+其他）

总之，根据原料市价，人工，以及其他费用估计，一台硅胶密封圈的成本大约在21640元，而且随着生产规模扩大，具有明显的规模效应。据测算，当年产量达到1万台时，成本明显降到了14000元人民币每台。

2.8产品目前研究升级方向

项目研究设计中后期，将建立对于硅胶密封圈加工中心的实时监控系统，以方便设备出现问题后可有效检测出故障问题所在，工程人员可以第一时间解决问题，做出改进措施，同时记录问题发生所在部件，次数，再有针对性进行技术升级改造。

可综合运用目前的制备处理技术提出设计方案，根据硅胶密封圈处理工艺，优化设计总体方案、机械结构、电气控制和系统软件等

2.9产品保养

加工中心的零部件错综复杂，长时间满负荷运行出现损耗，及可能出现的操作人员不规范操作的情形。因此，在使用过程中需要注重日常保养工作，从而提高产品的使用寿命，需要做好对设备的日常维护，下表为焊接设备的保养要点。

保养的主要要点为：

1）使用过程中，需规范操作；

2）停止使用后，需进行台面的清洁；

3）保管时需注意防水、防油，保持干燥；

4）定期对零部件进行检查、更新；

5）定期进行润滑油保养；

6）对于切割刀具，定期磨刀，确保锋利程度。

表 2.9-1　保养要点

序号	部件	保养要点
1	导轨	定期润滑油，保持清洁
2	电机	防水、防油，保持干燥
3	切割刀具	定期磨刀，确保锋利程度；不可敲击。
警告		
气源一定要滤水、滤油，保持干燥。		

第三章 市场前景及分析

3.1行业分析

3.1.1制造业现状分析

现如今中国已成为“世界工厂”，也已从农业大国转变成一个拥有世界上最完整产业体系、最完善产业配套的制造业大国和世界最主要的加工制造业基地，成为一个名副其实的“世界工厂”。我国作为世界第一制造大国，目前的发展早就已经取得了举世瞩目的成绩，共有22个制造业大类行业的增加值均居世界前列，其中纺织、服装、皮革、基本金属等产业增加值占世界的比重超过30%。在联合国全部19大类制造业行业中，中国有18个大类超越美国成为世界第一。

先进制造业的发展水平一定程度上代表了一个国家和地区的产业发展水平和竞争力。十九届五中全会提出要坚持把发展经济着力点放在实体经济上，坚定不移建设制造强国，建设现代化经济体系；党的十九大报告明确提出，要培育若干世界级先进制作业集群，并将其作为建设现代化经济体系的重要目标和任务之一。

“十四五”时期是我国“两个一百年”奋斗目标的历史交汇期，是全面开启社会主义现代化强国建设新征途的重要机遇期，也是我国先进制造业高质量发展，迈向全球价值链中高端的关键时期。制造业作为我国国民经济的主体和支柱性产业，是经济主体的主要组成部分，制造业也为今后我国国民经济的发展奠定了坚实的基础。

国务院总理李克强在政府工作报告中提到，制造业是我国的优势产业，要实施“中国制造2025” ，加快从制造大国转向制造强国，推动传统产业技术改造，化解过剩产能，支持企业兼并重组，促进工业化和信息化深度融合。要实施高端装备，信息网络，集成电路，新能源，新材料，航空发动机等重大项目，把一-批新兴产业培育成主导产业。总理提到国家已设立400亿新兴产业创业投资引导基金，为产业创新加油助力。“ 中国装备”升级的突破口，就是推动装备“走出去”。这不仅能让我们在国际市场实现“三赢”，更能倒逼国内产业的全面升级，打造“中国制造”新优势。

随着新一代信息技术和各类创新产品的不断发展，制造业的生产模式业在发生着深刻的历史变革。先进制造业也将融合各类新型技术用于制造的各个环节，以优质、高效、清洁、灵活、安全的方式进行生产，以获得更高的经济、社会和市场效益。因此，大力发展先进制造业成为加快工业转型升级的必然要求。

3.1.2硅胶市场背景

硅胶的应用技术已经渗透到各行各业，有的已经成熟，有的正在深化广泛应用于工业领域，近年来农业、第三产业和信息产业的应用也发展非常迅速。硅胶在国内外用作干燥剂，随着专业化进程的加快，其在石化、医药、食品、生物化学、环保、涂料、轻纺、造纸、油墨、塑料等工业领域的应用质量和水平都达到了新的高度。

近两年来，国内硅胶制品的应用市场一直在悄然升温。今年上半年，预计到今年硅胶的应用市场将更加活跃，硅胶密封圈产品将占国内橡塑总消费量的10%~15%，而到2025年，硅橡胶在橡胶总消费量中的比例预计将达到20%~33%，即硅胶产品消费量预计达到300~450万吨，硅橡胶专业消费量管道预计将达到500万至650万吨。,

目前，硅胶产品技术专业化分工发展趋势明显，粒径为0.5~0.8mm的碱性硅胶在我国发展迅速，粒径为1-15μm的微米级粉末硅胶在欧美、日本、韩国等国家取得了长足的进步，在形态和性能上的差异碱性硅胶和微粉硅胶之间的差异已成为多样化应用发展的直接驱全球硅胶中，有机硅胶的占比较大。数据显示，2017年全球有机硅胶市场规模为163亿美元，2020年，全球有机硅胶市场规模已经增加至195亿美元，年均复合增长率达6.5%。有机硅胶主要包括硅橡胶、硅油、硅树脂和硅酸耦合剂四大类产品，其中硅橡胶是有机硅胶中占比最大的产品。

硅胶密封圈加工生产整体市场规模大、增长快，且仍处于持续式增长阶段，据国家工业生产数据显示我国2020年生产制造硅胶密封圈总体量产种类就达到约1.3万种，而数量更是约总生产达16.8亿。反观现阶段人工生产，一天作业8小时只约生产成品为150至200个，效率相形见拙。国内硅胶密封圈加工设备属行业落后方面，需求急切，我们项目正针对于目前行业所缺，因此毫无疑问我们项目前景商业价值是巨大的，客观的。

再者，通过机器替代人工，利用科技创新提高现代化加工生产工艺，有效解决时代需求的硅胶密封圈制造，提高生产效率，保证制造质量，同时达到废料化降低以及有机物资源高效利用，符合可持续发展和科技强国推进科技化创新的要求，同时使得现代加工技术大大提高，让产品的生产效率和品质得到保证，告别过往的不合理化人力赶工和救火式加工，其转化商业价值前景明朗。

使用该设备可合理化分配人力资源。提高机械加工生产安全系数是现代化生产的重要内容，节能减排与资源循环利用也已成为实现经济可持续发展的重要举措，国家对提高自动化生产的要求越来越剧烈，而我们的设备迎合了时代所需求，以机器代替人，不仅仅是使得所需人力资源得到了节约，更让企业存在更大的资金空间去开发研究更好的产品方向，开拓更高效的管理措施，期间节省出来的价值空间不言而喻。

3.2行业前景分析

目前我国制造业处于转型期，即从部分行业的传统制造业向高端制造业转型，从工业2.0、3.0时代向工业4.0时代转型。这也就预示着：

1）制造业产品将进一步升级，往高端化发展。众所周知，我国被称为“世界工厂”，产业门类齐全，市场潜力巨大。现在存在的问题就是部分行业产能出现过剩情况。如从去年下半年开始汽车出现前所未有的销量下降，多个汽车制造厂停产，后期则要焦距新的市场需求，产品更新换代，传统汽车向新能源汽（电驱汽车）发展。

2）制造业智能化是未来趋势。制造业普遍信息化，智能化不强，这是未来制造业发展的大趋势，随着计算机网络技术在制造业中的应用，我国工业互联网已经取得巨大成就，但是占比较小。在全球视野来看，德国的“工业4.0”，美国提出的“工业互联网”，中国的“中国制造2025”，都是对未来制造业提出了发展前景。

3）制造业服务化是不可忽视的。“工业4.0”的提出就是为了不光做蛋黄，不仅限于只做一次生意，而是要焦距长期，针对产品全生命周期的服务，这也是未来制造业专业化分工的需求，在制造业服务化案例中，陕鼓的模式值得借鉴。

目前正处于“中国制造2025”的进程中，这也可以从侧面反映出中国制造未来不可限量的前景。中国制造业前期的良好奠基，标志着我们有能力继续强大。只要中国制造业的未来发展前景好，那就是中国夹具行业的未来发展前景。

3.3 SWOT分析

我们同时通过调研分析各项数据，做出了项目的SWOT分析。

	SWOT分析	解决对策
优势	1）本项目很多丰富的资源，所在学校与企业联系紧密，有很多优秀的合作伙伴。 2）产品的技术优势非常大，比现有产品方便、快捷，使用起来节省大量资源。 3）产品的市场范围很广，小到五金店大到制造大工厂都用得到。 4）产品的行业市场慢慢的在变富强，国家也积极鼓励制造行业，前景很是不错。 5）产品的性价比很高。	1）把产品的功能快速的传到大家的眼中。 2）把产品的知名度提高，能够给客户好的印象。 3）要实时关注市场情况，及时做出相对的措施。 4）后面慢慢的把市场的范围变大。
劣势	1）工作经验和创业资金不够 2）客户资源不够	1）工作中要多去实践和探索，能够及时的发现问题和解决问题。 2）多出去外面找客户推广产品。
机会	1）国家和学校都在大力支持和鼓励大学生创新创业。 2）中央政府支持和促进制造行业发展。 3）企业对该产品的需求度很高。	1）要一直随着市场的发展和国家政策，跟上它们的脚步。 2）对企业的个性化需求进行针对性满足。
威胁	1）客户对产品存在保守心理，害怕达不到预期效益，不敢随便接触新的产品。 2）初期效果不明显，设备稀少时和原有生产模式的效率相差不大。	尽可能的把产品的优势和特点表达出来，让客户信任我们的产品。

第四章 市场营销

4.1目标市场

智链团队根据产品的定位，目标市场现为密封圈生产企业。其中前期客户主要为校企合作企业；后期随着技术和整体实力的提升，会转变为产销一体，拓展为各大企业，从而为全国的密封件产业领域的企业提供服务。

而现依据项目当前处于起始阶段，我们将首先致力于借由校企合作，通过学校的资源，最大化我们学生的身份资源，对我们的产品进行推广，得到首批的用户以及信息反馈以此进一步明确我们的后续计划，其次则是依托校外合作企业高臻公司资源，加强我们的深度合作，找到项目的不足之处，同时在该行业赢得一定的口碑，拥有一定的知名度。

对于中小型企业，在设备认知使用、拆装、以及工件加工制作等内容中，加工要求低，数量大，速度赶，试错成本低，可快速看到产品存在问题与改进空间，同时提供优化服务。

智链团队由于有成熟的技术，产品的加工工艺并不复杂，主要设备为控制组件和机械构件设备，初期成本为 20000 元/台，售价 50000 元/台，随着生产规模扩大成本不断降低。由于其市场容量巨大而且目前尚处于空白状态，因此市场前景巨大。 由于智链设备属于智能制造设备的范畴，所以在营销上采用按规模铺货的方式，占领硅胶密封圈制造行业等主要的销售渠道，方便消费者及时方便的获取我们的产品信息。同时，投入一定资金做前期推广，通过各种媒体广告和各种行业展会推进产品知名度。在市场上采取先立足大湾区，后逐渐有计划分步骤的推向全 国及海外市场。第一年 500-1000 台，第二年 2000-5000 台，第三年开始销售额和利润都大幅上升。

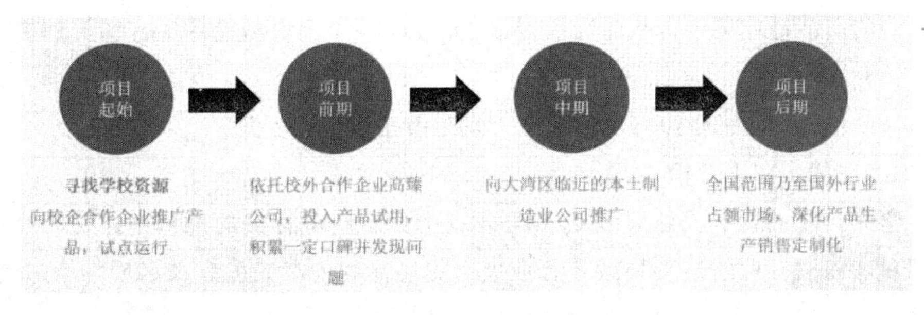

图 4.1-1　销售对象

4.2 营销策略

发展初期，我们会先与东莞本地邻域的代工厂家合作，与他们进行协商并派遣相关的技术人员与他们的生产人员一同进行生产，通过以下途径进行销售：1）设备代理商。2）胶水销售商。3）胶条销售商这三个渠道把产品带入社会，来带动产品的“知名度”。发展到一定的规模，则改变方式，借以网络广告以及更多渠道的营销宣传来将我们的知名度扩展。同时，我们会自行生产，在原有的基础上，引进一些机床所需的配件的生产，包括一些更新设备所要用的用具，加工时所需要的原件，做到产销一体，直接由本公司出售。

图 4.2-1 营销策略

4.2.1口碑营销

在产品质量能够得到保证的情况下，我们秉持顾客至上、做好售后服务的信念，实行口碑营销的方式，通过集成商、批发商或者老顾客转介绍，稳定持续性拓展客源，通过集聚化市场营销战略，以谋求客户满意为目标，不断创造技术创新、产品创新、组织创新、渠道创新、制度创新等诸多方面的创新优势，以新的特色来吸引客户，满足客户个性化、多样化的需要。

4.2.2线下直面营销

在初创期稳定度过之后，公司会定期走访不同的中小生产企业、工厂及公司，直接与他们的负责人进行面谈，通过会谈来进行产品销售。同时还可以通过合同策略让这类用户对我们的产品建立起一定的信任。

4.2.3行业展位推广

这属于平台推广范畴，通过找到硅胶密封圈加工制备的市场，并在这个市场把我们的产品进行展示，从而形成对比。例如CEM中国机械设备展，图4.2-2各部门营销分工

借助这一行业平台进行展位展出，发现潜在消费者资源。

4.2.4线上网络营销

建立传统的营销网络，我们将与硅胶密封圈生产有关的报刊杂志进行合作，定期参加相关行业的装备展或者行业展，提高品牌的曝光度和知名度，增加销售的机会。

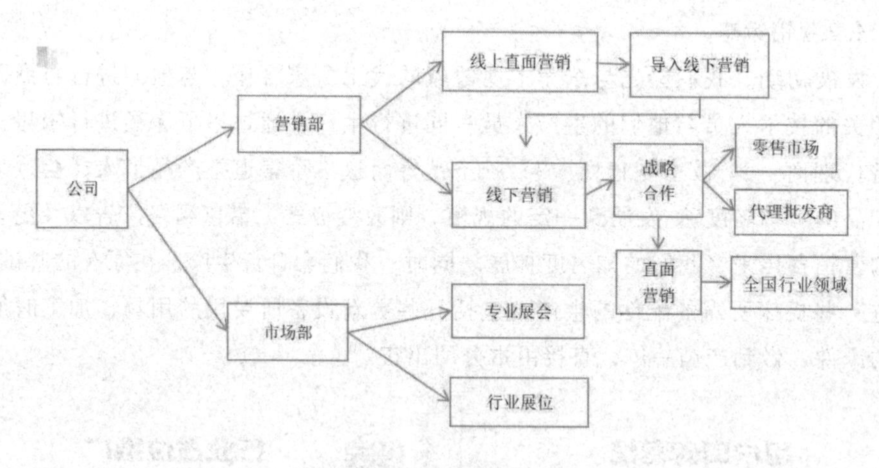

图4.2-2各部门营销分工

4.3产品策略

4.3.1产品销售

随着机械制造业技术水平不断提升，客户对产品的加工精度与个性化要求也越来越严格。传统硅胶密封圈的生产方式已经跟不上时代的节奏，暴露的问题越

来越明显与严重，而我们产品迎合时代需求，应用加工生产范围非常广泛，适配性好，容错率高。对其合理的运用很大程度上影响目前行业的生产方式与效率质量。

因此全自动硅胶密封圈加工中心整合了现在的人工加工步骤，在保证设备功能和安全性能方面，进一步进行产品的创新突破，分别是：1）对现有加工生产速率的提升；2）对机械化生产成品质量的稳定与保证；3）全流程自动化替代人工；4）集成技术的一体化设计。

通过创新打造产品的不可替代性，全方面地提升了工件加工生产的效率和质量，同时节省了加工的时间，提升了安全系数。对于用户体验而言，操作变得更加简便，管理也变得容易。

4.3.2技术销售

在产品研发的前期同样进行技术销售获取资金来源，以供下阶段的项目研究。

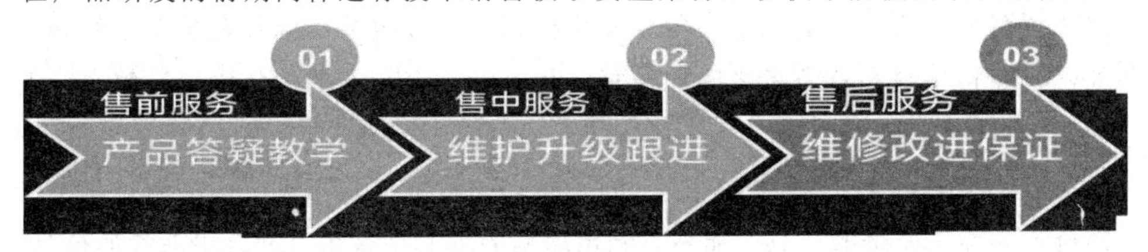

图 4.3-1　产品服务三部曲

（1）售前服务

我们会通过富有特色的一系列售前服务工作，一方面可以使自己的产品与竞争者的产品区别开来，树立我们自己产品的独特形象；另方面可以使消费者认识到本产品带给消费者的利益空间，在此之上去通过更多优惠条款合同吸引更多的消费者。这样就能创造经营机会，占领和保持更多的市场。

同时，客户在咨询的过程中，我们会将本产品的性能、结构、技术、功能等信息，主动介绍给客户。企业只有满足了客户的这些供其决策之用的需要，才能使他们从准顾客转化成现实的顾客。

（2）售中服务

在产品销售过程中为客户提供的服务，如热情地为客户介绍，展示产品，耐心地帮助客户理解，解答客户提出的问题等，售中服务与客户的实易购买行动相作障，是促进商品成交核心环节。

（3）售后服务

客户在购买产品后，首先要明确服务信息，详细内容。并在第一时间和生产部确认后与客户联系，确定行程与相关工作信息并将任务安排到具体服务人员。接到送货签收单后，及时做好客户档案，填写客户服务跟踪档案，以备检索、统计用，并分类存放。同时与客户电话联系，详细记录各类信息（首次电话回访）。客户跟踪服务档案，包括客户姓名，联系方式，下单时间，送货时间，产品清单，及相关服务记录。

同时，公司后期定期派遣技术人员进行更新和保养，争取覆盖产品周期内更长一段时间。以便有机会销售更多零件的机会，以及在产品保养期为客户提供大修服务，提升客户对于产品的满意度。

4.4价格策略

在价格制定方面，由于产品刚进入市场，公司会根据市场中竞争对手的价格变化趋势从而做出相应的策略变化，根据主要竞争对手的定价情况、预期反应和预计市场需求，在品牌建设初期实行跟随定价方法，随同行业产品平均价格水准的波动而同水平波动。在竞争激烈、市场供求复杂的情况下，公司难以了解消费者和竞争者对价格变化的反应，采用跟随定价法能为公司节省调研费用，而且可以避免贸然变价所带来的风险；各行业价格保持一致也易于同行竞争者之间和平共处，避免价格战和竞争者之间的报复，也有利于在和谐的气氛中促进整个行业的稳定发展。以使在性价比例上占据优势，提高目标市场占有率；在转入成熟期之后，我们会转而采用领导定价法，为了正当的目的，与很大范围的利益相关者沟通价格和关于定价的信息，而不是利用价格表向其他竞争企业发出非法的信号。增加产品附加价值，使用户获得更大的顾客让渡价值。

（1）针对中小企业：该部分用户或者资金不足，对产品本身不是很熟悉。不过这部分的客户愿意去尝试新的产品，同时也很在意产品的价格和效率。但他们对于操作方面和管理方面并没有很高的要求。针对此类客户，可以实施渗透定价策略，具体措施是对产品实行低利润率的定价策略，但同时要保持公开报价的虚高原则。

（2）针对大型企业：该部分用户会比较注重产品本身的效率，不会过度在意产品的价格，他们看重的是产品能带来的效益，但他们对于操作方面和管理方面有着一定的要求。只要我们产品本身的质量高，效率高，且易管理就可以提高产品的定价。同时通过咨询服务来提高价格，也可以通过合同策略降低客户风险。

4.5生产与销售

4.5.1生产模式

在产品生产方面，由于目前公司现处于起步阶段，为降低企业风险以及节省成本、缓解现金流紧张问题，前期我们将通过寻找OEM的方式缓解产品生产问题。

在OEM方面，目前我们已与多家机械生产商达成合作。本公司将为代工厂提供技术支持，代工厂则需按照固定模式将产品生产，为保障产品质量，我们将采用销量激励模式，即每售出一台设备并收到用户反馈是良好，本公司将返回一定佣金给代工厂。

同时在代工生产的过程中，严格控制产品质量，不断进行产品性能测试，确保所出售的产品符合国家标准。由于夹具生产成本较高，前期销售所得利润，公司会将利润的20%继续投入产品的创新改革，不断提升产品品质。

4.5.2销售模式

在公司销售模式上，我们前期采用的是寻找战略合作伙伴，通过合作的方式来推广销售，后期直接采用直面营销的方式。

（1）零售市场

对于零售市场，我们主要采用的模式是先寻找战略伙伴合作。通过OEM的方式缓解产品生产问题，因地处制造业兴盛的东莞再与中小型配件生产商，零售商，集成商进行协商。通过他们的销售渠道把产品销售出去，同时也能让我们的产品进行推广。

（2）全国市场

在产品推广得到一定的知名度之后，我们会把市场扩大到全国，这个时候会改变公司前期的营销方式，不再通过OEM的方式，把产品导向转变为服务导向，通过自己生产研发，创新和突破；持续微创新，丰富产品线，建立属于我们自己的销售渠道。

硅胶密封圈加工中心能够完全代替原先的手工加工的硅胶密封圈的生产，在生产出市面上出现的不同规格的硅胶密封圈产品，对于加工定制型密封圈为小批量、多品种的类型，更能显示出本设备的优势且生产效率，经济效益更高，因此对市场分析，从效率、管理、安全和成本几个维度进行综合比较，确定以硅胶密封圈厂家为产品锚定市场，同时也将积极拓展其它潜在市场。

2019年全国密封圈生产企业约80万家，大部分还处于手工加工生产方式，工人工作安全防护措施低，工人工作效率低下，产品品质难以保证等特点。针对问题，全自动硅胶密封圈加工中心完美契合密封胶圈市场定位。

4.5.3产品量化

目前，硅胶密封圈行业全国约80万家相关公司，由于我们项目产品属于创新型产品，目前并没有竞争对手，但是考虑到企业接受度问题，预计第一年将投入生产1000台设备。

有形产品：现有可加工制备多种圈型（O型为主）硅胶密封圈加工中心。

期望产品：可加工市面全类型密封圈的密封圈加工中心。

潜在产品：定制化非标自动化、智能化产品。

我们第一年将全部投入量产有形产品，即我们的基础款密封圈加工中心，视实际情况将产量控制到1000台，而第2年开始将逐步投入期望产品的研发生产，同样视市场情况反响将我们的产品量化到有形产品2000台的基础上，期望产品5000台，进而观察反馈的情况进行升级以及战略的方向，往后第三年开始进行潜在产品的推出，积极寻找定制化产品公司，与之进行深化合作，将产量逐步提升控制利益最大化。

4.6竞品分析

目前，市场提供手动点胶硅胶密封圈加工设备和模具成型密封圈加工设备2种硅胶密封圈加工解决方案。是“硅胶密封圈加工中心”的竞争者，但由于其使用不便捷，存在安全隐患等劣势（表4.6-1），所以“硅胶密封圈加工中心”具有绝对的竞争力。

表4.6-1竞品分析

工艺	硅胶工艺产品图示	生产特点	单件产品生产耗时（秒）	单人可操作设备数量（台）	是否需要另外裁剪	售价（元）
模具成型加工工艺		需要换模 安全性差 材料损耗大 生产效率低	100	1	否	10000-30000
手工点胶式		安全性差 生产效率低 报废率高	36	1	是	5000-12000
智链自动化		安全性高 生产效率高 良品率高 材料损耗低	7	5	否	30000-50000

在分析了竞争力以后，得出总结：“硅胶密封圈加工中心”相较于其他竞争性产品的最显著特点是其经济效益高（因为其加工生产过程全程自动化，无需人工操作，其生产效率高、产品良品率高、生产环境安全、产品一致性好。）。因此高经济效益是我们市场营销中最要突出的重点。

第五章　市场规划

5.1市场现状

随着新型工业化、信息化、城镇化、农业现代化同步推进，超大规模内需潜力不断释放，各行各业对新的装备需求、公共服务设备建设新的生产安全需求，都要求制造业在重大技术装备做出创新，促进产业转型升级。基于国家对制造业的重视和我们对制造业的热衷，智链自动化团队根据现有硅胶密封圈制备生产过程存在的问题，设计出了全自动硅胶密封圈加工中心。

硅胶密封圈加工中心，针对现有生产工艺存在的不足而提供一种自动化生产设备，能够在具有全流程替代人工操作步骤的同时还提高生产效率与品质。产品致力于不断创新，目的就是让硅胶密封圈生产变得更加高效高质量，安全简捷；也努力于将该产品打造成硅胶密封圈制备产业拥有一定知名度的产品。

图 5.1-1全自动硅胶密封圈加工中心市场规划

5.2起步阶段 （2021年）市场发展阶段

在第一阶段，硅胶密封圈加工中心将以产品为导向，立足于东莞，通过与各大相关公司达成战略伙伴，以OEM的方式进行产品生产，主要的目标用户为硅胶密封圈制造企业。团队将利用机械加工的行业展会及行业协会进行产品推广，通过合伙伙伴持续进行业务推广，实现公司的持续发展。

同时利用产品优势，抓住现在行业对该方面的需求，在学生毕业进入公司后，进行产品在企业的推广。同时，在运营推广的过程中深入进行用户调查，及时做好销售策略的调整，做好售后服务和买家的反馈，及时解决产品使用过程中所存在的问题，并对产品质量进行完善，让用户用的放心，用的省心。在运营推广过程中，立足于东莞，夯实基础，为后续市场拓展奠定良好的基础。

5.3过度阶段 （2022年）提高市场占有率阶段

在第二阶段，我们将利用2021年累积的服务商户，进入品牌和服务营销阶段。快速拓展市场，并开始进行渠道建设。研发部门丰富产品线，进一步提高产品的客户化效率。同时探索新的营利模式。

项目依靠已有的自主知识产权和技术，增强科技开发能力，不断研发新技术、新产品，保持市场的竞争优势，使本公司开发、生产的产品进入华南地区市场，再进一步向全国进行拓展。主力发展整套成品的销售，销售区域扩大到华南地区。

5.4成熟阶段 （2023年）市场拓展阶段

第三阶段为实现战略目标，2023年将加大研发投入，从产品导向转为服务导向，并结合生产类型需求，不断扩展产品线。公司在发展的过程中，坚持依靠已有的自主知识产权和技术，增强科技开发能力，不断研发新技术、新产品，保持市场的竞争优势。同时，销售方式从之前的OEM及渠道代销的方式，转化为自产自销，不断进行拓展，这将为公司的持续创新与发展打下坚实的基础，也保证了销售区域扩展至全国各地。

5.5 市场类别规划

未来可期，“硅胶密封圈加工中心”的出现，将促生一场新的密封圈生产技术变革风暴。“硅胶密封圈加工中心”扮演了一个突破口的角色，一旦为市场所认可，为消费者所信任，本团队将进一步推出其他的产品线和产品项目，丰富本公司的产品组合，为公司股东带来更稳定、更丰厚的利润。

小圈系列（食品级硅胶密封圈） “小圈系列”的特点如同现阶段基础产品，主要采用硅胶原料（与超能系列相比），圈型较小，主要应用于轻便携带的保温杯，保鲜盒等小密封圈应用产品。当“小圈系列”打开市场之后，我们可以继续进行品牌延伸进行产品升级，把升级型的产品——推广到高精度市场，如医用设备型密封圈等等。

大圈系列（工业类橡胶密封圈） “大圈系列”主要适配大型工业设备，是一种工业级高分子有机密封圈。通俗来说，它是“小圈系列” 不同材质同种工艺的产品，其精度高低厚度大小不受限制，可以根据工业设备的具体尺寸进行改变，主要应用工业高精度产品设施，如发动机等等。

第六章 财务分析

6.1资本结构

公司建立初期由项目组成员共同出资，所筹集资金用于公司初期运营、产品制作以及营销推广。

在股本结构中，项目负责人以专利技术入股（该项专利价值人民币400万元）和800万元的资金投入，占股权比例60%；其他项目组成员出资400万元，共占股权20%；吸收天使投资400万元，共占股权20%。

表6.1 股本结构

股本结构 / 股本来源	项目负责人（技术+资金）	项目组其他成员	天使融资
金额	1200	400	400
持股率	60%	20%	20%

6.2融资计划

智链自动化团队将发展定为两个阶段，第一阶段以全自动硅胶密封圈加工中心为核心，第二阶段以各种材料类型的密封圈制造设备为核心业务，积极拓展其它非标自动化设备业务。智链自动化团队将拓展的，是百亿级的市场，且因为我

们针对性的产品研发，让该产品在东莞硅胶密封圈加工设备市场中具备相当的竞争力

在第一阶段，我们将出让10%的股权，融资200万。在第二阶段，预计的出让10%的股权，融资600万。我们获取到的资金，将主要用于全自动硅胶密封圈加工中心的生产和后续产品的研发。

表6.2 融资计划

融资计划（单位：万元）		
项目	第二年	第三年
对外出售股份	200	600
拟出让股份	10%	10%

6.3会计报表

6.3.1 主要财务假设

团队办公室在团队成员就读学校的创客大楼内，产品研发依托于智能制造学院老师的实验室，并在生产、销售上获得学校多位老师及其所在的行业协会等组织大力支持。

第一年（2021年）成立智链自动化团队，并通过找代工的方式生产产品，通过与相关中小型企业、行业协会、设备代理商合作，通过他们的渠道进行销售；从第三年开始，公司将继续研发其他设备上的需求服务升级，形成以改设备等重要组件为核心，其他需求服务升级与配件耗材为辅助的完整服务模式，并通过自产自销的方式，让合作方企业在我们公司获得一站式服务，省时省力。

假设所得税费用为25%；存货控制采用先进先出法。

6.3.2 预测利润表

表6.3-1 预测利润表（单位：万元）

项目 \ 年度	2022	2023	2024
一、营业收入	500	1000	2000
减：营业成本	400	800	1500
销售费用	100	200	250
生产费用	250	500	800
管理费用	10	10	200
研发费用	40	90	250
资产减值损失	-	-	-
加：其他收益	-	-	-

续表

项目 \ 年度	2022	2023	2024
投资收益（损失以“-”号填列）	-	-	-
其中：对联营企业和合营企业的投资收益	-	-	-
公允价值变动收益（损失以“-”填列）	-	-	-
资产处置收益（损失以“-”号填列）	-	-	-
二、营业利润（亏损以“-”号填列）	100	200	500
加：营业外收入	-	-	-
减：营业外支出	-	-	-
三、利润总额（亏损总额以“-”号填列）	100	200	500
减：所得税费用	25	50	100
四、净利润（净亏损以“-”号填列）	75	150	400

6.3.3现金流量表

表6.3-2（单位：万元）

项目 \ 年份		2022	2023	2024
加：资金流入	出售产品的资金收入	500	1000	2000
	加投资活动的资金收入	-	-	-
	筹资活动的资金收入	-	200	600
	其他资金收入	-	-	-
	资金收入合计	500	1200	2600
减：资金流出	材料采购支出	250	500	800
	销售费用支出	100	200	250
	财务费用	-	-	-
	管理费用支出	10	10	200
	购置设备支出	0	0	1000

续表

项目＼年份		2022	2023	2024
减：资金流出	其他支出	40	90	250
	所得税支出	25	50	100
	资金支出合计	425	850	2600
现金流量净额		75	350	0

6.3.4资产负债表

表6.3-3（单位：万元）

项目	第一年	第二年	第三年
流动资产：			
库存资金	625	225	150
银行存款	1000	1500	1375
交易性金融资产	-	-	-
应收账款	-	-	-
存货	50	100	100
流动资产合计	1675	1825	1625
非流动资产：			
固定资产	0	0	1000
减：累计折旧	0	0	0
固定资产净值	0	0	1000
无形资产	400	400	400
减：累计摊销	0	0	0
无形资产净值	400	400	400
资产合计	2075	2225	3025
负债及权益	-	-	-
流动负债	-	-	-
应付账款	-	-	-
短期借款	-	-	-
负债合计	-	-	-
所有者权益：			
实收资本	2000	2000	2000
资本公积	-	-	400
盈余公积	7.5	22.5	62.5
未分配利润	67.5	202.5	562.5

续表

项目	第一年	第二年	第三年
所有者权益合计	2075	2225	3025
负债及所有者权益合计	2075	2225	3025

6.4财务指标分析

6.4.1 第一年财务分析

（一）营运能力分析

指标		第一年	分析
总资产周转率	营业收入净额/总资产平均余额	24.1%	总资产周转率高，销售能力强
流动资产周转率	营业收入净额/流动资产平均余额	29.85%	公司流动资产周转率高，资金利用效率高

说明：总资产平均余额=（期初总资产+期末总资产）/2

流动资产平均余额=（期初流动资产+期末流动资产）/2

（二）盈利能力分析

指标		第一年	分析
销售净利率	净利润/营业收入净额	15%	本年度公司获利能力平稳，销售收益的水平较稳定
净资产收益率	净利润/平均所有者权益总额	3.61%	公司获得净收益的能力较强

（三）发展能力分析（单位：万元）

指标		第一年	分析
总资产增长率	本年总资产增长额/年初资产总额	1	第一年属于基期，没有对比
利润增长率	本年利润总额增长额/上年利润总额	1	第一年属于基期，没有对比

6.4.2第二年财务分析

（一）营运能力分析

指标		第二年	分析
总资产周转率	营业收入/总资产平均额	46.51%	总资产周转率高，销售能力增强
流动资产周转率	营业收入/流动资产资产平均余额	51.14%	公司流动资产周转率升高，资金利用效率增强。

说明：总资产平均余额=（期初总资产+期末总资产）/2

流动资产平均余额=（期初流动资产+期末流动资产）/2

（二）盈利能力分析

指标		第二年	分析
销售净利率	净利润/营业收入净额	15%	本年度公司获利能力与上年相比略有下降，但销售收益仍较为平稳。
净资产收益率	净利润/平均所有者权益总额	6.98%	公司获得净收益的能力同比增长较快，能力增强

（三）成长能力分析

指标		第二年	分析
总资产增长率	本年总资产增长额/年初资产总额	7.23%	公司本年内资产经营规模扩张速度较快
利润增长率	本年利润总额增长额/上年利润总额	100%	公司本年利润增长速度较快

6.4.3第三年财务分析

（一）营运能力分析

指标		第三年	分析
总资产周转率	营业收入/总资产平均额	76.19%	总资产周转率持续升高，销售能力不断增强
流动资产周转率	营业收入/流动资产平均余额	115.94%	与上一年的流动资产周转率相比快速提升，资金利用效率达到较高水准

说明：总资产平均余额=（期初总资产+期末总资产）/2

流动资产平均余额=（期初流动资产+期末流动资产）/2

（二）盈利能力分析

指标		第三年	分析
销售净利率	净利润/营业收入净额	20%	公司本年内获利能力稳中有升，销售收入的收益水平趋于稳定上扬
净资产收益率	净利润/平均所有者权益总额	15.24%	公司获得净收益的能力稳定增长，情况较为稳定

（三）成长能力分析

指标		第三年	分析
总资产增长率	本年总资产增长额/年初资产总额	35.96%	公司本年内资产经营规模扩张较快
净利润增长率率	本年利润总额增长额/上年利润总额	166.67%	公司本年净润增长较快

6.5资金使用计划

筹集到的800万资金将会用于三方面。

最主要是用于产品的生产，通过购买原材料和工厂代工，不断扩大生产规模，再经过销售获取利润，滚动发展。这些投资无疑会让佳得易的发展大大加速。

其次会用于全自动硅胶密封圈加工中心后续的持续创新，为设备搭配更多的功能如智能化控制等。

最后会用于日常运营，让我们能够更多的调研市场，接触更多客户资源和信息资源。

第七章 团队管理

7.1 团队介绍

智链自动化创业团队于2021年由富有创新创业激情的优秀大学生创立。团队中既有具有丰富社会经验与资源的专业行业人士，也有来自众多不同专业优秀人才。多元化的组合使这个团队在具备创业社会基础的同时也拥有持续发展的强大后驱动力。

表7.1-1 团队成员及分工表

姓名	职务	负责项目	成长经历	工作分配
董嘉豪	总负责人 CEO	项目负责人	1. 曾在东莞名振橡塑制品有限公司与华昱硅胶制品有限公司实习，了解硅胶密封圈生产制造环境与痛点。 2. 曾参加东莞地铁公司交流培训 3. 获校级奖学金	1. 统筹整个项目 2. 负责产品开发、市场需求分析

续表

姓名	职务	负责项目	成长经历	工作分配
乐青青	技术总监	产品研发	1. 青马工程学员 2. 曾与东莞地铁公司交流培训. 3. 获校级奖学金	1. 负责产品的研发 2. 负责对产品的更新迭代
刘均腾	材料质量总监	产品材料质量检测监控	1. 取得office高级应用证书 2. 曾与东莞地铁公司交流培训. 3. 任学生会干部、团支书 2. 获校级奖学金	负责产品的技术设计
谭早阳	设计工程师	产品设计研发	1. 曾在毅信机械制造有限公司实习 2. 曾与东莞地铁公司交流培训.	项目技术设计与负责产品的安装、使用及维护保养指导为产品改善提供资料
闫晨雨	设计工程师	产品设计研发	1. 轨道交通信号控制系统比赛省二等奖 2. 取得CAD四级证书 3. 取得cswp证书	负责产品的技术设计
汤锦富	售后工程师	售后服务	1. 轨道交通信号控制系统比赛省二等奖 2. 取得CAD四级证书 3. 取得cswa证书	1. 负责产品的安装、使用及维护保养指导 2收集用户使用产品过程中的反馈 3. 为产品改善提供资料
陈柳冰	产品经理	产品营销策划	曾在多家企业进行产品策划市场研究实习学习；曾负责校内多起活动策划；获校级奖学金	负责调查并根据用户的需求，确定开发产品方向， 选择何种技术、商业模式

续表

姓名	职务	负责项目	成长经历	工作分配
林丹利	财务经理	项目财务管理	金融管理专业 曾在多家企业进行财务管理实习 曾负责校内多起活动策划管理 获校级奖学金	1. 负责项目各项资金流管理与产品商务化计划 2. 根据产品和公司的未来发展状况进行财务预测及风险预估 制定产品和公司的财务报表
黄佳茹	运营经理	产品包装运营	包装策划设计专业 校社志中心部门部长之一 曾负责校内多起活动策划在多个广告公式进行学习实习 获校级奖学金	负责产品的包装运营以及收集用户使用产品过程中的反馈
陈晓玲	人力资源经理	产品生产	工商管理专业 校社志中心部门部长之一 曾负责校内多起活动策划管理 获校级奖学金	1. 负责建立人力资源管理体系，确保人力资源工作能够根据团队发展目标更加规范。 2. 负责团队经营的一系列相关规章制度，经批准后组织实施。

7.2 组织架构

目前，本团队采用简洁的直线职能制组织形式。领导人员自上而下实行直线管理，设有一名总经理和三名副总经理，营销副总主管市场部，生产运营副总主管研发部与生产部，财务副总主管财务部与行政人事部，从而保证公司联系简捷，决策迅速，指挥统一，便于服务管理。公司组织架构见下图：

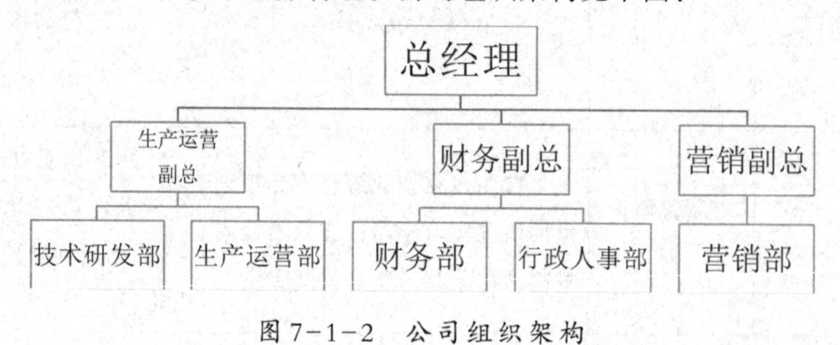

图 7-1-2　公司组织架构

7.2.1 总经理

主要工作内容：

确定企业创业的总体进度；规划企业资本结构，主要从宏观上负责公司内部日常管理以及监督各部门工作。协调下属部门的工作，协调和配合各业务部门围绕公司经营目标开展各项工作。负责企业文化建设纲要的实施与落实工作。分析和评估创业风险；制定企业发展战略、计划，控制企业的营运成本。与部门直接下级之间进行权力和信息的纵向协调。

7.2.2 营销部

主要工作内容：

1）根据企业经营目标和总体进度安排，确定企业销售计划及市场策略；规划市场预算。

2）定期组织市场调研，收集市场信息，分析市场动向、特点和发展趋势。

3）负责公司品牌、形象和业务宣传。

4）制定宣传计划和宣传策略；负责公共关系、营销服务以及保留客户资料管理。

5）收集、整理、归纳客户资料，对客户群进行透彻的分析。

6）与同级部门之间进行信息的横向协调，把市场的信息向别的职能部门进行反映及交流。

7）完成公司下达的销售任务，确定销售目标，制定销售计划。

8）监督计划的执行情况，将销售进展情况及时反馈给总经理。

9）制定销售管理制度、工作程序，并监督贯彻实施。

10）销售队伍组织、培训与考核。

7.2.3技术研发部

主要工作内容：

1）制定产品研发计划，支持市场对新产品的需求。研究改善夹具使用，结合市场反馈信息，负责新产品的研发。

2）为工厂的生产提供技术支持。

3）研发更有效率的机床夹具，不断提高技术含量，降低生产运营成本，并保证质量。

4）负责客户售后技术服务。

7.2.4 生产部

主要工作内容：

1）生产部下设质检部门，负责产成品的质量检验工作，并确保其实施和保持，确定企业创业的总体进度。

2）协调、管理工厂的生产运作。制定企业发展战略、计划；控制企业的营运成本；

3）协调下属部门的工作。

4）支持市场部，保证产品供货充足。

7.2.5 财务部

主要工作内容：

1）根据企业资本结构和总体进度安排，确定企业的财务计划与预测，融资方案，回避风险方案。

2）负责税务及法律方面的工作，接受国家指定的部门和企业内部审计机构的监督、检查和审计，执行财政、审计、税务计算等执行情况。

3）选择符合规定且有利的会计方法编制企业凭证、帐簿和财务报表。

4）编审公司年终决算，汇总、分析各部门的会计报告。

5）定期进行财务分析，向领导汇报中心财务报告和上级对违法行为的处分决定。

6）制定公司财务计划，安排预算方案，监督检查各部门预算情况。

7）协同总经理和行政部总监制定企业制度，与部门同级之间进行信息的横向协调。

7.3 导师介绍

团队指导老师：机械制造自动化工程师，高级技师，广东省特种作业考评员，东莞市职业能力建设专家，东莞市职业技能鉴定考评员。获国家级教学成果奖1项，省级科技成果1项，发明专利5项，实用新型专利12项，全国职业院校技能竞赛三等奖1项，广东省职业院校技能竞赛二等奖3项，广东省职业院校技能竞赛三等奖6项，校级教学成果一等奖1项。

7.4 企业顾问

团队聘请了广东镭泰激光智能装备有限公司创始人肖磊，为东莞创新领军人才与特色人才，并拥有各类专利156项。技术顾问为豪顺精密战略发展部部长全洪杰，东莞“莞邑工匠”称号获得者，并拥有10余项发明专利、20余项实用新型专利。

7.5 激励机制

由于公司目前处于初创阶段，考虑到公司规模较小，尚未形成品牌资产。在激励方面设计出符合公司自身发展，体现公平的基本工资与奖励激励。而基本工资则就是针对不同职位、承担职责的大小以及对公司的价值贡献不同来确定基本工资的多少。

而奖励激励的设置，一是有利于员工工资与可量化的业绩挂钩，将激励机制融于公司目标和个人业绩的联系之中；二是有利于工资向业绩优秀者倾斜，提高公司效率和节省工资成本；三是有利于突出团队精神和公司形象，增大激励力度和公司的凝聚力。

第八章　风险评估与对策

8.1风险评估

8.1.1政策风险

公司在运营过程中将面临行业内共有的政策风险，比如国家宏观调控政策、财政货币政策、税收政策、仪器行业的相关法律法规等。牵一发而动全身，这些政策的变动均可能对投资项目后期的运作产生影响：就政策风险而言，政府对经济的宏观调控所做出的政策变动，一定程度上会影响着公司的经济利益。

8.1.2市场及技术风险

本项目虽然提供了创新性的产品，但是在互联网时代的大潮中，市场需求千变万变，产品不能保证一直被消费者所接受，消费需求终究会产生变化，假如产品无法符合消费者的消费预期，产品项目就可能会陷入危机。而在使用的过程中零部件损耗会影响精密度。例如：设备是刀具的重复运动和夹手不断的加紧过程，容易会导致机构表面的磨损，产生“滑丝”现象，严重的会导致工件报废和设备损坏。

8.1.3管理风险

目前项目团队处于初创阶段，团队的架构不够完善，分工存在不合理的隐患。产品生产加工由代工厂完成，当出现大规模订单时，存在供货慢等情况。同时，当发生紧急特殊情况时，在紧急应对措施存在不及时的问题。

8.2解决对策

为了降低风险，提高公司的抗风险能力，对以上可能出现的风险做成以下解决方案：

（1）与社会各界以及同行保持友好的协作关系，成立相关公关部门，了解时事动态，建立信息分析系统，及时调整方案。

（2）做好市场调研，不断扩大佳得易产品国内市场占有率，以高效率、高质量、低成本优势占领市场；面对同行业的公司专营权的行业壁垒，本公司前期合作时可以通过给与对方优惠等方式寻求双方合作机会，以此打破地区性的行业壁垒。

（3）优化团队架构，完善团队分工。

（4）制定紧急应对措施方案，定期进行预演。

（5）积极参加行业及协会活动，提高公司曝光度，寻求更多优质投资者，保证公司现金流的稳定性。

附件2：第一代样机

附件3：第二代样机

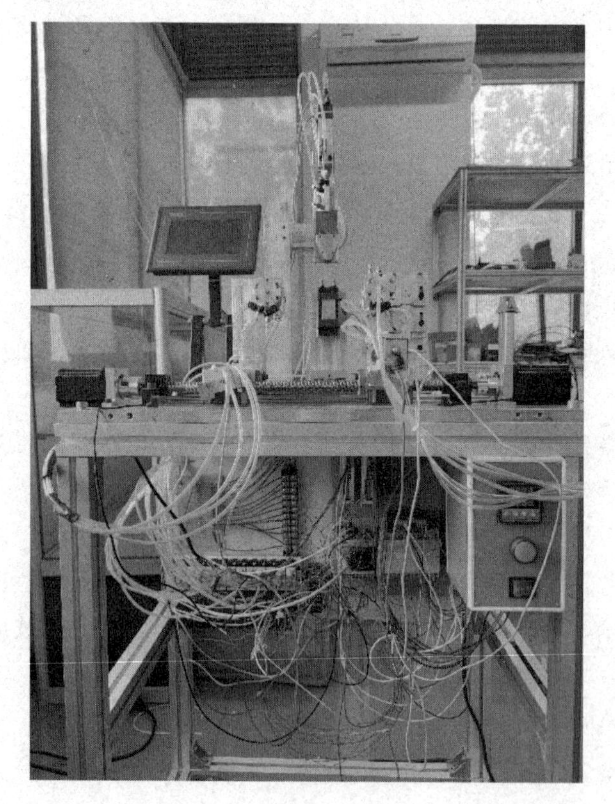

参考文献

［1］安冬平，许志良.我国职业教育专业建设的历史演变、典型模式与路向选择［J］.高等职业教育探索，2023，22（01）：25-32.

［2］安冬平，许志良.我国职业教育专业建设的历史演变、典型模式与路向选择［J］.高等职业教育探索，2023，22（01）：25-32.

［3］国务院2019年颁布的《国家职业教育改革实施方案》明确提出.

［4］孙健，张豪，杨青.基于《悉尼协议》的高职机电一体化技术专业建设探索［J］.职业，2020，No.573（35）：74-75.

［5］赵蒙成.高职院校高水平专业群建设的动力、结构与路径［J］.教育科学，2023，39（01）：90-96.

［6］黄丹，张睦楚."双高计划"背景下高职院校高水平专业群建设：特色定位、组建逻辑与构建路径［J］.教育与职业，

2022，No.1024（24）：52-58.DOI：10.13615/j.cnki.1004-3985.2022.24.010.

［7］中华人民共和国教育部高等职业学校专业教学标准

http：//www. moe. gov. cn/s78/A07/zcs_ztzl/2017_zt06/17zt06_bznr/bznr_gzjxbz/?from=timeline&isappinstalled=0

［8］李哲，伍世英，许昌.产教融合背景下基于新工科的机电一体化技术专业课程体系教学改革研究——以广州铁路职业学院为例［J］.科技风，2023，No.528（16）：106-108.DOI：10.19392/j.cnki.1671-7341.202316035.

［9］赵冬梅，廉良冲，王峰等.高职机电一体化技术专业教学标准研究［J］.农业工程与装备，2023，50（01）：57-60.

［10］杨哲，周海波.机电一体化技术专业群发展规划及建设措施研究［J］.机械职业教育，2021，No.429（10）：32-35.DOI：10.16309/j.cnki.issn.1007-1776.2021.10.008.

[11] 邹伟全，张晓东，亓晓彬.高职院校品牌专业建设的探索与实践——以机电一体化技术专业为例［J］.南方职业教育学刊，2021，11（06）：41-47.

[12] 范然然，贺晓华，苏磊.高职院校职业能力评价体系建设研究——以机电一体化技术专业为例［J］.创新创业理论研究与实践，2022，5（09）：36-38+58.

[13] 秦利萍，汪超.双高校专业群中的机电一体化技术专业建设成果分析［J］.武汉冶金管理干部学院学报，2022，32（03）：80-84.